ÉTUDES

SUR LE

SYSTÈME NERVEUX

PAR

A.-J. JOBERT (DE LAMBALLE),

Docteur en médecine, chirurgien de l'hôpital Saint-Louis,
chirurgien consultant du roi, officier de la Légion-d'Honneur, agrégé
et prosecteur de la Faculté de médecine de Paris, ancien chirurgien
titulaire du second dispensaire de la société philantropique, professeur particulier d'anatomie et de médecine opératoire, membre de
la société médico-pratique, de la société anatomique.

> Il n'y a rien dans la nature de
> si grand que l'homme, et cepen-
> dant qu'est-ce que les hommes
> admirent? la hauteur des mon-
> tagnes, les flots de la mer, le cours
> des rivières, la vaste étendue de
> l'Océan, les mouvemens des astres,
> et ils ne se considèrent point eux-
> mêmes.
>
> (SAINT-AUGUSTIN, *Confessions*,
> pag. 514.)

Tome Premier.

PARIS.

AUG^{te} DEVÉNOIS, ÉDITEUR,

18, Boulevart Saint-Martin.

1838

ÉTUDES

SUR LE

SYSTÈME NERVEUX.

IMPRIMERIE ET FONDERIE DE FÉLIX LOCQUIN ET COMP.,

16, rue N.-D.-des-Victoires.

ETUDES

SUR LE

SYSTÈME NERVEUX

PAR

A.-.J JOBERT (DE LAMBALLE),

DOCTEUR EN MÉDECINE, CHIRURGIEN DE L'HÔPITAL SAINT-LOUIS, CHIRURGIEN CONSULTANT DU ROI, OFFICIER DE LA LÉGION-D'HONNEUR, AGRÉGÉ A LA FACULTÉ DE MÉDECINE DE PARIS, PROSECTEUR DE CETTE MÊME FACULTÉ, ANCIEN CHIRURGIEN TITULAIRE DU SECOND DISPENSAIRE DE LA SOCIÉTÉ PHILANTROPIQUE, PROFESSEUR PARTICULIER D'ANATOMIE ET DE MÉDECINE OPÉRATOIRE, MEMBRE DE LA SOCIÉTÉ MÉDICO-PRATIQUE, DE LA SOCIÉTÉ ANATOMIQUE.

Il n'y a rien de si grand dans la nature que l'homme, et cependant qu'est-ce que les hommes admirent ordinairement? la hauteur des montagnes, les flots de la mer, le cours des rivières, la vaste étendue de l'Océan, les mouvemens des astres, et ils ne se considèrent point eux-mêmes.

(SAINT AUGUSTIN, *Confessions*, pag. 514.)

TOME PREMIER.

PARIS

AUG.ᵗᵉ DEVÉNOIS, ÉDITEUR,

18, BOULEVART SAINT-MARTIN.

1838

PRÉFACE.

—

La physiologie expérimentale du système nerveux est une œuvre qui doit paraître à tous ceux qui s'occupent de science médicale aussi difficile que pénible, si l'on songe que, malgré les nombreux travaux, les importantes et minutieuses recherches des savans, malgré tant de veilles et d'investigations laborieuses, les fonctions de l'appareil nerveux semblent encore être un mystère impénétrable. On dirait que l'intelligence de l'homme doit s'arrêter là, qu'il lui est interdit d'interpréter les phénomènes de ces organes, oui établissent d'une manière si tranchée les caractères de l'animalité.

J'ose aborder pourtant cette entreprise, si téméraire qu'elle puisse paraître, car j'ai l'espérance de jeter quelques clartés sur un point si obscur encore de la science. Je ne prétendrai pas rattacher toute la puissance intellectuelle à l'organisation, et mesurer la perfection des fonctions à la forme et au volume des diverses parties de l'appareil nerveux, mais j'espère démontrer que les fonctions sont en rapport avec les proportions du système nerveux, et que, chez tous les êtres qui sentent et se meuvent, la fibre nerveuse est répandue dans le corps vivant sous forme de masse ou de cordons. La régularité des fonctions établit en général une sorte d'équilibre, et constitue dans l'homme une supériorité incontestable, qui le distingue des autres animaux par l'élévation de la pensée, par le brillant de l'imagination, faculté mystérieuse et insaisissable, comme la divinité dont elle émane. Jetons un coup d'œil sur les différentes classes qui composent l'échelle animale, et voyons si les fonctions grandissent à mesure que l'appareil nerveux est plus parfait.

Dans une classe inférieure, la substance nerveuse se montre sous forme de filets mous et de petits renflemens placés autour de la bouche. Mais on ne retrouve, chose remarquable, de la substance grise ni dans ces filets nerveux ni dans ces renflemens. La substance blanche entre seule dans leur composition. Or c'est à sa surface que se tient répandu le fluide électrique, et c'est elle qui paraît être chargée de la sécrétion, pour ainsi dire, de ce fluide, et de son transport dans les diverses parties du corps.

Si nous avançons dans l'échelle des animaux invertébrés, nous trouvons les nerfs plus gros; ils forment deux cordons qui se réunissent dans des ganglions, sorte de nœuds qui résultent de la réunion des filets qui accompagnent l'œsophage. On trouve autour de ce conduit et autour de la bouche un anneau, et quelquefois un ganglion, qui prend le nom de cerveau dans les mollusques, et dont le développement est en rapport avec celui de la tête. Jusque-là, dans tous ces animaux, on ne rencontre aucun centre nerveux, si ce n'est dans les céphalopodes qui en présentent un remarquable, d'où semble découler la puissance motrice et les sensations.

Nous venons de voir que dans les invertébrés il n'y avait pas d'organes centraux des sensations et du mouvement. Il n'en est pas de même dans les animaux qui portent une colonne osseuse, qui renferme et protège la moelle épinière, d'où partent des cordons qui restent sous sa dépendance, sorte d'étui qui se renfle pour former la tête, vaste cavité qui contient ces masses nerveuses, proportionnées à l'intelligence des êtres qu'elles gouvernent. C'est dans cette boîte crânienne que l'on trouve le cerveau, le cervelet et la moelle alongée, d'où émanent des nerfs importans. Dans tous les animaux qui composent cette grande classe, on trouve donc : 1° Les masses nerveuses renfermées dans le crâne; 2° Un cordon dans le canal vertébral; 3° Des nerfs qui se répandent dans les membranes et les muscles, et dont le nombre est en rapport avec celui des ouvertures situées à la base du crâne et les côtés de la colonne vertébrale.

Tout cela ne veut pas dire qu'il n'y a pas de différence remarquable entre les diverses parties qui composent l'appareil nerveux, et dans les genres variés qui constituent cette grande classe. Le système nerveux en effet, depuis les reptiles et les poissons jusqu'à l'homme, qui présente sous ce rapport le plus beau degré de perfection, offre des variétés dignes du plus haut intérêt. On trouve dans l'homme, aux phases successives de son développement, l'état passager, qui est permanent dans les genres d'une même classe d'animaux. On dirait que la nature a voulu montrer ainsi toute la supériorité de son organisation sur tout ce qui l'entoure. Ces métamorphoses, que le système nerveux de l'homme paraît subir dans son développement, avaient conduit des philosophes à admettre la théorie des analogues, théorie qui paraît d'abord une sorte de merveille, et que l'observation et l'expérience ont rendue inadmissible, l'état embryonnaire ne pouvant servir de base à ces principes, puisqu'il n'est lui-même que temporaire et passager.

Étudier isolément chaque partie du système nerveux, présente une grande différence chez l'homme et les autres vertébrés ; voyez la moelle épinière, par exemple ; elle est creuse chez les ovipares, pleine dans l'homme, elle ne présente un conduit au centre que d'une manière accidentelle. Dans les autres mammifères, elle est pleine aussi, il est vrai, mais son volume est disproportionné avec celui des renflemens crâniens, qui est toujours en raison inverse de celui de la moelle. Ils présentent tous aussi un nerf, très remarquable par lui-même, couché sur les côtés de la face antérieure de la colonne vertébrale, le nerf grand sympathique.

Le cervelet présente la même différence de structure et de développement. Petit et fort simple dans les poissons osseux, peu volumineux dans la plupart des reptiles et dans la plupart des poissons cartilagineux, il est plus compliqué dans les oiseaux. Il présente déjà des lames, et l'apparence d'hémisphères latéraux; mais il n'y a point encore de traces de ces prolongemens qui, chez d'autres animaux, concourent à la formation de la protubérance annulaire.

Dans tous les mammifères, on rencontre un cervelet composé de lamelles, d'hémisphères latéraux; toutes ces parties sont de plus en plus marquées, jusqu'à ce que l'on soit arrivé à l'homme, chez lequel elles présentent la plus grande perfection. Il n'y a que dans quelques poissons, comme la torpille, que l'on rencontre des sortes de lobes accessoires derrière le cervelet.

Les tubercules quadrijumeaux présentent aussi une grande différence, soit qu'on examine leur volume extérieur, soit qu'on pénètre leur épaisseur avec le scalpel. Ils existent dans tous les vertébrés, et donnent naissance, en partie du moins, aux nerfs optiques. Plus le cerveau est développé, et moins les tubercules quadrijumeaux ont de volume. Au nombre de deux dans les oiseaux, ils sont au nombre de quatre chez les mammifères, et à peu près égaux d'ailleurs chez l'homme et chez les quadrumanes. La paire antérieure est plus volumineuse chez les rongeurs, les ruminans et les solipèdes, que la paire postérieure, qui à son tour offre des proportions plus grandes dans les carnassiers.

Le cerveau, formé par les pyramides antérieures, qui s'épanouissent en éventail, et qui se croisent au dessous de la protubérance annulaire, dans les mammifères et les oiseaux de proie seulement, offre, lui aussi, des variétés très remarquables, et même, suivant Desmoulins, il n'existerait point dans les poissons cartilagineux, et il serait représenté dans les poissons osseux par une couche optique solide.

Dans les reptiles et les oiseaux, apparaissent des rudimens d'hémisphères, qui semblent formés par la couche optique creusée à cet effet, et qui laissent à nu les tubercules quadrijumeaux ; mais il n'y a encore ni lobes, ni circonvolutions, ni corps calleux. Je ferai remarquer en passant que les oiseaux, dépourvus des cir-

convolutions dans lesquelles les phrénologistes
ont placé le siège des facultés intellectuelles,
ne manquent cependant ni d'intelligence ni de
facultés affectives. Dans les mammifères, les
hémisphères sont complets, et formés de deux
lames recourbées, épanouissement des pyramides, renforcées dans les couches optiques
et les corps striés : mais ils offrent des variétés
dans la perfection de leur développement.
Dans les rongeurs, les lobes ne recouvrent
pas en totalité les tubercules quadrijumeaux,
et on ne retrouve à leur superficie que des sillons peu marqués et la scissure de Sylvius peu
apparente. Dans les ruminans, les carnassiers,
le cheval, ces hémisphères cérébraux, plus volumineux, s'avancent pour recouvrir une partie du cervelet ; ces lobes, dont la partie postérieure manque, présentent des circonvolutions et des anfractuosités. Le quadrumane a
bien un lobe postérieur, mais il manque de
circonvolutions. Le corps calleux, la voûte à
trois piliers, parties intégrantes du cerveau,
existent dans les uns et manquent dans les autres. Ainsi l'on ne retrouve point la voûte dans
les poissons. Elle apparaît dans les reptiles, et
devient plus évidente dans les oiseaux. On re-

trouve la corne d'Ammon seulement dans les mammifères, et le corps calleux, dont l'étendue se mesuré par celle des hémisphères, n'existe point dans les ovipares; c'est pour cette raison qu'il est petit dans les rongeurs.

Le lobe olfactif, qui pour moi n'est que la continuation des pyramides antérieures, est rudimentaire dans l'homme, et très marqué dans d'autres classes d'animaux, et c'est avec raison qu'on le regarde comme partie constituante du cerveau, et qu'il le représente dans les poissons cartilagineux, suivant Desmoulins.

Comme on le voit, avant d'arriver à l'homme, le système nerveux présente des imperfections variées de structure et de développement. Quelques unes de ses parties manquent même jusque dans les quadrumanes. Mais là il est parfait, et par conséquent très compliqué. Ce n'est que lorsqu'il y a un arrêt dans l'état embryonnaire que l'homme se rapproche de l'organisation imparfaite des autres animaux. Il a perdu alors ce caractère de domination et de suprématie que lui donnent l'intelligence et la pensée.

Dans ce court exposé, nous avons vu que le développement du système nerveux sem-

blait être combiné d'une manière admirable
avec l'importance des fonctions dévolues à l'être
qui doit les accomplir; nous avons vu que tous
les renflemens ne semblaient pas être indispensables, puisque chez beaucoup d'individus
ils sont imparfaits, que chez quelques uns
même ils n'existent pas. C'est peut-être parce
qu'on a trop cherché à pénétrer l'ensemble des
fonctions du système nerveux, parce qu'on
s'est trop occupé de sa partie métaphysique,
que l'on a trop cherché à analyser l'intelligence,
que le grand problème est demeuré insoluble
et que la pensée est encore restée un profond
mystère.

Il n'était pas possible, lorsque l'anatomie
était dans l'enfance, d'avoir la moindre idée
des fonctions du système nerveux, puisque
l'on ne connaissait pas la différence qui existe
entre les tissus. Aussi la plus grande confusion
régnait-elle non seulement dans la science,
mais encore dans le langage. Sous le nom de
Νευρον, les asclépiades, comme nous l'appren-
nent Hippocrate et Aristote, confondaient les
tégumens, les tendons, les nerfs et même les
vaisseaux. C'est, dit-on, Praxagoras qui, le
premier, a distingué les parties blanches, et

c'est de lui que date l'époque où l'on a commencé à séparer les organes et à débrouiller le chaos où ils étaient confondus. Il établit l'origine des nerfs là où finissent les artères, en leur attribuant par conséquent une forme canaliculée.

Plus tard, tout aussi peu d'accord alors qu'ils le sont aujourd'hui, les anatomistes ont cherché l'origine des nerfs dans la moelle et le cerveau, parce qu'ils les avaient vus se continuer avec ces organes. Cette opinion, qui prévalut long-temps, était encore celle de nos contemporains, lorsque des anatomistes célèbres, MM. Serres et Tiedemann, vinrent démontrer que les nerfs apparaissent avant les centres nerveux, et qu'ils se prolongent ainsi de la périphérie vers le centre, se développant, comme l'a démontré M. Serres, à la manière des autres organes. Cette théorie, expression des faits et du développement embryonnaire, nous paraît devoir être réduite à cette formule : *Les nerfs se développent là où ils sont, sans commencement ni fin.*

Il est étonnant que Hérophyle et Erasistrate, qui connaissaient la communication des nerfs avec le cerveau, les aient confondus sous la

même dénomination que les tendons et les ligamens.

Ce fut Galien qui le premier donna un nom
aux ligamens et aux tendons, qui fit connaître
que les nerfs ont une structure à la fois médullaire et membraneuse, ce qui démontre clairement leur communication avec la moelle épinière et l'encéphale. Ce fut encore lui qui,
contre l'opinion reçue, regarda la moelle épinière comme subordonnée à l'encéphale; aussi
considérait-il ce dernier comme l'aboutissant
et le centre du système nerveux. Il ne borna
pas là ses recherches, et, voulant établir une
différence entre les nerfs eux-mêmes, il ac-
corda aux uns la faculté motrice, aux autres la
faculté sensitive. Comme on le voit, c'est la
doctrine soutenue de nos jours avec tant de
faveur. Seulement Galien avait basé cette distinction sur des caractères différens. Ainsi les
nerfs mous étaient sensitifs, et les durs étaient
moteurs. Cette erreur n'a pas besoin de réfutation, puisque les nerfs tirent leur densité et
leur résistance de l'enveloppe névrilemmatique
qui les protège. C'est ainsi que la cinquième
paire offre des filets durs à la circonférence
et des filets mous à l'intérieur, parce que ceux-

ci n'ont pas d'enveloppe, et cependant tous sont sensitifs. Quoi qu'il en soit, Galien avait voulu appuyer ses distinctions sur l'anatomie, ainsi que le fit depuis Charles Bell, comme s'il était permis d'apprécier les fonctions par le degré de densité de l'organe et par la simple inspection anatomique. L'organe en effet est matériel, mais la fonction, qui est insaisissable, est pour ainsi dire du domaine de la logique et de l'expérimentation. Du reste, Galien ne borna pas là ses découvertes, puisqu'il trouva les ganglions nerveux, et fit l'histoire particulière des sens et même celle de la circulation. C'est donc à Galien, créateur de la mécanique animale et spiritualiste, puisqu'il plaça le siège de l'ame dans le cerveau, que sont dues les premières remarques importantes sur le système nerveux, dominateur des autres appareils.

Bartholin reproduisit l'opinion des anciens anatomistes, et notamment celle de Praxagoras. Aussi crut-il et enseigna-t-il que la moelle était le centre du système nerveux, et que l'encéphale n'en était que la continuation, opinion contraire à celle de Galien, qui admettait que l'encéphale était le centre unique du système nerveux, et que la moelle et les nerfs n'en étaient que le prolongement. En réalité, ces deux théories ne sont pas mieux fondées l'une que l'autre. On ne peut donc admettre avec Galien que la moelle et les nerfs soient des prolongemens de l'encéphale, puisqu'ils se forment avant lui; on ne peut pas non plus croire avec Bartholin que la moelle épinière soit le centre du système nerveux, car il n'y a rien de convaincant dans les preuves qu'il donne, bien qu'il ait, dans les poissons, trouvé une moelle très volumineuse et un encéphale peu développé, en même temps qu'il rencontrait chez eux une grande puissance musculaire. En résumé, l'opinion de Bartholin est inadmissible, et sous le rapport des données anatomiques, et sous celui des explications physiologiques, puisque, d'une part, le centre des mouvemens volontaires réside dans le cerveau, que, de l'autre, la moelle épinière émet des élémens de mouvement; qu'ainsi les facultés motrices se trouvant réparties dans l'appareil nerveux, les renflemens sont placés dans une dépendance réciproque.

Des travaux nombreux sont venus grossir peu à peu les connaissances que l'on possédait déjà; et cependant, malgré les investigations sa-

vantes faites dans le champ de l'anatomie humaine et de l'anatomie comparée, on a souvent établi des classifications peu rigoureuses,
qui ne pouvaient servir de fondement à aucune
théorie vraie. Le domaine de la science était
donc surtout borné quant à l'étude des fonctions, bien que d'ailleurs la description gra-
phique des organes eût fait des progrès incon-
testables.

Bichat, fertilisant quelques opinions vague-
ment émises avant lui sur les usages des ganglions, fit de leur réunion un système à part,
auquel il donna le nom de *système de la vie
organique*, pensant qu'il présidait aux fonctions et aux mouvemens intérieurs des organes
splanchniques; dès lors il le regarda comme in-
dépendant de la volonté, et le distingua du
système nerveux qu'il appela *de la vie animale*,
et qui préside aux sensations, aux impressions et à l'intelligence.

Bichat fut entraîné de la sorte à placer le
siège des passions et des impressions reçues
dans le système ganglionnaire. Cette erreur
est d'autant plus grande, que le nerf pneumo-
gastrique transporte ces impressions qui se con-
centrent dans le plexus solaire, et que celui-

ci aurait dû alors être rangé par ce grand homme parmi les nerfs de la vie organique. Il est impossible d'admettre deux systèmes nerveux, et notre opinion est fondée en ce point autant sur les considérations physiologiques que sur l'anatomie. Le nerf grand sympathique aide tout le système nerveux et forme avec lui un tout indivisible sous le rapport de la structure et des fonctions.

Cuvier, envisageant le système nerveux sous un autre point de vue, en fit un vaste réseau, qui offrirait des centres multiples unis par des cordons de communication; mais on ne peut admettre cette théorie du grand naturaliste, car il n'existe réellement qu'un centre, le cerveau. Si les nerfs et la moelle servent de conducteurs; si de plus cette dernière forme le fluide animateur, source de la sensibilité et du mouvement, ces facultés ne constituent pas un centre auquel tout aboutit, ni puissance créatrice qui produit les jets de l'imagination, ni les jeux de la fantaisie. Cette puissance appartient spécialement à l'encéphale; lui seul reçoit les impressions douloureuses ou les sensations de plaisir: c'est de l'encéphale qu'irradient toutes les pensées de l'ame et les grandes inspirations du génie.

Que dire de l'opinion de Gall, qui divise les organes composant le système nerveux de la vie animale en ceux de la moelle épinière, des sens, du cerveau et du cervelet? Il suffit de signaler dans cet aperçu anatomique la théorie de la localisation des fonctions de l'encéphale.

M. D. de Blainville fit du système nerveux un amas de ganglions et de filets, les uns sortans, qui vont se rendre à l'organe qu'ils doivent animer, les autres rentrans, qui se terminent à une masse centrale, servant par là à établir la vie générale, et la sympathie et les rapports. Pour lui, la moelle épinière est la partie centrale de ce système; dans une seconde partie, il place les ganglions des sens et des organes du mouvement; dans une troisième, il met les ganglions cardiaque et semi-lunaire; et dans une quatrième, le grand sympathique, sorte de centre des ganglions viscéraux, qui établit, par le moyen des ganglions sensitifs et moteurs, une communication avec les masses nerveuses. Toutes ces combinaisons ingénieuses peuvent-elles être considérées comme l'expression de la vérité? Que signifient ces centralisations et localisations dans les ganglions communiquant par des filets ou des chaînes nerveuses? Faut-il en conclure autre chose, sinon que les auteurs de ces théories n'ont pas pu prouver ce qu'ils voulaient faire admettre, parce qu'elles n'étaient que l'œuvre de l'imagination?

Si l'anatomie comparée n'a pas jeté un jour éclatant sur les fonctions du système nerveux, du moins elle a détruit un grand nombre d'erreurs, en même temps qu'elle ajoutait de nombreux faits à ceux que nous possédions déjà. C'est par ce mérite que brillent le savant ouvrage de M. Serres, et celui de M. Desmoulins, qui, moins important, se recommande par d'utiles recherches.

J'ai eu occasion, dans le cours de cet ouvrage, de démontrer, à l'aide de l'anatomie et de l'expérimentation, à quoi l'on doit réduire les prétentions de la phrénologie. Il serait intéressant de les comparer à un système moins ambitieux, mais beaucoup plus vrai, à la physiognomonie. Le système nerveux aurait-il une grande influence sur la forme extérieure du corps? Les images qui viennent s'y peindre comme sur un miroir, les expressions variées qui viennent s'y rencontrer comme des rayons lumineux au foyer d'une lentille, peuvent-elles laisser des traces de leur passage sur les traits, dans les yeux, sur la coloration de la peau, sur l'ensemble et sur l'harmonie du visage? Enfin la physionomie peut-elle faire apprécier les sensations intérieures, peut-elle être l'interprète fidèle des goûts et des désirs qui nous agitent et nous bouleversent? ou bien tout cela est-il exprimé sur la voûte du crâne, et faut-il chercher dans les saillies osseuses les moyens de reconnaître les facultés les plus cachées, jusqu'aux moindres penchans?

Il n'est pas un médecin peut-être qui, entraîné par les attraits séducteurs de la phrénologie, n'ait cherché à se rendre compte par lui-même de tout ce qu'elle lui promettait. Moi aussi, alors que je n'avais encore étudié que d'une manière légère les opinions si variées qui partagent les philosophes sur l'intelligence, j'avais été vivement frappé des idées de Gall, et, de bonne foi, j'ai demandé à l'expérience la confirmation d'une doctrine à laquelle je me sentais disposé à croire aveuglément. Mes tentatives ne furent que des déceptions nouvelles, et elles me conduisirent à ne jamais juger des

facultés humaines d'après quelques bosses in-
signifiantes et trompeuses. J'ai trouvé plus de
vérité, je l'avoue, dans les dispositions des traits,
la direction des sourcils, la mobilité ou l'immobilité de la face, l'expression des yeux, de
la bouche, en un mot dans la physionomie
interrogée dans tous ses détails. J'ai été conduit à trouver en elle un interprète souvent
éloquent et fidèle, et à ne voir dans le crâne
qu'une boîte osseuse, inanimée, sourde et
muette à toutes les investigations de l'observation.

Un crâne développé et bien conformé indique, lorsqu'on le considère dans son ensemble,
un cerveau en rapport avec ce développement,
et des facultés intellectuelles plus ou moins
élevées. Examiné dans ses détails, le crâne ne
peut servir de base à la localisation des facultés; aussi s'est-on en vain engagé dans des discussions pénibles.

Les efforts de l'observateur sont demeurés
stériles lorsqu'il a voulu tracer une topographie
à l'extérieur de la tête, dans le dessein de
nuancer et de circonscrire les facultés par de
nombreuses lignes. C'est pour avoir voulu sil-
lonner les crânes de ces démarcations fictives

que les phrénologistes ont été obligés de créer des facultés qui empiètent les unes sur les autres. Du reste, que d'objections débattues sont venues donner un démenti éclatant à ces séduisantes doctrines! Devinez donc cet assassin ou ce sacrilège qui vous offre les bosses si proéminentes de la théosophie! Expliquez donc pourquoi ce musicien, dont le talent vous étonne, vous enchante, ne possède aucune trace de la bienheureuse bosse de l'harmonie! Vous ne le pouvez pas. C'est que, chez le premier, une mauvaise éducation, la misère, l'habitude de s'endurcir dans le mal, ont fini par le faire ennemi de la société; et, chez le second, une volonté ferme, persévérante, un travail opiniâtre, ont été peut-être jusqu'à vaincre une organisation rebelle et peu intelligente. Quel est l'homme d'ailleurs qui, en dirigeant tous ses efforts vers un seul point, ne parvient pas le plus souvent à se rendre remarquable dans les arts mécaniques? Qui voudrait nier qu'un travail assidu ne surmonte d'incroyables difficultés et ne supplée à la prétendue bosse indispensable? J'ai visité le bagne de Brest : j'ai trouvé les forçats remarquables par leur physionomie fausse, cruelle, stupide ou dissimulée; mais, chez tous, le crâne muet ne m'a rien pu apprendre sur leurs penchans et leurs inclinations. J'ai vu le prêtre *Contr.....;* sa tête est peu volumineuse, elle est aplatie en arrière et peu étendue en largeur. Mais sur sa physionomie sont profondément empreints les caractères de la bassesse, du mensonge et de la fourberie : la débauche respire dans ses yeux cupides et lâches; et, dans le curieux hôpital de fous de Nantes, dirigé par un médecin dont la bienveillance égale le mérite, j'ai vu un idiot qui a la manie de tout cacher dans ses poches, et cependant il est impossible, avec la meilleure volonté, de trouver sur le crâne la bosse de la propriété. Les tempes sont aplaties, le front est assez saillant, et le derrière de la tête offre de faibles dimensions, et cependant les caractères de l'animalité dominent; il est touché de la vue des femmes, et est porté aux désirs et à l'amour physique.

Les observations de ce genre sont tellement nombreuses qu'il est puéril de les multiplier ici. Mais la phrénologie a souvent fait ses applications après la mort, et presque toujours sur des individus dont la vie avait été remarquable. Ainsi la tête de Napoléon a passé sous son compas et a fait son désespoir, en ne se prêtant sous aucun point à l'interprétation de la haute intelligence du grand homme. Ici, comme dans beaucoup d'autres circonstances analogues, la phrénologie n'a été que ridicule; c'est un travers qu'on doit lui pardonner. Mais elle est tombée quelquefois dans des écarts plus graves en allant, par exemple, jusqu'à trouver dans le crâne de Dupuytren la bosse de la destructivité, bosse qui l'aurait porté à préférer la profession de chirurgien, pour avoir le plaisir de voir couler le sang plus souvent. On comprend que de pareilles allégations sont beaucoup trop au dessous du langage sévère de la science pour mériter une réfutation tant soit peu sérieuse : on ne se sent pas même le courage de s'en indigner; il faut les reléguer avec cette partie de la phrénologie qui est devenue un des charlatanismes les plus honteux : elles sont dignes à tous les titres de ces magiciens de nouveau régime, qui livrent au public des consultations cupides, encouragés par la faiblesse de l'esprit humain et l'amour de l'argent.

On ne saurait assurément adresser aucun de ces reproches au système plus modeste, mais plus ingénieux et surtout plus vrai, de Lavater, système qui repose sur l'étude de l'expression du visage, des gestes, de l'attitude du corps. Toutes les parties qui présentent dans leur organisation des muscles et des nerfs, concourent plus ou moins à former cette espèce de miroir, dans lequel viennent se réfléchir les sensations internes, les impressions perçues, enfin le travail habituel de l'intelligence.

Mais c'est surtout sur le visage que viennent se révéler les sentimens les plus cachés; c'est là que siège cette faculté admirable de l'homme de pouvoir exprimer par le jeu de la physionomie ce qu'il éprouve, faculté refusée à tous les autres animaux, et même au singe, qui peut bien devenir un imitateur grimacier, mais dans les traits duquel on ne saurait jamais lire les besoins et les impressions.

« La beauté et la laideur du visage ont un » rapport étroit avec la constitution morale » de l'homme, a dit Lavater. Ainsi, plus il est » moralement bon, plus il est beau; plus il » est moralement mauvais, plus il est laid. » (Tome III, p. 239.)

..... « Il n'est rien plus vraysemblable, dit » Montaigne, que la conformité et relation du » corps à l'esprit. »

..... « Je ne puis dire assez souvent combien
» j'estime la beaulté, qualité puissante et ad-
» vantageuse »......

..... « Socrate l'appeloit une courte tyrannie,
» et Platon le privilège de nature;... nous n'en
» avons point qui la surpasse en crédit : elle
» tient le premier reng au commerce des hom-
» mes; elle se présente au devant; séduict et
» préoccupe nostre jugement avecques grande
» auctorité et merveilleuse impression.» (Montaigne.)

Chez l'homme, une partie du visage suffit
quelquefois pour trahir une sensation : ainsi
les yeux peignent l'amour, la haine, la bouche
témoigne l'approbation; mais le concours de
toutes les parties qui le composent est nécessaire
pour exprimer les mouvemens combinés, la conviction, la résignation, par exemple. Les passions
se peignent sur tous les traits d'une manière frappante, souvent même désespérante pour celui
qui n'a pas la force de se maintenir. Aux yeux de
quel homme la physionomie ne trahit-elle pas la
joie, la colère, la jalousie? Assurément il faut
bien admettre que quelquefois, par une dissimulation long-temps étudiée, on finit par
donner au visage une impassibilité trom-

peuse; mais aussi dans combien de circonstances cette impassibilité n'est-elle pas trahie? combien de fois n'a-t-elle pas dévoilé les plus hautes pensées? Que de fripons auraient pu impunément livrer leurs crânes aux compas phrénologiques, qui n'auraient pu échapper au regard pénétrant de l'observateur!

Enfin, jusque dans le sommeil, le visage retrace encore par son calme ou son agitation la tranquillité de l'ame, la douleur, l'envie ou le remords. Dans ce moment, où toutes les passions semblent éteintes, il est encore l'interprète de nos sensations, sans que pour cela il puisse expliquer l'acte intellectuel, qui sera sans doute toujours un mystère impénétrable.

On ne saurait donc refuser, dans le plus grand nombre des cas, une grande vérité au système basé sur l'étude de la physionomie. Quel est l'homme qui, à l'aspect d'un individu, ne s'est pas senti entraîné vers lui, ou n'a pas éprouvé une influence répulsive, et cela sans avoir besoin d'examiner son crâne? Assurément, je suis loin de vouloir proclamer l'infaillibilité de ce système; mais, si je le compare à la phrénologie à laquelle M. Broussais vient encore d'ajouter l'imposante autorité de son nom, je ne puis m'empêcher de voir, d'un côté, le résultat d'une observation exacte, constaté par une application journalière, et de l'autre une théorie, dont l'erreur se débat vainement contre le raisonnement et l'expérience.

Il me reste à exposer la marche que j'ai suivie dans cet ouvrage. Après avoir analysé les travaux de Charles Bell, qui ont amené une sorte de révolution dans la physiologie du système nerveux, et après en avoir fait l'examen critique, j'ai étudié le fluide nerveux dans l'homme et dans les poissons électriques, chez lesquels il semble accumulé, comme dans la torpille, le silure et le gymnote. Après avoir dirigé mes recherches sur le siège de la sensibilité, et les organes qui sont doués de cette faculté, c'est à dire sur ceux seulement qui reçoivent des nerfs, puisque sans ces derniers il n'y a point de sensibilité tactile et morbide, je me suis demandé s'il n'existait pas des organes conducteurs des impressions et de la volonté. J'ai étudié ensuite avec le plus grand soin la source des contractions musculaires, la sensibilité et le mouvement, l'influence du système nerveux sur l'appareil circulatoire, les sécrétions, etc.

Après avoir tracé à grands traits ces généralités, j'ai écrit l'histoire particulière de chaque nerf, de chaque renflement nerveux. En m'occupant des fonctions du cerveau et du cervelet, j'ai dû examiner toutes les opinions contradictoires qu'avait soulevées la phrénologie, et je les ai discutées avec impartialité. En décrivant les fonctions du pneumo-gastrique, et son influence sur le cœur, j'ai dû m'occuper de ces théories, qui ont pour but l'action des autres parties du système nerveux sur cet important organe, et j'ai aussi dirigé des recherches expérimentales nombreuses sur les fonctions du grand sympathique.

Cet exposé embrasse-t-il tout ce que l'on peut dire du système nerveux, et n'avons-nous pas laissé inexpliqué le mystère de quelques unes de ses merveilleuses fonctions? Nous n'avons pas pu prétendre lever le voile qui les couvre, et l'intelligence est encore un de ces secrets profonds que l'homme admire sans les comprendre. Il faut en dire autant des sentimens intérieurs de l'ame, qui ne peuvent être ni interprétés ni expliqués, de ces peines cachées, de ces chagrins rongeurs qui, exténuant l'homme, le réduisent à son écorce matérielle, et qui ont échappé à la science des philosophes, des médecins et des métaphysiciens. L'homme doit donc s'arrêter devant cet infini, où il n'a jamais pu lire.

Nous ne pouvons pas connaître davantage ces aberrations nerveuses, la folie, le délire, la colère, la jalousie, et ces mille passions qui agitent le cœur de l'homme, et qui s'enveloppent dans des replis cachés et impénétrables.

Et ces altérations du système nerveux, qui amènent à leur suite une soif brûlante et la faim non satisfaite, peut-on les expliquer, les pénétrer, les comprendre? Reportons-nous un instant à ces scènes terribles qui suivirent le naufrage de la frégate *la Méduse*, et rappelons-nous par quelles extravagances, par quelles folies, par quelles imaginations étranges se signalèrent les aberrations du système nerveux, chez les hommes qui couvraient le radeau, auquel la vague et la tempête finirent par servir de pilote : pourrons-nous les expliquer? Torturés par une soif ardente, ces hommes désaltéraient leurs lèvres desséchées par de l'urine refroidie, et cette boisson était pour quelques uns si agréable, qu'ils la volaient aux autres, bien que l'ingestion de ce liquide fût promptement suivie du besoin d'uriner. Mais comment, chez ces mêmes hommes, des morceaux d'étain, portés dans la bouche, pouvaient-ils apaiser la soif par la fraîcheur qu'ils produisaient? comment cette sensation de froid agit-elle sur le système nerveux? On ne peut en réalité reconnaître le mode d'action de la privation des boissons et des alimens sur le système nerveux que par ses résultats, c'est à dire par la vivacité des impressions et la violence des sensations.

C'est ainsi que les malheureux naufragés portaient avec avidité leurs lèvres sur les bouteilles qui avaient contenu des liquides aromatiques, et que celui qui pouvait respirer le parfum d'une bouteille d'essence de rose vide trouvait dans cet acte une source d'impressions les plus douces.

M. de Savigny a pu observer sur le radeau de la frégate *la Méduse* combien dans de pareilles circonstances le vin agit sur le système nerveux avec force, ou d'une manière inconnue.

La plus petite portion de ce liquide produisait promptement l'ivresse, et faisait bientôt naître la mésintelligence et l'insubordination. Ces besoins excitaient chez la plupart de ces malheureux naufragés des aberrations étranges du cerveau, à tel point que quelques uns désiraient satisfaire leur volonté, même aux dépens de leur vie.

D'autres fois, loin d'affecter le système nerveux d'une manière douloureuse, ces besoins produisaient des sensations agréables, et fascinaient même les sens des naufragés. Ainsi M. de Savigny était en proie au charme d'un bonheur imaginaire, caractérisé par un engourdissement général, et par les rêves d'une imagination brillante qui le berçait de riantes images, à la vue de plantations agréables et d'êtres aimables qui l'entouraient et flattaient ses sens. Que dire de ceux qui demandaient leurs hamacs pour reposer dans l'entrepont de la frégate, et de ces infortunés qui se précipitaient dans le gouffre et annonçaient que bientôt ils reverraient leurs camarades? que penser de ce délire et des modifications que le système nerveux avait éprouvées dans ces momens pénibles?

Toutes les opinions consignées dans ce livre ont été basées sur l'anatomie et l'expérimentation ; et à ceux qui n'admettraient pas les conséquences que nous en avons tirées, nous pourrons dire qu'ils n'ont pas bien apprécié la portée d'une expérience bien faite. Pour qu'une expérience ait quelque valeur, il faut qu'elle se répète plusieurs fois dans les mêmes conditions, en y apportant toujours le même soin et la même exactitude : il faut que les conséquences que l'on en tire suivent l'interprétation rigoureuse des faits, et non le résultat d'idées préconçues. Si ces conditions sont remplies, je dis que l'expérience est alors l'expression d'une vérité. En effet, dans le chien comme dans l'homme, le sang circule, les séreuses exhalent; dans l'un comme dans l'autre, la nature emploie le même mécanisme pour la guérison des luxations ou des fractures. Aussi, quels services l'expérimentation n'a-t-elle pas rendus à la physiologie, à la thérapeutique chirurgicale et à la médecine légale? Il suffit, pour s'en convaincre, de lire l'ouvrage de toxicologie de M. le professeur Orfila. Mais il faut savoir s'en servir, et ne pas accuser l'expérimentation de fautes qui ne sont que trop souvent celles de l'observateur. Dois-je répondre à cet étrange reproche de cruauté que les gens du monde et quelques médecins eux-mêmes adressent à celui qui, recherchant la vérité, se sent le courage et la force d'affronter les plus pénibles émotions? L'amour de l'humanité et le désir de découvrir des choses inconnues font oublier l'animal qui souffre. La chirurgie n'impose-t-elle pas des obligations plus terribles à l'opérateur, qui a besoin de tant de force de volonté et de courage, pour ne pas trahir les sensations poignantes qu'il éprouve, et épargner ainsi au malade les inquiétudes qu'il devrait éprouver en voyant le chirurgien dans des dispositions contraires?

Je croirais mon travail incomplet, si je ne rendais pas ici l'hommage qui leur est dû aux physiologistes qui, avant moi, se sont occupés de cette partie de la science, et ont parlé des fonctions du système nerveux.

Haller a fait sur les animaux de nombreuses expériences, toutes de la plus grande exactitude. Ce grand homme avait même localisé les fonctions du système nerveux; mais, pénétré de l'invraisemblance de ces circonscriptions fautives, il a renoncé sans peine à cette théorie, qui devait trouver tant d'adeptes de nos jours. Le grand Bichat, le célèbre écrivain M. Richerand, le consciencieux M. Adelon, MM. Magendie, Flourens, Desmoulins, Charles Bell, Brodie, Breschet, Brachet, Bouillaud, Heurteloup, Pinel-Granchamp, Blaudin, Foville, Bérard aîné, E. Lacroix, en s'occupant du système nerveux, ont enrichi la science soit par leurs travaux physiologiques, soit par l'expérimentation, soit par le raisonnement, soit par l'anatomie comparée. Parmi les savans dont les observations et les expériences ont jeté une vive lumière sur les fonctions des nerfs et des centres nerveux, nous citerons encore MM. Andral, Rostan, Lallemand de Montpellier, les savans et consciencieux MM. Cruveilhier, Chomel, et Olivier d'Angers, pour ses intéressans travaux sur la moelle épinière.

En abordant une tâche qui avait appelé déjà les travaux de tant d'hommes illustres, je ne me suis pas dissimulé les difficultés d'une telle entreprise, aussi ai-je apporté dans mon œuvre une patience infatigable, et ai-je multiplié mes expériences, aussi pénibles que variées, aussi consciencieuses que fatigantes. Bien des fois le courage m'a manqué dans ce laborieux travail, mais j'ai trouvé la force d'aller jusqu'au bout dans les bienveillans encouragemens qui m'ont été prodigués par un ami qui tant de fois m'a prouvé sa chaleureuse amitié, et aussi dans le désir d'apporter une part de lumière dans cette partie de la science. Je ne prétends pas avoir réussi, mais je crois avoir osé avec conviction, et souvent avec certitude de n'être pas agréable à tous ceux qui cultivent les sciences. Si l'approbation me manque, je ne regretterai pas du moins de m'être occupé d'un travail dont l'étude offre tant d'intérêt et de charme.

ÉTUDES

SUR

LE SYSTÈME NERVEUX.

CONSIDÉRATIONS PRÉLIMINAIRES.

Dans cette organisation si admirable de l'homme,
où la vie est l'expression de l'harmonie des organes,
il y a cependant entre les divers appareils une espèce
de hiérarchie, basée non seulement sur leur structure
intime, mais aussi sur leur influence physiologique.
A ce double titre, le premier rang appartient indubi-
tablement au système nerveux.

Objet de nombreuses recherches, l'étude du système
nerveux a été le but d'efforts inouis. Malgré l'observation persévérante et attentive de la pathologie,
malgré l'investigation infatigable de l'anatomie, malgré l'habileté de la physiologie expérimentale, l'histoire des nerfs et des masses nerveuses est restée enveloppée d'un voile épais, que je cherche à mon tour
à soulever aujourd'hui.

Le système nerveux, dans sa disposition remarquable, représente des masses contenues dans des
cavités osseuses, et des cordons qui semblent au pre-

mier abord être des prolongemens de ses renflemens, dont cependant les savantes recherches de MM. Serres et Tiedemann ont démontré le développement plus tardif.

Les nerfs représentent des cordons blancs, grisâtres, qui se divisent à l'infini, pour former un beau réseau dans les enveloppes tégumentaires et d'innombrables ramifications dans l'épaisseur des organes, surtout dans les muscles où ils répandent leur fluide, en constituant, pour ainsi dire, une atmosphère électrique.

Les renflemens nerveux, d'une structure très complexe, reçoivent de toutes parts de nombreuses artères qui les arrosent et pénètrent leur épaisseur en se ramifiant partout et en se perdant dans la substance grise qu'elles forment en grande partie : aussi cette substance grise est-elle peu consistante, à cause des liquides qui la baignent, et très sujette à l'inflammation.

Les injections y démontrent de nombreuses veines qui imitent des lacis à leur surface, après avoir parcouru leur épaisseur.

Il n'y a pas d'organes qui soient mieux enveloppés que les cordons et les renflemens nerveux ; une membrane commune les entoure, appelée pie-mère pour les uns, et névrilemme pour les autres ; une autre, lisse et polie, facilite leurs mouvemens en les tapissant ainsi que la cavité ou le canal qui les contient. Enfin un liquide albumineux en quantité variable, suivant les âges, est répandu à leur surface extérieure et pénètre quelquefois profondément.

Ces vaisseaux et ces membranes sont destinés à

nourrir et à entretenir les deux substances, *grise* et *blanche*, qui composent les renflemens et les nerfs.

La première, la substance grise, disposée irrégulièrement sur les masses nerveuses et qu'on ne retrouve jamais sur les nerfs, représente une sorte d'enveloppe pour le cerveau et pour le cervelet. Elle s'étend en couches à l'extérieur, au centre du cerveau, sur les corps striés, ou bien elle forme des cordons situés à l'intérieur, comme dans la moelle épinière, par exemple.

L'absence de la substance grise dans les nerfs semble indiquer qu'elle a moins d'importance que la substance blanche. Celle-ci, en effet, est généralement répandue; elle représente tantôt un canal, tantôt des cordons qui parcourent un long trajet, à la moelle, et s'épanouissent pour former les pédoncules du cerveau, le cervelet et surtout le premier. Cette substance est réellement fibreuse, partout identique; sur les nerfs comme dans les masses nerveuses, elle paraît destinée à être conductrice des impressions reçues et de la volonté. On peut se représenter l'appareil nerveux, en comparant la disposition toute fibreuse de la substance blanche qui compose les nerfs et qui enveloppe la moelle épinière, à une réunion de fils, placés les uns à côté des autres, toujours continus, mais formant dans un point des cordons, et dans un autre un grand canal. Cette comparaison vulgaire peut donner une idée assez exacte de la disposition des nerfs et de la moelle épinière.

Aucun système n'a peut-être attiré l'attention des anatomistes d'une manière aussi particulière que le système nerveux. Il a été l'occasion de plusieurs travaux importans que chaque pays peut citer avec orgueil. En Allemagne, un ouvrage remarquable sur le développement des renflemens et des cordons nerveux est venu ajouter encore à la célébrité de Tiedemann.

L'Angleterre a vu paraître les ingénieuses recherches de Charles Bell et de Shaw. Faut-il rappeler Rolando et Bellingeri parmi les auteurs qui ont honoré l'Italie par leurs productions sur cette matière. La France enfin est loin d'être restée en arrière. Parmi les savans dont les travaux ont jeté une brillante lumière sur des points encore obscurs de la physiologie des nerfs, elle peut proclamer les noms de MM. Flourens, Serres, de Blainville, de Legallois, de Gall, et aussi celui du malheureux Béclard qui lui a été enlevé trop tôt.

Je n'ai pas l'intention de passer ici en revue les différens travaux qui ont été faits sur le système nerveux. Je veux seulement examiner ceux de Charles Bell, d'une part, parce que ce sont ceux qui dans ces derniers temps ont acquis le plus d'importance, et de l'autre, parce que ce sont ceux qui s'éloignent le plus des résultats auxquels j'ai été conduit par de nombreuses et patientes recherches. Je veux démontrer que cet auteur, fort ingénieux d'ailleurs, a le plus souvent fait plier l'anatomie au gré de son imagination, en l'appelant à son aide pour donner à sa théorie une base solide, et faire connaître que seul il avait compris les secrets de la nature, et interprété les grands phénomènes de la vie. Et ce n'est point en effet l'anatomie, comme nous le verrons, qui sert de base réelle à ses recherches; on lui demanderait en vain l'explication de ses expériences. Elle prouve ordinairement le contraire de ce qu'il a avancé. Or, un pareil travail est loin par conséquent d'être de nature à répandre de la clarté sur des questions si obscures. Dans cet ouvrage où le langage sévère des faits cède trop souvent la place à la passion, Charles Bell, on le voit très bien, a été trop préoccupé de l'envie qu'il avait de prouver combien ses travaux étaient supérieurs à ceux de ses devanciers et de ses contemporains, et de faire voir qu'il connaissait mieux l'origine des nerfs que Bichat, M. Magendie, etc. Sans lui donner raison complètement sur ce dernier physiologiste, dont il croit avoir à se plaindre, on éprouve avant tout le besoin de repousser ses inconcevables attaques contre Bichat. Si la France le revendique avec un noble orgueil, Bichat, homme de science, homme supérieur, est de tous les pays, et si son titre de savant ne lui suffisait pas pour le mettre à l'abri des attaques d'une nationalité envieuse, la juste célébrité de son nom aurait dû l'en défendre. Elle commandait l'admiration et le respect.

Charles Bell admet quatre ordres de nerfs, outre ceux de la vision, de l'odorat et de l'ouïe, répandus dans tout le corps : il les divise en nerfs du sentiment, du mouvement volontaire, du mouvement respiratoire, et enfin en nerfs qui, privés des propriétés attribuées aux précédens, semblent être destinés à l'accomplissement de la nutrition, de l'accroissement de l'animal.

Les nerfs marchent quelquefois isolés, d'autres fois réunis ; ils ne participent point aux mêmes actes.

Charles Bell examine la composition d'un nerf et les filets qui le constituent, et bien qu'il convienne que l'investigation la plus attentive ne peut faire présumer les usages différens de ces filets, il n'en conclut pas moins que l'un est destiné à la sensation, l'autre aux mouvemens musculaires, celui-là à la combinaison de la puissance des muscles avec leurs actes dans la respiration. Il pense que si l'on ne peut suivre de l'œil les destinations si variées et si différentes de ces filets, on en découvrira le but par une appréciation intelligente de leurs relations, et particulièrement de leur origine dans le cerveau ou la moelle épinière. Enfin, après avoir étudié leur structure, après avoir reconnu qu'il n'y a aucune différence dans la quantité de substance nerveuse, dans sa nature, dans l'enveloppe qui la protège, il est curieux de l'entendre s'écrier tout triomphant, qu'avant lui on regardait les filets d'un nerf comme les branches tout à fait semblables de la même racine, conducteurs du mouvement et du sentiment. Pour lui, au contraire, et c'est là la base de son système, chaque filet nerveux jouit d'une propriété non analogue et entièrement indépendante de celle des filets qui sont accolés ou réunis à lui. Cette faculté est toujours la même dans tout son trajet. Ainsi (*pl.* 1re, *fig.* 1re), il poursuit un filet destiné à porter la sensibilité et il dit que, dans tous les points de son trajet, au pied, à la jambe, à la cuisse, à l'épine, au cerveau, si on l'irrite, il trahira toujours sa propriété par une sensibilité excessive : il y aura au point touché, douleur, sensation et non mouvement. Pour une pareille démonstration, l'auteur aurait pu, sans inconvénient pour son livre, se dispenser de ces figures qui, par le fait, ne représentent rien.

Je ne suivrai pas plus loin Charles Bell dans ses répétitions. Je rappellerai seulement que l'anatomiste anglais appelle *colonnes* ou *baguettes* les nerfs qui présentent une saillie ou convexité externe, les distinguant en outre par leur couleur ou leur direction. Lorsqu'une *colonne* forme des filets distincts, ceux-ci sont des cordons qui deviennent eux-mêmes des faisceaux en se combinant entre eux. Enfin, pour Charles Bell, un nerf est dit *composé* quand il est formé de deux racines qui s'élèvent sur deux rangs d'une colonne différente de substance nerveuse; il est *simple* quand il est constitué par une seule racine, dont les filets ou cordons paraissent sur une même ligne, à la surface du cerveau ou de la moelle épinière. Il donne pour exemple de l'un le nerf de la neuvième paire, et pour les autres, les nerfs de l'épine.

L'auteur se résume en disant qu'un nerf est une corde formée de substance nerveuse, de tissu cellulaire, et qu'il est divisé en filets qui possèdent des propriétés tout à fait dissemblables. Là, donnant un libre essor à son imagination, il poursuit sérieusement, mais sans scalpel, il est vrai, un filet nerveux des organes au renflement, en le faisant passer dans différens nerfs et arriver enfin à la colonne antérieure de la moelle épinière. Or, ce filet quel est-il? Il est facile de le deviner, il est un filet moteur. Pour moi, je l'avoue, je repousse ces investigations faites à l'a-vance et dans lesquelles on n'a point pris l'anatomie pour guide.

La moelle épinière ne pouvait échapper à l'attention de Charles Bell, aussi a-t-il trouvé en elle l'é- lément de ses explications physiologiques. Il la regarde comme formée de plusieurs colonnes de sub-stances nerveuses, et de trois faisceaux de chaque côté : l'un destiné au mouvement volontaire, un se-cond destiné au sentiment, un troisième chargé de présider à l'accomplissement de la respiration. Les deux colonnes motrices antérieures montent jusqu'au cerveau, et les deux colonnes latérales ou respira-toires se perdent, d'après le physiologiste anglais, dans la moelle alongée ; et suivant lui ces disposi-tions anatomiques démontrent que les premières ont des rapports avec le SENSORIUM, et que les dernières n'en ont aucune avec la volonté.

Plus loin, l'auteur compare les nerfs de la moelle avec ceux de l'encéphale : il établit que la parfaite intelligence et la révélation des phénomènes mysté-rieux et peu compréhensibles, jusqu'à lui, de l'in-nervation, sont dues à l'exacte comparaison des nerfs qui tirent leur origine du cerveau avec ceux qui apparaissent à la surface de la moelle épinière. Il croit avoir trouvé la différence dans la régularité des nerfs de la moelle et l'extrême irrégularité au con-traire de ceux que l'on rencontre à la base du cer-veau.

Enfin Charles Bell s'est dit : si les nerfs tirent leurs propriétés de leur mode d'origine, alors les racines doivent indiquer les véritables distinctions entre ceux qui naissent de la moelle épinière et ceux qui naissent de la base du cerveau.

Les nerfs qui naissent de la moelle épinière sont, suivant lui, formés de deux racines; l'une appartient à la colonne antérieure, l'autre à la colonne postérieure. Les racines antérieures offrent moins de régularité que les postérieures.

Charles Bell suit la colonne antérieure jusque dans le cerveau, et il ne manque pas de trouver que tous les nerfs qui naissent de cette colonne et par une seule racine sont les nerfs *musculaires* ou *moteurs ;* exemple : la neuvième paire ou le nerf grand hypoglosse; la sixième, la troisième paire.

Autrefois, ajoute-t-il, on regardait les ganglions placés sur le trajet des nerfs comme étant destinés à arrêter la sensibilité, et cependant il fait remarquer que tous ceux qui en sont pourvus sont doués de cette grande propriété. Pénétré de cette vérité expérimentale, Bell fit des expériences sur le nerf facial et sur la cinquième paire d'un âne, et il obtint des résultats entièrement opposés. Après la section de l'un, la sensibilité fut éteinte dans les parties où va se distribuer le nerf de la cinquième paire; la section de l'autre abolit complètement les mouvemens dans les régions qui reçoivent le nerf facial. Ainsi, d'après moi, Charles Bell a conclu d'une manière peu logique que le nerf de la cinquième paire qui possède ce ganglion est par cela même doué de sensibilité. C'est avec aussi peu de raison qu'il s'est cru par là autorisé à conclure de même pour les racines postérieures des nerfs de la moelle épinière, et au contraire à établir que l'absence de ce même ganglion indiquait que les racines antérieures étaient destinées au mouvement. Nous verrons plus loin à quoi nous en tenir sur ces théories que l'auteur appelle anatomiques. Tout naturellement, les nerfs de la troisième, de la sixième et de la neuvième paire, qui sont sans ganglions, sont devenus pour lui des nerfs moteurs.

Dans un autre chapitre, Charles Bell parle de l'origine des nerfs qu'il appelle *respiratoires*, et il établit qu'ils naissent d'une colonne spéciale de la moelle épinière, que leurs racines sont distinctes des nerfs vertébraux à deux racines, que chacun de ces nerfs respiratoires est formé d'une seule racine, à filets régulièrement disposés sur le même plan ; il en conclut que ces nerfs ont une destination différente des nerfs vertébraux, et il se demande quelle fonction leur est plus probablement dévolue que celle qu'indiquent leur trajet et leur mode de distribution ; l'influence en un mot qu'ils doivent avoir sur la respiration. Il entrevoit par des expériences que le *spinal*, la paire vague, le *glosso-pharyngien* et le *facial* pourraient démontrer qu'ils établissent un commun accord entre les parties éloignées où ils viennent se rendre dans l'acte important de la respiration. Pour prouver sa théorie, et faire voir à quel juste titre ces cinq nerfs méritent le nom de respiratoires, il les suit dans leur trajet, il appelle les expériences à son aide ; il trouve un argument dans la section de ces mêmes nerfs, qui paralyse le mouvement des muscles auxquels ils se distribuent, et dans la faiblesse de l'acte respiratoire qui suit cette section. Il insiste sur l'absence du mouvement des paupières, des narines, par suite de la division du nerf facial.

Les nerfs de l'épine suffisent bien, il l'avoue, dans la respiration ordinaire; mais, dans les actes plus compliqués de cette même fonction, l'influence des nerfs respiratoires est nécessaire. En effet, lorsque l'animal crie, quand l'homme chante, les muscles de la poitrine ne suffisent plus, mais les narines, mais les joues, les lèvres, les muscles du larynx, entrent en mouvement; il en est de même du muscle trapèze, qui est excité par le nerf spinal.

Avant d'aller plus loin, qu'il me soit permis d'ajouter que Charles Bell abuse du langage et des choses quand il appelle nerfs du mouvement les nerfs moteurs oculaires externe et commun, grand hypoglosse, qui en tout sont semblables par leurs fonctions à ceux auxquels il donne le nom de respiratoires, par cela seul qu'ils viennent se distribuer à des muscles placés sur le trajet de l'air, et disons avec franchise que la découverte de Charles Bell est loin d'être en rapport avec les éloges qu'il a cru devoir lui donner.

Pour ceux qui veulent voir, à l'instar de Charles Bell, autant de fonctions différentes qu'il y a de prétendus changemens à l'extérieur des organes, qu'il y a de saillies ou de bosselures, la moelle épinière et les nerfs paraissent offrir un exemple précieux. Mais que deviennent les théories spécieuses devant une expérimentation, devant une anatomie positives?

Après avoir mis la moelle épinière dans de l'espritde-vin et l'avoir fait macérer quelque temps dans ce liquide, j'ai observé :

1° A la face postérieure, un sillon qui, nullement marqué en bas et au milieu de la moelle épinière, semble plus distinct en haut, dans une petite étendue, à l'endroit où il se continue avec le *calamus scriptorius*. Cet espace est mesuré par l'éloignement que laissent entre elles les pyramides postérieures. Mais ce sillon ne paraît être autre chose qu'une simple dépression déterminée par l'artère spinale postérieure.

2° A la face antérieure, un sillon profond, situé entre les cordons antérieurs. Les éminences olivaires sont une dépendance des pyramides antérieures, qui, par leur adossement, laissent entre elles un espace qui constitue le sillon dont je viens de parler. En écartant ces cordons nerveux et en regardant au fond du sillon, on aperçoit des fibres nerveuses, blanches, transversales, qui les réunissent et représentent une espèce de commissure, comme criblée d'un grand nombre d'ouvertures pour le passage des vaisseaux et des prolongemens membraneux.

La moelle épinière forme donc un tout continu à sa face postérieure, et ce sillon, qu'on s'est tant occupé à décrire, à proprement parler n'existe pas : il n'y a là qu'une lame nerveuse, une longue bandelette de même substance, sans division. Il n'y a de sillon marqué qu'à la partie antérieure : aussi est-ce dans l'étendue de cette surface que l'on retrouve les cordons antérieurs de la moelle épinière qui se renflent supérieurement pour donner naissance à ce que l'on appelle les pyramides antérieures.

En résumé, la moelle épinière est formée à l'extérieur par une longue bande nerveuse blanche, qui se recourbe sur elle-même, pour s'adosser en avant et venir se perdre sur la commissure, de manière à former la partie postérieure, les côtés et la région antérieure de cet organe. Cet étui (écorce blanche), est tellement disposé, que les deux parties qui s'adossent en avant viennent rejoindre presque la face intérieure de la région postérieure de la moelle. C'est ainsi qu'une très petite quantité de substance grise est déposée dans cet endroit, tandis que celle-ci remplit, au contraire, deux canaux latéraux que représente cette lame blanche, en se recourbant sur les côtés et en s'adossant. La moelle épinière, coupée verticalement de l'extrémité céphalique à l'extrémité caudale, représente deux portions de cylindre aplaties en arrière.

La moelle épinière est donc plus simple dans l'arrangement de ses parties nerveuses composantes qu'on ne l'avait pensé. Si elle paraît offrir des saillies à l'extérieur, celles-ci sont dues à une plus grande quantité de substance blanche ou grise, ce qui ne suffit pas pour distinguer autant d'usages différens qu'il y a d'éminences. Il en est de la moelle épinière comme de la corne d'Ammon, dont on ne connaît pas les usages, mais entre les saillies de laquelle on ne cherche pas à établir des rapports différentiels.

La lame nerveuse postérieure, que les modernes ont appelée cordon postérieur, est la source de la sensibilité et du mouvement, et les cordons antérieurs servent à conduire l'impression au cerveau, et à rapporter aux organes le principe de tout mouvement et de toute volonté. Je rapporterai plus loin les expériences qui appuient la probabilité de cette opinion.

J'ai porté aussi mon attention sur les nerfs de la moelle épinière et sur les ganglions.

J'ai enlevé les nerfs avec précaution, et après les avoir arrachés, j'ai vu qu'ils aboutissent à la substance nerveuse blanche seulement, et qu'ils en naissent par des filets très fins; que, par conséquent, ils ne dépassent pas cette substance et ne viennent pas, comme on l'avait dit à tort, de la substance grise.

J'ai dû étudier ensuite l'origine différentielle et le volume des racines des nerfs de la moelle épinière, et voici ce que j'ai observé :

Les racines antérieures des nerfs rachidiens naissent par des filets nombreux, fins et multipliés, qui communiquent souvent ensemble depuis la partie supérieure de la moelle épinière jusqu'à son extrémité caudale; tous les filets s'implantent, s'insèrent sur chaque cordon antérieur et sur les côtés du sillon médio-antérieur. Les racines postérieures sont beaucoup plus volumineuses que les précédentes. C'est ce que M. Blandin, chef des travaux anatomiques, a prouvé depuis long-temps. C'est un fait constant qu'on peut observer avec la moindre attention.

Les filets par lesquels elles naissent sont peu nombreux et parfaitement séparés les uns des autres. Toutes ces racines postérieures diffèrent des antérieures en ce qu'elles naissent d'une portion membraneuse, blanche, qui ne présente pas de division. Aussi, la moelle étant parfaitement continue dans ce sens, si l'on fait une incision médiane dans la région postérieure, on produit une paralysie complète de la moitié inférieure du corps, tandis que l'on peut au contraire paralyser seulement un des membres inférieurs, en lésant un des cordons antérieurs de la moelle.

Les nerfs *moteurs oculaire commun, oculaire externe, hypoglosse*, naissent tous sur la même ligne, c'est-à-dire sur celle qui se prolongerait entre les éminences olivaires et pyramidales antérieures.

Les nerfs *facial, acoustique, glosso-pharyngien*, sont situés sur la ligne qui sépare les corps *restiformes* des éminences olivaires, et correspondent aux racines postérieures de la moelle épinière, tandis que les nerfs *oculaire* et *hypoglosse* correspondent aux racines antérieures.

Ce point anatomique est donc tout à fait contraire à la théorie de Charles Bell sur le mode d'origine de ces nerfs qu'il appelle respiratoires, qui, suivant lui, naîtraient sur un sillon distinct.

De toutes les dissections auxquelles je me suis livré pour l'étude des racines antérieures et postérieures des nerfs de la moelle épinière, il résulte que le ganglion constamment placé sur la racine postérieure est d'un volume et d'une couleur variables, mais d'une consistance presque toujours la même.

Les deux racines de nerfs sont formées chacune d'un nombre de filets variable, mais ces filets ne se rapprochent et ne se réunissent que lorsque ceux qui

constituent la racine postérieure ont rencontré et dépassé le ganglion.

La racine antérieure offre donc un fort petit volume, et le nombre de ses filets est peu considérable :
aussi, comme partie intégrante d'un nerf, elle entre
pour peu dans sa composition.

La racine postérieure est formée d'un grand nombre de filets, qui s'aplatissent en arrivant au ganglion, et se divisent pour traverser son épaisseur, ou
pour cheminer à la surface. Pour bien apercevoir
cette disposition anatomique, il faut racler le ganglion, et enlever la matière qui le compose, autrement on ne pourrait reconnaître les filets nerveux qui
le traversent.

Les racines antérieures et postérieures échangent,
dit-on, des filets entre elles. C'est une erreur. Après
la formation du ganglion, les deux racines se rapprochent, s'accolent; mais on n'aperçoit pas cet
échange dont on a tant parlé, car souvent elles continuent leur chemin isolément, ou bien finissent par
se confondre sur divers points.

La racine postérieure forme la presque totalité de
chaque nerf, et l'antérieure entre pour très peu de
chose dans sa structure : ceci est très évident sur
l'homme, les animaux et principalement sur les
chèvres.

Tous les filets nerveux, venant des racines des nerfs
de la moelle épinière, forment des angles aux points
où ils constituent les nerfs des membres. C'est bien
gratuitement que MM. Prévost et Dumas ont décrit
une anse nerveuse qui jouerait un grand rôle dans

la contraction musculaire, de manière à établir un courant descendant et un courant ascendant; j'ai constamment vu au contraire tous les filets qui ne marchent pas en ligne directe, et qui forment des angles plus ou moins marqués, descendre vers la *terminaison* périphérique du nerf, ou se perdre par une marche rétrograde à une faible distance de l'endroit où le filet avait changé de direction.

Tout ce que j'ai dit sur la structure de la moelle épinière dans l'homme, sur son mode de terminaison dans les renflemens craniens, tout ce que j'ai dit aussi de la protubérance annulaire, est démontré clairement par les recherches d'anatomie comparée auxquelles je me suis livré sur les animaux de toute espèce, sur les mammifères comme sur les oiseaux, sur les poissons comme sur les reptiles. Dans les hommes comme dans les animaux, tout prouve, surtout quand on étudie attentivement l'embryon, que la moelle épinière subit un développement ascensionnel et non pas progressif de haut en bas, comme le voulait Rolando, et que, dans tous, ce prolongement nerveux offre une substance blanche, qui sert d'enveloppe à une substance ordinairement grisâtre, mais se présentant très fréquemment avec une couleur jaunâtre.

Il nous est encore démontré que la moelle épinière ne présente dans aucune espèce d'animaux cette série de ganglions dont Gall prétendait qu'elle est formée : en effet on n'a jamais pu rencontrer de ces renflemens, réunis les uns aux autres, égaux en nombre aux paires de nerfs : et d'ailleurs, on n'a jamais vu dans le fœtus de ces renflemens de substance grise, substance qui manque complètement à cette époque de la vie.

La moelle épinière représente donc un cylindre, véritable tout continu, dont on ne peut rien soustraire, chacun des tissus qui entrent dans sa structure faisant partie de l'ensemble, et non d'un des points de ce prolongement. Dans les animaux, pas plus que dans l'homme, nous ne trouvons ces cordons dessinés, suivant quelques anatomistes ou physiologistes, à la surface de la moelle épinière, et auxquels on a voulu faire jouer le rôle que le bon plaisir leur avait dévolu : s'il existe en effet des renflemens sur différens points de la moelle épinière, ceux-ci n'indiquent nullement des différences d'usages et de fonctions, mais ils démontrent seulement une vascularité plus grande, et par conséquent une nutrition plus active, une plus grande quantité de matière nerveuse. Ils indiquent aussi sur ces points l'origine de nerfs plus volumineux et d'une émission plus grande de fluide. Cette substance grise, développée tardivement dans toute l'échelle animale, annonce seulement, quand elle est déposée dans tel ou tel endroit, un surcroît de vie, un afflux plus considérable de sang pour nourrir les nerfs, les membranes, etc. Sur ce point les recherches de Tiedemann n'ont laissé aucun doute.

Dans les animaux comme dans l'homme, la partie qui apparaît la première est la substance blanche, ce qui semble établir déjà son degré de supériorité sur la substance grise dans l'exercice des fonctions du système nerveux : cette dernière en effet paraît surtout destinée à la nutrition, par le grand nombre de vaisseaux qui s'y ramifient. Tous ces faits se révèlent par le développement de la moelle épinière, de la protubérance annulaire, du cervelet et du cerveau, qui ne se recouvrent que plus tard de substance grise.

Peut-on maintenant juger des facultés intellectuelles par le volume des masses nerveuses, ou par les différences de quantité des deux substances qui entrent dans leur composition? Il n'est pas douteux que le poids des masses nerveuses suffise le plus ordinairement pour faire apprécier le *champ* (si l'on peut parler ainsi), la variété et l'étendue des facultés intellectuelles, du génie! Mais, suivant moi, ce résultat ne saurait être exact que comme déduction des différences établies entre les rangs; et si l'on cherche la raison des variétés de facultés que l'on signale dans chaque genre, on pourrait la trouver dans l'examen différentiel de la substance grise et de la blanche.

Je sais que j'agite ici une question neuve qui peut soulever de graves débats, et qui sans doute ne sera pas résolue sans contestation ni sans critique. Cependant si l'on examine ces organes, le cerveau et le cervelet, que Reil regardait comme une efflorescence de la moelle épinière, on verra que l'intelligence se trouve en quelque sorte proportionnelle à la quantité de l'une des deux substances dont je viens de parler.

J'ai suivi toute l'échelle des êtres, j'ai examiné

le système nerveux dans les classes, je l'ai comparé dans une foule de genres, et j'ai cru pouvoir établir comme une vérité que, lorsque la substance grise l'emportait dans les masses craniennes sur la substance blanche, l'intelligence avait moins d'élévation et moins d'étendue, et que, lorsque la première existait presque seule dans le cerveau et le cervelet, les facultés étaient presque nulles ou complètement annihilées ; qu'alors enfin le système nerveux paraissait destiné, dans ces animaux, aux mouvemens et à la sensibilité des organes, puisqu'il suffit de la moelle épinière et de la protubérance annulaire, qui n'en est qu'une dépendance, pour donner aux organes la faculté de se mouvoir et de sentir, sans la faculté de perception.

J'ai cru m'être assuré au contraire que, lorsque la substance blanche domine la substance grise, ou existe en grande quantité dans le cerveau ou le cervelet, alors à la sensibilité perçue s'ajoute un développement des sens, des instincts, des penchans et des facultés intellectuelles, plus ou moins perfectionné. On se rend compte de ce phénomène, si l'on considère que les impressions reçues par la peau et par les autres organes des sens arrivent sur une surface étendue, le cerveau, où viennent aboutir, pour le former, les fibres rayonnantes qui se détachent de la moelle épinière. Nous pourrions encore tirer d'autres conséquences de ces dispositions anatomiques, établir, par exemple, que la perfection de l'intelligence, que les facultés animales sont aussi en rapport avec le développement de cette substance, etc.

La physiologie a démontré encore que la substance grise peut être déchirée, coupée ou enlevée, sans que les facultés en souffrent, et qu'au contraire le déchirement ou une lésion quelconque de la substance blanche entraîne des changemens non seulement dans l'intelligence, mais encore dans les mouvemens et les impressions. Ces vérités sont encore fortifiées par l'expérimentation, puisque chez certains animaux on peut enlever couche par couche le cerveau, sans qu'il se manifeste aucune altération dans les sens ou dans l'intellect; puisque, chez quelques oiseaux, le cerveau offre une prédominance remarquable de la substance grise sur la substance blanche, terminée presque à la base de ces organes, les phénomènes d'altération ne se déclarant que lorsque la substance blanche a été intéressée.

L'homme, dont les facultés sont les plus vastes, les plus nobles et les plus élevées, l'homme qui possède l'imagination dont les animaux sont dépourvus, et le jugement, cette autre faculté si précieuse, l'homme offre pour ainsi dire en lui l'explication de cette intelligence supérieure. Son cerveau est formé d'une masse nerveuse blanche considérable, plissée un grand nombre de fois sur elle-même pour former les circonvolutions, et d'une faible quantité de substance grise, déposée à la surface et dans l'épaisseur de cet organe, comme pour favoriser la nutrition de la première, en y laissant pénétrer le sang sous une forme capillaire extrêmement fine : circonstance remarquable, qui semble nous révéler qu'une quantité plus considérable de sang pénétrant dans cet organe par des vaisseaux d'un plus gros calibre , y gênerait le libre exercice de ses mystérieux travaux.

Il m'a semblé aussi que dans les animaux courageux , ayant la conscience de leur force , la substance blanche existe en plus grande quantité dans le cerveau , le cervelet , et la protubérance annulaire.

De l'examen du système nerveux il m'a semblé résulter que les facultés motrices et la sensibilité des organes sont en rapport avec le volume de la moelle épinière, de la protubérance annulaire et des nerfs qui en partent ; qu'enfin le développement de la substance blanche et sa quantité se trouvent aussi en rapport avec le genre de vie, les habitudes et les organes des animaux. C'est ainsi que chez les animaux timides, tels que la tourterelle , le rossignol, l'ortolan , on trouve la moelle épinière volumineuse, relativement à la grosseur de l'animal et à ses mouvemens , et la substance blanche peu abondante pour le cerveau ; c'est ainsi que chez les animaux voraces, l'aigle , le vautour , le crabier , le héron , l'épervier , la pie, etc. , la moelle épinière et la protubérance annulaire sont remarquables par leur volume, quand, d'autre part, les nerfs qui en partent et la quantité de substance blanche qu'on rencontre dans le cerveau fortifient encore l'opinion que nous exposons ici ; comme si la nature voulait, dans ces animaux, mettre l'organe qui commande à ceux qui donnent les facultés motrice et sensitive , en harmonie avec les organes de défense et de nutrition. Nous verrons que

dans certains animaux les puissances génératrice,
motrice et sensitive, sont en rapport avec le volume
de la moelle épinière et de la protubérance annulaire : chez quelques passereaux, le moineau, etc.,
chez certains gallinacés, le coq, etc.

C'est une chose curieuse de jeter un coup d'œil
sur le système nerveux de certains animaux pour en
faire l'application à la phrénologie.

Si l'on examine le système nerveux dans les passereaux, on voit qu'il est proportionné aux fonctions
actives de ces animaux : la moelle épinière, entourée d'un mince étui osseux, offre beaucoup de volume, ainsi que la moelle alongée : la substance
blanche forme à ces deux organes une enveloppe
épaisse, qui contient pour la moelle épinière un
filet délié de substance grise. Le cerveau, dépourvu
de circonvolutions et recouvert d'une frêle coque osseuse, offre un volume considérable, proportionnellement au cervelet.

Dans l'épaisseur de ses lobes, on voit pénétrer
au sein de la substance grise des filamens nerveux
blancs, venus des pyramides antérieures, et qui se
prolongent dans tous les sens des lobes. Le cervelet est foliacé, formé d'un seul lobe, et on retrouve
dans son épaisseur de la substance blanche déta-
chée des corps restiformes et de la moelle alongée. La rapidité des mouvemens et leur multiplicité
sont évidemment en rapport avec le volume de la
moelle épinière et de la moelle alongée, ainsi que
les fonctions de la génération, car on sait que ces
animaux sont très portés au rapprochement et très

feconds. L'intelligence dont en outre ils sont doués trouve son explication, suivant nous, dans la quantité de substance blanche, qui, pénétrant le cerveau, leur apporte les impressions de diverse nature, et rend ainsi raison de la finesse et de la mémoire de ces animaux ; car on sait qu'ils n'oublient pas les piéges qu'on leur a tendus, et les lieux où ils ont été bien ou mal traités.

Voici quels ont été pour la tourterelle et le serin, oiseaux timides, les résultats de l'examen du cerveau. J'ai rencontré dans le dernier les dispositions à peu près les mêmes que dans la première. La moelle épinière et la moelle allongée sont assez volumineuses. Le cervelet est à un seul lobe, foliacé, présentant à son centre de la substance blanche. Le cerveau est volumineux, formé en majeure partie par de la substance grise : si l'on fait une coupe d'arrière en avant, on voit cette dernière substance parcourue par des lignes blanches, plus ou moins épaisses, qui gagnent la circonférence des lobes, et par deux lames médianes qui pénètrent dans la commissure interlobaire, pour se confondre bientôt. Enfin des lames de substance blanche venant des tubercules optiques gagnent la face inférieure du cerveau et les parties latérales postérieures. Toutes ces fibres blanches partent des courts pédoncules du cerveau.

Dans la tourterelle la moelle épinière est volumineuse, et formée par un étui de substance blanche qui contient peu de matière grise au centre. Le cervelet a un seul lobe, foliacé et formé de substance blanche et grise, avec prédominance de cette dernière. La

moelle alongée, volumineuse relativement au corps
de l'animal, envoie une lame qui recouvre les tubercules optiques, ainsi que la face inférieure et les
côtés des lobes cérébraux. Ceux-ci sont remarquables par leurs dimensions latérales et par la petitesse de leur diamètre antéro-postérieure; ils ne présentent pas de cavité dans leur centre, et sont formés
de beaucoup de substance grise, et d'une très faible
quantité de substance blanche, que leur envoient les
courts pédoncules du cerveau. De cet examen anatomique il résulterait phrénologiquement que la
tourterelle devrait être un animal essentiellement des-
tructeur, et cependant nul n'est plus doux ni plus
timide; il devrait encore en résulter qu'elle aime peu
sa progéniture, et cependant quel animal montre
plus de sollicitude pour ses petits?

Si l'on étudie le système nerveux des oiseaux carnivores, on trouve les mêmes rapprochemens à faire
sous le rapport de leurs facultés et de leurs fonctions;
et si on applique ces résultats à la phrénologie, on
voit qu'ils ne leur sont pas plus favorables dans ces
espèces.

Parmi les oiseaux nocturnes, la chouette offre une
moelle épinière volumineuse, un cervelet à un seul
lobe, qui présente dans son épaisseur de la substance
blanche et de la substance grise à l'extérieur. Le
cerveau affecte des dimensions considérables relativement au volume de l'animal, et l'on peut voir que
beaucoup de substance grise entre dans sa structure,
pendant que sa masse est pénétrée par trois bandelettes de substance blanche, l'une médiane qui est

large , les deux autres latérales , et par une quatrième antérieure. Les tubercules optiques n'offrent pas un volume proportionné aux renflemens nerveux. La quantité. de substance blanche nous paraît rendre compte de la finesse et de l'expression physionomique de cet animal. Mais nous n'avons pas pu retrouver dans le cerveau la raison qui le pousse à se nourrir de matières animales.

Si nous passons ensuite aux oiseaux carnassiers diurnes, l'épervier, le crabier, la cigogne, voici quels ont été les résultats de l'examen de leur structure cérébrale.

Chez l'épervier, le cerveau est, relativement au corps de l'animal , assez volumineux ; le cervelet est à un seul lobe et foliacé. De la substance blanche, venue des courts pédoncules du cerveau , se prolonge dans l'épaisseur de ce dernier organe , et occupe un espace assez considérable. La moelle alongée et les tubercules quadrijumeaux sont volumineux. De la substance grise existe dans l'épaisseur de la moelle, et sa quantité est considérable aux renflemens *crural* et *brachial*.

Chez le crabier, sorte d'oiseau de proie extrêmement vorace qui ressemble au héron, j'ai trouvé la moelle épinière volumineuse ; les deux cordons antérieurs sont remarquables par leur volume et le développement de leur extrémité céphalique ; ce sont les pyramides antérieures. Les conduits postérieurs de la moelle existent aussi, et se renflent à l'extrémité céphalique. Si l'on examine maintenant comment se comporte la substance blanche nerveuse de cet animal à l'égard des renflemens nerveux, on voit qu'elle forme une enveloppe épaisse à la moelle épinière et à la moelle alongée : elle enveloppe aussi les tubercules optiques, ainsi que les nerfs optiques qui paraissent en être la continuation. J'ai pu, sur cet animal, suivre avec beaucoup de facilité l'entrecroisement des nerfs optiques, et les fibres qui passent du côté droit au côté gauche sans se confondre. On voit dans le cerveau les pyramides antérieures se perdre, sous forme de rayons, en quantité assez considérable, relativement à la quantité de substance grise. La pyramide postérieure se continue avec les tubercules quadrijumeaux et avec le cervelet, qui est formé aussi de substance grise à l'extérieur et de substance blanche à l'intérieur.

Comme on le voit, le cerveau et le cervelet offrent dans toutes les classes d'animaux les plus grands rapports par la constante situation de substance grise à l'extérieur, et de substance blanche à l'intérieur; et, dans le crabier spécialement, on explique la rapidité de ses mouvemens par le volume de la moelle épinière, et son intelligence par la quantité de substance blanche qui pénètre ses renflemens nerveux. Du reste, il n'existe à l'extérieur du cerveau aucune circonvolution, aucun renflement remarquable qui puisse expliquer la voracité de cet animal. Les phrénologistes eux-mêmes seraient embarrassés de trouver dans cet organe l'explication du désir qui pousse cet animal à détruire pour se nourrir de chairs, s'ils la cherchaient ailleurs que dans la conformation de son bec, de son estomac, et de ses voies digestives.

Parmi les mammifères, il en est plusieurs que j'ai étudiés avec un soin scrupuleux, et j'ai été étonné du développement de certains renflemens, quand je le comparais au reste du système nerveux : ainsi, dans la chauve-souris, le cerveau et le cervelet, qui ne pèsent que quelques grains, sont disproportionnés avec la moelle épinière et avec la protubérance annulaire, qui affecte un volume considérable, et qui est en rapport avec les mouvemens et le peu de facultés intellectuelles de cet animal. Mais, explorant la conformation du cerveau, on y cherche en vain logiquement la raison du genre de nourriture dont se sert la chauve-souris, c'est-à-dire d'insectes et de matières animales.

Chez d'autres mammifères, j'ai retrouvé de notables différences dans la quantité de substance blanche que l'on rencontre dans le cerveau et le cervelet, suivant tel ou tel genre. Il est important de noter ici, sans rapporter d'ailleurs toutes les recherches que j'ai faites, que l'étendue des facultés m'a toujours paru être en rapport avec la disposition de la substance blanche et avec sa quantité. C'est ainsi que dans le furet, qui se nourrit du sang du lapin, on trouve des facultés peu étendues, en rapport avec le volume du cerveau, dont les deux lobes représentent un cône à base postérieure, ce qui est inverse dans l'homme. Le plus grand diamètre des hémisphères est dirigé d'arrière en avant ; aussi le diamètre transversal est-il beaucoup moins considérable. Les lobes du cerveau sont formés par de la substance grise et par de la substance blanche, qui, sous forme *de rayons* très apparens, va former la voûte et le corps calleux, mais qui, en raison de sa minceur et de la petite étendue qu'elle occupe, m'a paru peu considérable relativement au volume de l'animal. Il existe des circonvolutions rares et sans importance, et un lobe cérébral médian de peu d'étendue. La moelle alongée est considérable ; elle renferme dans son centre beaucoup de substance grise, et se continue avec les pédoncules du cerveau et les tubercules quadrijumeaux, remarquables, les premiers par leurs dimensions étendues, et les seconds par leur faible développement. Le cervelet est foliacé, composé d'un certain nombre de lobules, et formé de substance grise à l'extérieur et de substance blanche à l'intérieur.

Le volume de la moelle épinière et de la moelle alongée explique la force de cet animal, l'activité de certaines de ses fonctions, de la génération par exemple : mais si l'on cherche dans le cerveau l'explication phrénologique du penchant qui pousse le furet au meurtre, on ne le trouve pas ; et même la partie du cerveau qui correspond, chez cet animal, à l'organe de la *destructivité*, est à peu près nulle. La voussure que l'on remarque au même niveau, à l'extérieur du crâne, est entièrement formée par l'épaisseur des os qui le composent. La conformation du canal digestif chez cet animal rend compte du genre de nourriture dont il vit.

Parmi les gallinacés, il existe des différences marquées dans l'activité des fonctions et dans l'étendue des facultés intellectuelles des divers genres qui composent cette grande famille, et elles me paraissent être expliquées par l'examen du système nerveux.

J'ai mis à découvert la moelle épinière et les renflemens nerveux craniens d'une dinde, et j'ai remarqué que la masse cérébrale était extrêmement petite relativement au volume de cet animal, et que même elle ne remplissait pas la totalité de la cavité cranienne constituée par d'épaisses parois. Le cerveau ne présentait aucune circonvolution, il était formé presque entièrement par de la substance grise, excepté à la base et à l'endroit où le pédoncule du cerveau pénètre dans cet organe : mais la substance blanche ne rayonnait point dans l'épaisseur de la première, et s'arrêtait brusquement, pour former une espèce de petit lobule blanchâtre. Cependant il existe, non loin des tubercules optiques, une lame de substance blanche, qui s'arrête bientôt à la superficie de la base du cerveau.

Le cervelet était foliacé, à lobe unique, et contenait de la substance blanche dans de faibles proportions. Mais la moelle épinière, la moelle alongée étaient énormes, et la substance blanche fibreuse leur formait à toutes deux une épaisse enveloppe. La substance grise existait en petite quantité dans ce cordon nerveux, excepté au niveau des renflemens caudal et huméral. Nous ajouterons que le cerveau de cet animal était déprimé sur les côtés, et que le cervelet était alongé.

Dans les pintades, on trouve un cerveau à deux

lobes, sans corps calleux, à dimensions peu considé-rables, relativement au corps de l'animal.

Le cervelet est fort peu volumineux, mais la moelle épinière, formée de fibres distinctes, offre un volume considérable, et présente dans son épaisseur et à son centre une faible quantité de substance grise, excepté au niveau des renflemens. Comme dans l'animal précédent, on voit les fibres nerveuses s'élever des pyramides, traverser la moelle alongée, former les pédoncules du cerveau, et cesser brusquement, au moment où elles pénètrent la substance grise des lobes cérébraux, n'y arrivant par conséquent jamais sous forme rayonnée.

Ces animaux sont féconds et se distinguent par une grande activité dans les organes digestifs et dans l'appareil musculaire. On se plaît à reconnaître en eux les sentimens de l'amour maternel, sans que l'on puisse en trouver la raison dans la disposition de leur cerveau, et même de leur cervelet. Mais l'examen de la moelle épinière nous explique l'activité de la plupart de ces fonctions.

Si de l'étude de ces animaux timides on rapproche l'examen du système nerveux d'un oiseau vorace, intelligent et rusé, on verra que la disposition de ce système établit les différences que l'on peut signaler. Chez la pie, la moelle épinière, formée d'une énorme couche de substance blanche, présente, relativement au volume de cet oiseau, des proportions plus considérables que chez les animaux précédens.

Le cerveau est énorme et remplit exactement la

boîte cranienne: il est formé par de la substance grise et par de la substance blanche, qui, fournie par les pédoncules du cerveau, s'avance sous forme de deux lames, dont l'une gagne la scissure interlobaire, et l'autre pénètre l'intérieur du cerveau sous forme de rayons.

Le cervelet est peu considérable, et le volume de la moelle alongée n'est pas en rapport avec celui de la moelle épinière.

Appuyé sur ces résultats d'anatomie comparée, on peut facilement se rendre compte du plus grand développement des facultés intellectuelles, de la ruse, etc., que l'on remarque chez ce dernier animal ; mais la conformation de son cerveau ne donne point la raison de son penchant au meurtre.

Dans les gallinacés, le coq présente un système nerveux développé : 1° la moelle épinière est énorme, ainsi que la moelle alongée, et le cervelet offre un volume peu considérable, relativement à celui des deux premiers organes. Le cerveau présente de la substance blanche, qui s'y comporte comme dans la pie, avec peu de différence, quant aux proportions.

On se rend compte de l'énergie des fonctions de cet animal, et de l'activité de ses organes génitaux, par le volume de la moelle épinière, et non par celui du cervelet. Mais comment expliquer le prétendu organe du meurtre, qui est, dit-on, très développé chez cet animal? On se rend compte de son courage par la quantité de substance blanche, avec ses nombreuses impressions, mais il faut s'arrêter à l'explication de la galanterie, dont son cerveau n'a jamais fourni de signes constitutifs. Je laisse aux phrénologistes le soin de découvrir cet organe, qui devrait, dans cet animal, exister à un haut degré de perfection.

Si nous rapprochons du système nerveux des cigognes celui de l'aigle, nous trouvons des différences assez tranchées pour arriver à nous rendre compte de la variété dans ces facultés.

La cigogne offre une moelle épinière considérable; et chez elle, des deux renflemens huméral et crural, le dernier se fait remarquer, surtout par son volume. La moelle épinière présente une couche de substance blanche épaisse, servant d'enveloppe à la substance grise, qui en occupe le centre. La première forme une sorte de grande lame, adossée à elle-même dans la région antérieure. Si on la divise tranversalement et dans toute son épaisseur, on reconnaît parfaitement l'apparence fibreuse de la substance blanche, et si l'on presse au dessus du point de section, on aperçoit une multitude de faisceaux ou fibres nerveuses blanches, placées les unes auprès des autres, ce qui donne à la moelle la forme canaliculée : on peut facilement comparer la section de la moelle placée sous l'eau, à celle d'un gros nerf, lorsqu'on a soin de le presser légèrement pour en exprimer la substance nerveuse.

La moelle alongée est remarquable par son volume.

Les tubercules optiques sont volumineux, creusés d'une énorme cavité à leur centre, et formés à leur extérieur d'une couche de substance blanche, et d'une couche de substance grise à l'intérieur. Ils reçoivent des prolongemens envoyés par les cordons postérieurs de la moelle épinière, ainsi que par les pyramides antérieures et par la valvule de Vieussens. De ces tubercules émanent évidemment les nerfs optiques, ce que l'on peut démontrer par une dissection fort simple. Si l'on coupe le nerf optique au niveau de son chiasma, on peut alors enlever facilement l'enveloppe superficielle des tubercules optiques et le voir se continuer avec les nerfs qui en partent. Cette dissection permet aussi de voir la continuation des nerfs optiques avec la valvule de Vieussens. Elle peut démontrer rigoureusement que les nerfs naissent de la substance blanche, et qu'ils ne prennent nullement implantation sur la substance grise: c'est ce qui est aussi très évident pour le nerf pathétique et le nerf moteur circulaire commun.

Le cervelet est, chez cet animal, foliacé et formé de substance grise et de substance blanche.

Les lobes cérébraux, que constituent le renflement antérieur de la masse encéphalique, sont réunis par une faible commissure de substance blanche. Les pédoncules du cerveau s'arrêtent brusquement à leur entrée dans la masse encéphalique; c'est à peine s'ils pénètrent la substance grise. On voit cependant une lame qui se détache sous forme de rayons, et qui va former les ventricules antérieurs.

Il est évident que chez cet animal le développement de la moelle épinière est en rapport avec la puissance de ses mouvemens et la faculté qu'il pos-

sède de rester long-temps suspendu dans les airs ;
mais on demande vainement à leur cerveau l'explication du penchant qui les pousse à changer de con-
trées, et de celui qui les fait se nourrir de poissons,
de reptiles : il faut chercher dans la conformation du
tube digestif chez cet animal la raison de son instinct
de *destruction*, comme il faut chercher ailleurs que
dans un point du cerveau le secret de sa douceur, et
de sa facilité à s'habituer à l'état domestique.

Dans l'aigle, le développement des renflemens nerveux, et celui des nerfs qui en partent, explique
l'activité et l'étendue de la respiration ; et aussi la
rapidité, la force des mouvemens et même la préci-
sion intelligente dont cet animal est doué.

La moelle épinière, qui occupe toute la longueur
du canal vertébral, offre dans ce bel oiseau une
masse considérable, et les renflemens huméral et
crural sont proportionnés au volume des nerfs qui
en naissent.

Le long de la face antérieure de la moelle, on
rencontre sur la ligne médiane un sillon profond et
distinct, qui résulte de l'adossement dans ce point
de la substance blanche. C'est de ce véritable adossement que résultent les deux prétendus cordons antérieurs de la moelle, qui ne sont, au demeurant, que
le renversement des deux bords de la lame blanche
de la moelle. Il n'existe pas de sillon médian postérieur, et il n'y a pas de trace de séparation entre les
fibres, ni d'adossement ; aussi dans cet endroit la
moelle est-elle formée par une série de fibres nerveuses, parallèles et continues. Après avoir opéré

une section transversale sur la moelle de cet animal, j'ai pu écarter les deux bords qui forment le sillon, et dérouler ainsi la moelle pour n'en former qu'un seul ruban, et alors on aperçoit à la face interne de la substance blanche des sillons longitudinaux, qui sont la représentation du développement des fibres nerveuses. Les substances blanche et grise n'offrent pas les mêmes proportions dans tous les points de la moelle; c'est ainsi que la grise est en plus grande quantité dans les renflemens huméral et caudal que dans le reste de la moelle, et que dans ces deux points la blanche offre elle-même une épaisseur plus considérable. Ce prolongement nerveux, entouré d'une membrane résistante et transparente, donne naissance sur les deux faces latérales de sa longueur aux nerfs rachidiens.

Le cerveau offre un développement remarquable, et on voit qu'il existe d'assez grandes différences dans ses diamètres antéro-postérieur et transverse. Cet organe est fortement convexe dans toute sa partie supérieure, et il n'existe aucune trace de circonvolutions.

Les courts pédoncules du cerveau donnent naissance à une lame blanche, qui de chaque côté gagne la scissure interlobaire, et qui, remontant le long du bord interne des lobes cérébraux, forme les ventricules antérieurs de concert avec ces lobes. Cette large lame est formée par une série de fibres rayonnantes, parfaitement visibles, et qui imitent celles qu'on observe chez l'homme. Une autre lame, également née des pédoncules cérébraux, gagne la face inférieure du cerveau, et pénètre bientôt dans l'épaisseur de la substance grise des hémisphères, en formant une espèce de noyau blanc (sorte de petit centre oval).

Les tubercules optiques sont énormes, et se continuent avec les nerfs du même nom.

La moelle alongée offre un développement considérable.

Le cervelet à lobe unique semble être la représentation du lobe médian du cervelet chez l'homme : il est formé de substances grise et blanche, et par l'étendue de son diamètre antéro-postérieur tend à diminuer le même diamètre dans le cerveau.

Le sentiment intérieur dont sont doués les oiseaux, et que l'on appelle instinct, n'offre pas le même degré de perfection dans tous; aussi, peut-on dire qu'il est chez eux en rapport avec le développement du système nerveux et des sens. L'instinct ne serait donc pour nous que le résultat des impressions transmises par la surface du corps et par différens sens, l'ouie, la vue, les tégumens, etc. ; aussi sommes-nous portés à croire que, lorsque la substance blanche existe en grande quantité dans le cerveau, et sous forme de rayons, comme chez l'aigle, on doit voir se manifester ce sentiment intérieur, cet instinct qui lui permet de comparer quelques situations de sa vie, de se rappeler les lieux, les objets, les impressions passées, et de se convaincre de sa force. Mais si nous cherchons dans le système nerveux de l'aigle la raison du penchant qui le pousse à la destruction, nous ne le trouvons pas, et nous sommes obligés de nous en rapporter sur ce point à la structure anatomique de ses organes.

Que nous jetions maintenant un coup d'œil superficiel sur le système nerveux des poissons, et nous verrons si l'activité de leurs fonctions est en rapport avec le développement de la substance blanche elle-même. L'examen général de cette nombreuse classe m'a fait trouver à peu près le même résultat sur tous les êtres qui la composent : aussi je me bornerai à citer quelques faits.

Sur un brochet j'ai trouvé la moelle épinière volumineuse, entourée par une membrane mince et argentée : les renflemens craniens sont environnés d'une substance liquide tremblotante.

La moelle alongée est également considérable; il existe à la partie antérieure de la moelle un sillon très marqué. Cet organe est formé presque entièrement de substance blanche, et c'est à peine si l'on trouve des traces de substance grise.

Les pyramides antérieures et postérieures sont très marquées, et se perdent, les unes dans le cervelet, les autres dans les tubercules craniens.

Le cervelet est petit, si on le compare à la moelle alongée ou à la moelle épinière. Les tubercules optiques sont au contraire volumineux.

Les lobes du cerveau sont remarquables par leurs petitesse, et sont formés en majeure partie par de la substance grise.

Dans la perche, la moelle alongée et la moelle épinière sont volumineuses. Le cervelet, peu remarquable, est formé de substances blanche et grise. Les nerfs optiques se continuent avec les tubercules optiques.

Les lobes du cerveau sont peu marqués, et formés presque uniquement de substance grise.

Dans la carpe, la moelle épinière et la moelle alongée sont volumineuses. Cette dernière est surtout remarquable par son diamètre transversal, et par deux lobes qui naissent sur ses côtés. Le sillon qui apparaît à la partie antérieure de la moelle est très marqué.

Le cervelet est presque entièrement formé de substance grise.

Le cerveau est composé de deux lobules, dont l'épaisseur est pénétrée de quelques filets de substance blanche.

Dans l'anguille, animal vorace, on trouve une moelle épinière considérable, protégée d'un canal osseux, de membranes et de liquide.

La moelle alongée est le produit de l'élargissement de la moelle épinière; on trouve peu de substance grise au centre de cette dernière.

Les renflemens craniens forment quatre lobules supérieurs et un lobule inférieur. Le cerveau est soutenu par un fil de substance blanche.

Si maintenant nous déduisons les conséquences de ces observations, nous voyons que dans les poissons, comme dans toutes les autres classes d'animaux, apparaissent les mêmes renflemens craniens et vertébraux, et qu'ainsi la nature se répète, affectant les mêmes phénomènes et les mêmes formes. On trouve en effet dans les poissons une moelle épinière qui présente un sillon antérieur, résultat de l'adossement des deux lobes antérieurs de la lame nerveuse blanche dont cet organe est formé en majeure partie. A quelques différences près de largeur, d'épaisseur et de diamètre, la moelle alongée est disposée de la même manière dans tous les poissons. Le cerveau, le cervelet et les tubercules optiques existent, mais à un degré de développement si peu considérable que l'on ne peut établir de rapport entre eux et la moelle épinière et la moelle alongée. Le cerveau, par exemple, est à peine à l'état rudimentaire. Les facultés instinctives des poissons sont en général très bornées ; ce qui explique parfaitement le peu de substance blanche qui se trouve dans le cerveau, et le peu de place qu'elle occupe. La nature a disposé la quantité de substance en rapport avec la variété des impressions et la perfection des sens, caractère qui ne distingue pas spécialement les poissons. Leur fécondité, en général très grande, ne peut donc s'expliquer par le développement du cervelet, de même que l'on ne peut trouver dans celui du cerveau, qui affecte des dimensions à peine sensibles, les raisons de la voracité de beaucoup d'entre eux, par exemple du brochet, du marsouin, de l'anguille, etc., etc.

Si l'on retrouve dans cette classe la même structure que dans les autres animaux, avec les seules différences que l'on signale dans la quantité, on voit aussi que la sensibilité, le mouvement, émanant des mêmes sources, occupent également le même siège.

Sur une carpe, j'ai mis à découvert la moelle épinière et les renflemens craniens, et j'ai pu m'assurer

qu'en promenant des corps étrangers sur la face antérieure de la moelle on ne déterminait aucune manifestation de sensibilité, et qu'on ne provoquait aucune
contraction dans les muscles. Mais l'irritation de la
partie antérieure de la moelle alongée a excité chez
cet animal des contractions involontaires dans les
yeux et dans diverses parties du corps. Continuant
mes recherches, j'ai promené un stylet sur toute la
région postérieure de la moelle, et cette épreuve a
été suivie de contractions dans les muscles, et de
symptômes de douleur, puisque l'animal a voulu se
soustraire à ces pénibles attouchemens. Le stylet,
promené sur le cerveau et le cervelet, ne déterminait
aucun changement dans la situation de l'animal, et
n'a provoqué aucun signe de souffrance, aucune manifestation de sensibilité. Alors que la moelle épinière
se continuait avec le cerveau, on excitait, en la pi-
quant, des mouvemens volontaires, qui se révélaient
dans l'animal par leur force et leur régularité : mais,
dès que le cerveau et le cervelet furent enlevés, les
piqûres que subissait la moelle épinière détermi-
naient des contractions dans les points correspondans au point piqué, et à l'origine des nerfs qui en
partent; mais c'étaient là des contractions provoquées
par l'instrument, et non par la réaction du cerveau,
puisqu'il ne pouvait y avoir sentiment, sensation
perçue. C'est ainsi que des mouvemens contractiles
n'indiquent nullement qu'il y ait douleur; c'est encore
ainsi que peuvent s'expliquer les mouvemens de certains animaux qui n'ont pas de cerveau, par la seule
présence de l'organe qui émet le fluide vivificateur,

et qui suffit au développement des contractions dans les muscles et au transport incertain du corps d'un lieu dans un autre. Il existerait donc entre le cerveau et le reste du système nerveux une sorte d'indépendance qui expliquerait la persistance de la vie si long-temps après l'enlèvement du cerveau. Si maintenant nous jetons un coup d'œil sur la surface du cerveau, nous voyons que dans les poissons, et même les oiseaux, on ne retrouve aucune circonvolution à l'extérieur du cerveau, et on est loin, comme nous l'avons déjà dit, de rencontrer ces saillies, ces éminences correspondantes aux circonvolutions, qui apparaissent chez les mammifères, présentant seuls, sur toute la surface de leur cerveau, des sinuosités et des circonvolutions. C'est leur existence constante qui a engagé certains physiologistes à les regarder comme possédant des facultés isolées et indépendantes les unes des autres, et c'est sur leur existence que des naturalistes ont voulu établir une classification des mammifères, d'après l'examen de leurs circonvolutions. Mais l'inconstance de leur hauteur, de leur nombre, de leur variété, met un obstacle à l'admission de semblables théories. C'est donc à tort qu'on leur a attribué un rôle remarquable dans le développement des facultés mentales, puisque le degré d'une faculté ne se trouve pas en rapport avec le degré de développement de la circonvolution à laquelle on a dévolu tel ou tel rôle. Ne sait-on pas en effet que, dans le mouton, le cochon, le bœuf, l'âne, il existe des circonvolutions plus nombreuses et plus considérables que celles de beaucoup d'animaux voraces furieux et cruels, comme le renard, le loup et le tigre, et d'autres doués d'une intelligence rare, comme le chien et surtout le castor? Et cependant, entre les premiers et les seconds, quels sont ceux qui se distinguent le plus par leur astuce ou leur intelligence? Le doute n'est pas possible. Le nombre des circonvolutions n'est donc pas en rapport avec celui des facultés, comme l'ont dit Gall et Spurzheim. Pour se convaincre de cette vérité, il suffit de lire, aux pages 562, 563 et 564, le savant ouvrage de M. Serres, qui a dans les animaux étudié avec tant de talent les circonvolutions cérébrales.

Enfin dans les oiseaux, auxquels on ne peut refuser une intelligence assez variée, on ne trouve aucune trace de circonvolutions. Mais si celles-ci ne peuvent servir à déterminer l'étendue des facultés intellectuelles, on peut, jusqu'à un certain point, établir que ces facultés sont en rapport avec la quantité de substance blanche, en la proportionnant toutefois au volume de l'animal. On sait, en effet, que dans l'homme la quantité de substance blanche est, relativement à la grandeur du corps, tout à fait disproportionnée avec celle des animaux. Mais ce n'est pas tout, et l'arrangement des fibres qui constituent cette substance blanche est aussi plus parfait que dans les autres classes, et se fait remarquer par des dispositions que l'on ne retrouve dans aucun autre animal, qu'on examine soit les ventricules, soit le corps calleux, soit le centre ovale, soit les commissures, soit les piliers, les corps striés et les couches.

optiques. Nous croyons donc qu'on pourrait, en étudiant les proportions et les quantités diverses de substance grise et de substance blanche, arriver à cette appréciation approximative des variétés, de l'étendue et de l'élévation des facultés intellectuelles. Ici je m'arrête ; car ces idées, encore vierges de controverse, ont besoin d'être soumises à de nouveaux examens, et, pour être admises, appellent des étndes plus approfondies et des recherches plus positives encore. Aussi je suis loin de les regarder comme définitivement arrêtées.

Après ces considérations qui étaient indispensables, je vais maintenant m'occuper de l'étude physiologique de ce système. J'aurai à examiner des questions graves et délicates, qui ne m'ont pas paru toujours insolubles.

J'étudierai successivement : 1° le fluide nerveux ; 2° la sensibilité et son siège ; 3° les parties nerveuses qui président au mouvement et à la sensibilité. Je me demanderai à cette occasion sile mouvement et la sensibilité ne sont pas dépendans l'un de l'autre, et s'ils ne sont pas tous deux sous l'influence des mêmes nerfs ; 4° La portion du système nerveux qui sert à conduire les impressions au cerveau, et la volonté aux membres; 5° la physiologie de chaque nerf en particulier; 6° les mouvemens volontaires et involontaires.

CHAPITRE PREMIER.

Examen du fluide nerveux.

Tous les corps de la nature sont électrisés, et par conséquent, tous, ils contiennent un fluide qu'on appelle électrique. Eh bien! ce n'est pas trop avancer que de dire qu'il existe dans tous les corps vivans un fluide que l'on appelle le *fluide nerveux*, important par le rôle qu'il est appelé à jouer, et par sa nature, comparable à celle du fluide électrique.

A l'aide d'instrumens de physique extrêmement sensibles, on est arrivé à prouver l'existence de ce fluide, et ce grave résultat ressort d'expériences simples, faciles et probantes. Un physicien muni d'un galvanomètre très sensible, dont l'aiguille était suspendue à un fil de ver à soie, a fait à l'hôpital Saint-Louis des expériences très curieuses qui ont été publiées dans la *Revue médicale* du mois de janvier 1825. M. Pelletan a procédé à cette expérimentation, en s'entourant de toutes les précautions nécessaires dans une tentative aussi délicate; il s'est servi de l'instrument de M. Becquerel, qui est si versé dans l'habitude de ces sortes d'expériences.

Sur le premier malade, une aiguille fut enfoncée dans le mollet droit; il se déclara bientôt un courant galvanique, lorsque l'aiguille et la bouche du malade eurent été mis en contact par les deux fils du galvanomètre. Ce courant ne devenait bien sensible *que si l'on déterminait des oscillations dans l'aiguille, ce que l'on obtenait, comme à l'ordinaire, en plongeant et en retirant à propos et à plusieurs reprises le fil de communication qui trempait dans le mercure.* M. Pelletan assure avoir repété plusieurs fois cette expérience avec succès.

Il paraît résulter de là qu'un fluide d'une grande analogie avec le fluide électrique se dégage et se produit sans cesse dans le règne animal. Mais est-il fourni par tous les tissus, ou bien vient-il d'une source moins générale ? Est-il enfin produit spécialement par un système d'organes? C'est ce qu'il faut examiner. Les belles expériences de M. Dutrochet sur l'exosmose et l'endosmose lui avaient fait découvrir une série de phénomènes qu'il avait regardés d'abord comme produits par l'électricité. Dans cette supposition, tous les organes auraient été électrisés par eux-mêmes, puisque les phénomènes d'endosmose et d'exosmose sont surtout évidens dans les organes membraneux : mais depuis, et dans ces derniers temps, M. Dutrochet a cru devoir attribuer ces phénomènes à la capillarité et à la porosité des organes.

L'existence du fluide n'est plus aujourd'hui mise en doute, et il est reconnu généralement qu'il est produit par le système nerveux.

Rolando a considéré le système nerveux comme représentant une pile électrique, et il pense que cette disposition anatomique vient à l'appui de l'opinion de ceux qui croient à l'existence du fluide nerveux. Ainsi cette idée, qui n'était d'abord qu'une hypothèse, a été depuis lors confirmée et reconnue véritable par toutes les expériences tentées dans ce but. Nous allons parler successivement de l'existence de ce fluide, et de la manière dont il se comporte par rapport à l'appareil nerveux.

M. Lembert a mis le nerf sciatique à nu, et a vu qu'un fil simple était attiré par lui : il en a conclu avec raison qu'un fluide existait dans les nerfs. Depuis, j'ai fait beaucoup d'expériences dans le même sens. Voici ce qu'elles m'ont appris.

J'ai mis le cerveau à découvert, et un fil présenté au devant de la masse cérébrale a été attiré par la substance nerveuse. Mais là le phénomène d'attraction était peu marqué, car le fil ne se courbait pas comme dans les expériences suivantes. La moelle épinière a été, chez plusieurs animaux, mise à découvert dans la région cervicale, dans la région lombaire, et même dans la région cranienne, et, toutes les fois que je lui ai présenté un fil, celui-ci a été promptement courbé et attiré par elle. Ce phénomène important et remarquable était plus prononcé dans la région cervicale que dans la région lombaire, et, dans le premier cas, il l'était plus encore quand on le rapprochait du cervelet. Dans d'autres expériences j'ai coupé la moelle et j'ai été bientôt averti de l'influence du bout supérieur par l'attraction du fil; il en a été de même du bout inférieur.

J'ai encore vu cette attraction opérée par le nerf sciatique mis simplement à découvert, ou par l'extrémité de ce nerf coupé en travers. Ce même phénomène a été produit par tous les nerfs ; seulement il l'était à un moins haut degré par ceux dont les filets sont réunis d'une manière intime , comme cela existe dans le nerf facial et le pneumo-gastrique. Alors le résultat de l'expérience n'était pas aussi évident que par le trifacial, dont on peut facilement isoler les filets. Enfin l'attraction a été opérée par le grand sympathique et par la protubérance annulaire, et dans ce dernier cas avec une rapidité extraordinaire.

On a dit que l'existence du fluide nerveux n'était pas démontrée par ce phénomène d'attraction , lequel on a cru pouvoir assimiler à cette action qui s'exerce entre deux masses, action que l'on appelle *la loi de pesanteur*.

Nous devons dire d'abord qu'il est impossible de comparer ce grand phénomène à la fusion de deux globules de mercure, puisque l'expérience ne repose pas sur les mêmes bases , le nerf n'étant pas de la même nature que le fil. Maintenant , s'il était vrai que le fil obéît aux lois de la pesanteur, il devrait être attiré d'abord par la terre qui a plus de volume, puis par le muscle qui a plus de masse que le nerf ; or c'est ce qui n'a pas lieu : et, puisque le corps le plus petit, le nerf, attire le fil, il reste prouvé que ce n'est pas à l'influence de la pesanteur qu'il faut attribuer le rapprochement, au point de contact, du nerf et du fil. Il est évident, au contraire, que ce phénomène est de la nature de ceux que l'on nomme électriques , et cette évidence résulte de l'attraction exercée entre le fil et le nerf qui sont électrisés tous les deux à leur manière. On peut comparer cette action à celle qui a lieu entre un verre frotté et un fil placé à une certaine distance.

La quantité de ce fluide doit varier beaucoup, sans doute, suivant les classes d'animaux, l'irritabilité des individus et le volume des renflemens nerveux.

Ces idées sont sanctionnées par l'anatomie comparée, qui démontre l'exactitude de ce que j'avance, et nous apprend encore que ce qui semble être à l'état rudimentaire chez l'homme, existe à un haut degré de perfection dans la torpille, le silure et le gymnote. Dans l'homme, on rencontre bien deux substances de nature différente, un liquide et des membranes qui par leur disposition donnent naissance à ce fluide; mais dans la torpille l'appareil est beaucoup plus parfait. L'arrangement nerveux et membraneux y est en effet si merveilleusement disposé, que l'on y trouve deux aponévroses, formées l'une de fibres longitudinales, l'autre de fibres transversales; de gros nerfs qui parcourent cet appareil; des vaisseaux sanguins qui l'arrosent de toutes parts, et enfin un liquide qui baigne des espèces de loges, lesquelles résultent de l'arrangement même de toutes ces parties. Ce sont les fibres transversales qui envoient des prolongemens membraneux, et qui forment la trame de l'organe. Ces prolongemens sont tellement disposés qu'ils forment des prismes creux dont les parois demi-transparentes sont étroitement unies aux prismes voisins : chacun d'eux est divisé en plusieurs loges par des diaphragmes, sortes de replis muqueux arrosés par des vaisseaux sanguins : ces loges contiennent un liquide particulier.

Les prismes creux sont bien moins nombreux dans le jeune âge que dans l'âge adulte. Des nerfs qui viennent de la huitième paire se ramifient à l'infini, et dans les directions les plus variées, sur les cloisons, entre les tubes, puis s'épanouissent dans le liquide gélatineux qui remplit ces cavités.

Les nerfs ont un volume si considérable, qu'ils ont paru à Hunter aussi remarquables sous ce rapport que par les phénomènes intéressans auxquels ils donnent lieu.

Ces nerfs volumineux qui apportent le fluide nerveux, ces cloisons, ces loges, ce liquide, constituent un appareil toujours favorablement disposé pour dégager du fluide électrique en grande quantité, de manière à produire la commotion. Les nerfs sont les conducteurs du fluide formé dans ces renflemens, et le reste de l'appareil semble servir de réservoir. Le fluide, dans l'homme comme dans tous les animaux, dans la torpille, peut s'épuiser, et il peut arriver un instant où les phénomènes de commotion ne soient presque plus sensibles.

La nature des commotions que cet animal fait éprouver à ceux qui le touchent, la facilité avec laquelle on les évite en communiquant avec lui seulement à l'aide de corps isolans, démontrent l'identité du fluide qu'il renferme avec le fluide électrique.

Redi démontra le premier ces grands phénomènes par une expérience personnelle. Ayant saisi une torpille qui venait d'être pêchée, il sentit à l'instant un picotement qui gagna le bras et l'épaule, et qui fut suivi d'un tremblement et d'une douleur tellement aiguë, qu'il fut obligé de lâcher prise.

Walsh, par une expérience simple et ingénieuse, démontra l'existence de ce fluide qui, depuis Redi, avait souvent été méconnu par Réaumur, Lacépède, etc.... Il établit une communication entre huit personnes, au moyen de bassins, dans l'eau desquels celles-ci plongeaient les doigts, et de fils, dont l'un était appliqué sur le dos de la torpille, et l'autre arrivait au dernier bassin. Les huit individus éprouvèrent une commotion. Mais il était réservé à l'illustre Galvani, pour rendre l'expérience complète, de découvrir l'étincelle électrique avec le microscope. Il n'y eut plus de doute alors sur la nature de ce fluide, qui put charger la bouteille de Leyde en rapport avec la torpille, comme l'aurait fait celui d'une machine électrique.

Il se dégage donc du corps de cet animal un fluide qui imprime une commotion à ceux qui le touchent. Puisque l'on retrouve le fluide nerveux dans les nerfs comme dans les renflemens nerveux, il semblerait naturel d'en conclure qu'il est tout aussi bien produit par les uns que par les autres. Cependant on commettrait une erreur; et en effet, si l'on coupe la partie postérieure de la cuisse à un gros chien, de manière à comprendre le nerf sciatique dans la section, on voit alors le fil attiré par le bout supérieur qui tient à la moelle épinière, tandis que dans l'inférieur, au contraire, on ne retrouve aucune action du fluide. Les nerfs ne me paraissent donc pas être les organes producteurs du fluide nerveux : ils me paraissent être de simples conducteurs, et je trouve l'explication de ce fait dans leur structure dans laquelle entre seulement la substance nerveuse blanche.

Mais sont-ce les petits filets dont chaque nerf est composé qui transportent le fluide? ou bien ce fluide est-il conduit dans les canaux névrilématiques qui les entourent et porté ainsi jusqu'à la périphérie du corps ?

Si les canaux servaient de conducteurs, le fluide devrait les parcourir encore pour porter le mouvement et la sensibilité aux organes, quand on aurait écrasé la substance nerveuse en ayant eu soin de conserver intacts ces conduits. Eh bien ! il ne se passe rien de semblable, et j'ai pu observer tout le contraire. J'ai écrasé, à l'aide d'une pince, les filets de différens nerfs, en respectant les canaux : la sensibilité et le mouvement ont été perdus; à l'examen de la pièce, j'ai retrouvé la substance nerveuse refoulée dans ses gaînes névrilématiques.

Les conducteurs du fluide nerveux ne lui donnent donc pas naissance. Ce fluide vient d'une source plus élevée, des renflemens nerveux contenus dans le crâne et dans le canal vertébral. Formé incessamment par eux, il en part pour suivre le trajet des cordons, semblable à un liquide qui, sorti d'une source commune, suit les canaux ou la surface des corps qui en partent. Ce qui le démontre, c'est qu'au dessous du nerf coupé il n'y a plus de sentiment ni de mouvement; ou au moins, si l'on en retrouve encore, ce n'est que temporairement, et sous l'influence d'un excitant, comme le scalpel, qui va découvrir le peu de fluide nerveux qui existe momentanément au dessous du point de section.

Le fluide nerveux est formé dans les renflemens nerveux comme le fluide électrique dans la pile de Volta. C'est ce que M. Matteucci a mis hors de doute, dans ces derniers temps, par des expériences ingénieuses faites sur cent seize torpilles. En irritant le lobe d'où naît le nerf de l'appareil électrique, il a produit des commotions violentes, et en le détruisant complètement, il a aboli les effets galvaniques. Le même expérimentateur a aussi démontré que l'animal ne pouvait pas diriger la décharge à volonté sur tel ou tel point du corps, et que, lorsqu'il est vigoureux et irritable, on obtient des effets sur tous les points de la surface du corps du poisson électrique, et ensuite autour de l'appareil électrique. Dans le cerveau et dans la moelle, il existe deux substances de nature différente, appliquées l'une sur l'autre, mêlées et disposées en cordons et en membranes, et ce sont aussi deux substances de nature différente qui, dans la pile voltaïque, donnent naissance au fluide électrique.

La substance grise joue un rôle remarquable dans la production de ce fluide animal. L'anatomie comparée, qui le démontre, nous éclaire encore sur les usages de la substance corticale : on voit en effet deux renflemens nerveux grisâtres qui donnent naissance, sur les côtés du cervelet, aux nerfs destinés à l'appareil électrique de la torpille ; chez cet animal le fluide suit les longs cordons jusqu'à l'appareil électrique qui lui sert de réservoir. Mais, si l'existence de ce fluide ne saurait être contestée, quelle en est la nature?

C'est le fluide nerveux qui régit la plupart des organes, comme l'air, cette ame universelle, anime et vivifie tous les êtres vivans : aussi la grande dépense de ce fluide entraîne-t-elle un épuisement subit et une mort rapide, ou bien un amaigrissement lent et une mort tardive.

Les grands phénomènes qui décèlent l'existence du fluide nerveux se manifestent surtout là où se terminent les nerfs, où le fluide s'arrête, comme à la main, à la plante des pieds, au moignon axillaire, là, en un mot, où les nerfs sont renflés et nombreux, ou bien divisés un grand nombre de fois ; aussi est-ce dans ces endroits que la peau a le plus de sensibilité, que les impressions douloureuses ou agréables sont les plus vives ; aussi est-ce par là que l'épuisement nerveux arrive, par des changemens dans l'organisation à nous inconnus, et probablement par l'impossibilité où sont les renflemens nerveux, au milieu de ce trouble, de fournir le fluide indispensable à l'accomplissement de fonctions importantes ou nécessaires à la vie.

Enfin, il résulte de là que, dans les plaies et les contusions des nerfs, si la substance nerveuse ne se reforme pas, le mouvement et la sensibilité ne peuvent se rétablir, comme cela me semble démontré par les expériences et les observations faites sur l'homme ; que l'on peut épuiser la vie en épuisant le fluide nerveux, et en détruisant la sensibilité dans les membranes et les mouvemens dans les muscles.

CHAPITRE II.

De la sensibilité et du mouvement.

§ 1er.

Je me propose d'examiner ici quelles parties du système nerveux sont le siège de la sensibilité, de reconnaître la substance qui la fait naître et les endroits sur lesquels elle exerce le plus d'empire.

Il est certaines parties du système nerveux qui ne m'ont pas paru jouir de la sensibilité, et qui servent à l'accomplissement de fonctions supérieures, destinées qu'elles sont à l'exercice de ces nobles facultés qui établissent les points de comparaison, qui jugent les différences entre les corps, produisent les qualités morales qui nous servent à apprécier les mots sublimes et abstraits de *liberté* et de *justice ;* je veux parler ici du cerveau proprement dit, cet organe puissant qui juge et compare les impressions reçues, et dont la sensibilité nulle est prouvée par diverses expériences : 1° par la section de la masse cérébrale ; 2° par l'attouchement sur cet organe à l'aide d'un manche de scalpel ou de tout autre instrument, sans qu'il en résulte aucune souffrance. A ces expériences on peut ajouter que si un fil est porté à la surface du cerveau, il est à peine attiré par lui.

Certains physiologistes ont cru avoir déterminé

des douleurs vives par le tiraillement de la dure-mère, et ont conclu de là que cette enveloppe du cerveau jouissait à un haut degré de la sensibilité; mais je me suis assuré que c'était une erreur, et que les douleurs étaient dues au tiraillement des nerfs situés à la base du cerveau.

En coupant la masse cérébrale par tranches, on n'abolit pas les mouvemens; mais, comme l'a démontré M. Flourens, on détruit l'intelligence. On n'obtient pas le même résultat par les expériences faites sur les renflemens nerveux contenus dans le canal vertébral, et sur ceux qui s'appuient sur la surface basilaire : en effet, la sensibilité est exquise à la face inférieure et postérieure de la protubérance annulaire, et même elle est là générale, ce que l'on n'obtient pas dans la moelle épinière, où d'ailleurs elle existe à un moins haut degré.

Un stylet porté le long de la face supérieure de la moelle alongée jusqu'aux tubercules quadrijumeaux a déterminé des contractions convulsives et doulou-reuses des yeux, dues à l'excitation des tubercules quadrijumeaux et de la valvule de Vieussens, d'où naissent les nerfs pathétiques; et alors on explique très bien par l'irritation de ces derniers la rotation des yeux que l'on observe dans cette expérience.

Un stylet promené à la face inférieure de la protu-bérance annulaire détermine la même contraction dans les yeux, et de plus une agitation générale, provoquée par la douleur qu'éprouve l'animal. Ces résultats s'expliquent facilement, si l'on considère l'origine des nerfs qui partent de ce renflement dont ils reçoivent les fonctions qui les distinguent. Le mode d'action qui le caractérise d'ailleurs est en tout analogue à celui que la moelle épinière exerce sur les nerfs vertébraux. Maintenant, si la moelle épinière n'offre de sensibilité que le long de la face postérieure, existe-t-elle partout au même degré? Non certainement; car la même expérience qui aura déterminé une douleur atroce dans la région cervicale rencontrera dans la région lombaire une sensibilité qui, quoique très vive encore, aura beaucoup moins d'intensité. Elle n'existe pas à la face antérieure de la moelle épinière. Ces différens degrés de sensibilité expliquent pour moi les douleurs atroces qu'éprouvait M. le baron de F.... par suite de tubercules développés dans la région cervicale de la moelle épinière : ils nous serviront aussi à apprécier les souffrances de madame D...., explicables d'ailleurs par les expériences que nous avons tentées sur la protubérance annulaire.

D'autres expériences tentées sur la moelle épinière ont amené d'autres phénomènes. Ainsi, en promenant un stylet sur la face postérieure cervicale de cet organe, on produit des mouvemens dans tous les membres et dans tous les muscles du tronc. Dans le cas d'imminence de mort par défaut de sang, quand la vie est près de s'éteindre, alors la sensibilité diminue; et, si on approche un fil de la moelle épinière, il n'est plus attiré que faiblement par elle.

L'excitation par le manche d'un scalpel, d'un côté de la face postérieure de la moelle épinière, produit des contractions dans les muscles correspondans du tronc, et si elle a lieu avec le même instrument sur la ligne médiane de l'organe excité, les mouvemens convulsifs s'observent à gauche et à droite.

La section de la face postérieure de la moelle épinière, opérée sur la ligne médiane, est très douloureuse, et produit la paralysie générale des muscles situés au dessous de la division. Si l'on porte l'instrument sur un des côtés de la protubérance annulaire, il détermine des mouvemens dans la région correspondante, qui s'opèrent par le moyen des nerfs auxquels l'organe excité préside. Si l'excitation a lieu sur la ligne médiane, c'est alors que les convulsions de la face et des yeux seront générales.

Le pincement superficiel de la moelle épinière sans désorganisation détermine des douleurs atroces, et j'ai remarqué qu'un instrument mousse, porté à la surface de cet organe, détermine des souffrances, quoique violentes, moins exaltées. Les mêmes expériences, réitérées sur la face antérieure de la moelle épinière, ne provoquent aucune sensibilité.

Les racines postérieures des nerfs de la moelle épinière jouissent des mêmes facultés que la région d'où elles naissent, et, par opposition, les racines antérieures des nerfs du même organe ne possèdent pas de sensibilité, parce qu'ils proviennent d'un point de la substance nerveuse qui n'est pas sensible.

Maintenant, recherchons dans quel lieu existe la sensibilité. Est-ce dans la substance blanche? est-ce dans la grise? ou bien ces deux substances concourent-elles à la produire?

Que l'on promène un stylet sur la première, on

produira des douleurs vives ; mais que cette expérience ait lieu sur la seconde, et l'on n'observera
aucun phénomène. Il y a quelque chose de plus remarquable encore : après la section de la moelle épinière, si on ne touche que la substance grise, il ne
se passe rien de remarquable ; mais si, avec intention ou par hasard, on touche la substance blanche,
alors on voit se manifester des contractions dans les
muscles correspondans à la piqûre, et plus de douleurs si on a offensé la partie correspondante au
cerveau.

Je conclus de là que la substance blanche est le
siège de la sensibilité, et qu'elle est en rapport avec
la quantité de cette substance que l'on a offensée.
C'est pour cela qu'elle est plus vive sur la ligne médiane de la partie postérieure de la moelle épinière.

Expérimentant sur un chien, j'ai mis la moelle
épinière à découvert dans la région dorsale ; le liquide
céphalo-rachidien a été évacué, et promenant sur
l'organe un instrument mousse, j'ai remarqué que
la sensibilité, d'abord assez obtuse quand le liquide
était contenu dans le canal vertébral, devenait alors
très vive. Cette expérience devant provoquer habituellement une sensibilité plus intense que celle qui
se développait d'abord chez cet animal, j'ai pensé
qu'il fallait attribuer cela à l'existence d'une quantité
exagérée de liquide séreux.

D'autres expériences, tentées sur le même animal,
m'ont fait découvrir dans les parties postérieures latérales de la moelle épinière, et dans les racines des
nerfs correspondantes, une sensibilité vive qui n'exis-

tait pas dans la partie antérieure de l'organe, puisque l'animal n'a poussé aucun cri, soit que j'aie seulement touché, soit que j'aie pincé cette partie.

La moelle a été lésée du côté droit, et à l'instant le membre correspondant a été privé de sensibilité. L'incision sur la ligne médiane a déterminé la paralysie du membre gauche.

La ligne médiane de la moelle épinière en arrière semble être le point de départ de toute sensibilité, et paraît être le CONSENSUS de l'organe.

Sur un lapin, j'ai mis la moelle épinière à découvert à la région dorsale, où l'on trouve une gouttière moins profonde, et une plus grande facilité à atteindre ce prolongement nerveux ; en touchant cet organe, même légèrement, j'ai déterminé des douleurs atroces et des cris perçans, et cependant, malgré cela, l'animal, placé à terre, a pu marcher facilement. La moelle épinière avait donc conservé toutes ses fonctions, puisque le train postérieur avait conservé tous ses usages.

La contusion de la moelle épinière, dans la même région et sur la ligne médiane, a occasionné des phénomènes graves et instantanés, c'est-à-dire l'absence du mouvement et de la sensibilité des membres postérieurs : aussi, lorsque l'animal voulait changer de place, était-il forcé de traîner cette partie du tronc.

Le cervelet, mis à découvert sur cet animal, touché et irrité à sa surface, n'a point montré de sensibilité. Il n'en a pas été de même lorsque l'instrument a été enfoncé jusqu'au quatrième ventricule ; car de vives douleurs sont alors survenues.

Chez un autre animal, l'irritation de la moelle épinière caudale en arrière a provoqué des cris, qui sont devenus violens par le pincement des racines postérieures. L'excitation des racines antérieures n'a produit aucun résultat : la sensibilité et le mouvement ont été nuls. Sur le même animal, le pincement des deux racines au devant du ganglion a déterminé des douleurs vives. La sensibilité a cessé d'exister à dater du moment où la racine antérieure a été coupée près de la moelle, bien que la postérieure eût été conservée. La lésion d'un des côtés de la moelle a déterminé la paralysie du point correspondant. L'animal traînait ce membre, lorsqu'il voulait changer de lieu, en s'appuyant sur le membre opposé qui avait conservé le libre usage de ses fonctions. Enfin l'incision sur la ligne médiane, chez le même animal, a déterminé la paralysie du côté opposé.

J'ai fait, en 1833, une expérience sur une jeune chèvre, animal doué d'une exquise sensibilité. J'ai mis la moelle à découvert ; elle a montré une sensibilité très vive. Elle pouvait marcher, et cependant les attouchemens et les tentatives faites pour ouvrir le canal vertébral avaient diminué l'exercice de ses fonctions, aussi l'animal s'inclinait – il sur son derrière. Les racines antérieures des nerfs de l'épine n'étaient pas sensibles, les postérieures au contraire l'étaient beaucoup jusqu'au ganglion.

La section des racines des nerfs de la moelle dans la région cervicale produisit la paralysie du mouvement et de la sensibilité dans le membre thoracique correspondant. Comme les racines postérieures droites avaient été coupées, le membre gauche avait conservé seul ses fonctions. Enfin la sensibilité chez cet animal était extrême au niveau des renflemens de la moelle épinière.

§ II.

Voulant déterminer si le mouvement et la sensibilité ne font qu'un, s'ils sont indépendans l'un de l'autre, j'ai, sur la moelle épinière d'un animal, promené un stylet sur toute sa face antérieure : il n'en est résulté aucun mouvement dans les muscles du tronc, des membres inférieurs, et je n'ai observé aucune marque de sensibilité. En irritant la face postérieure, j'ai produit des douleurs vives, et les muscles sont entrés en mouvement.

Sur un chien très fort, j'ai mis la moelle épinière à découvert dans la région lombaire. Après l'incision des membranes, il est sorti une petite quantité de sérosité, et j'ai vu la moelle épinière sillonnée par quelques vaisseaux pleins de sang. J'ai promené l'instrument sur la face postérieure de ce prolongement nerveux, et aussitôt l'animal a poussé des cris plaintifs. L'irritation de cet organe en avant n'a produit ni mouvement ni douleur.

L'application du stylet sur la moelle épinière, l'ébranlement de ce cordon nerveux par les tentatives faites pour le mettre à découvert, ont diminué la sensibilité, sans l'éteindre complètement, dans certains organes. Ainsi, chez cet animal, la peau des cuisses et des jambes était insensible aux piqûres, et la sensibilité était exquise dans les gros nerfs des membres. Par le pincement du nerf sciatique, par exemple, on arrachait à l'animal des cris. Ainsi la faculté de sentir était abolie dans les derniers rameaux nerveux, et elle était excessive dans les gros troncs.

J'ai irrité la partie postérieure de la moelle, au dessous de la section incomplète pratiquée dans son épaisseur : il n'y a point eu de douleur, mais les muscles du tronc ont été agités de mouvemens irréguliers.

J'ai mis à découvert la moelle épinière lombaire ; après avoir ouvert les membranes, j'ai contus la partie latérale droite, et dans le membre correspondant les muscles ont perdu le mouvement et la peau sa sensibilité ; mais l'amputation de la cuisse du même côté a permis de pincer le nerf sciatique, et bientôt l'animal a jeté des cris perçans. La sensibilité et le mouvement étaient restés intacts dans le membre gauche.

Cette expérience prouve : 1° que c'est dans la peau, membrane excentrique où les filets sont très petits, et qui est le terme le plus reculé de la force qui pousse l'*agent* de la sensibilité, que celle–ci s'éteint d'abord ; 2° qu'après la peau, ce sont les muscles qui perdent ensuite la sensibilité et le mouvement ; 3° enfin que la sensibilité persiste plus long-temps dans les gros nerfs que son agent parcourt encore.

On trouve en outre dans cette expérience l'explication du phénomène que l'on observe dans les ma—

ladies de la moelle épinière où , la peau étant devenue insensible et les muscles ayant perdu le mouvement, il existe des douleurs profondes dans les membres.

Après avoir enlevé le cerveau et le cervelet , j'ai
touché la moelle alongée en avant et en arrière , et
toujours l'animal s'est mû et s'est agité.

D'autres fois, en expérimentant sur la moelle épinière dépouillée de ses membranes , en touchant les
racines postérieures des nerfs rachidiens, j'ai produit
de vives douleurs, et j'ai déterminé des mouvemens
dans les muscles auxquels elles correspondaient ; les
mêmes racines ont été coupées , et l'animal a poussé
des cris douloureux et plaintifs. J'ai soumis la racine
antérieure aux mêmes épreuves, et je n'ai observé
aucune douleur, aucun mouvement.

J'ai promené un stylet sur la face postérieure de
la moelle d'un animal : celui-ci s'est agité et les douleurs ont été très vives; je n'ai obtenu rien de semblable en agissant sur la face antérieure.

J'ai coupé superficiellement en travers la moelle
épinière à sa face postérieure, et, pendant la section,
l'animal a beaucoup crié. La face antérieure avait
été laissée intacte. J'ai alors irrité la moelle au dessus
du point divisé, et j'ai déterminé des mouvemens
dans les membres postérieurs. Le nerf sciatique pincé,
l'animal a crié, parce que l'impression a pu être transmise au cerveau.

Sur le même animal j'ai coupé la partie antérieure
de la moelle, et il n'a poussé aucun cri; j'ai pu alors
pincer le nerf sciatique sans déterminer la moindre

douleur. C'est qu'alors les racines antérieures ne pouvaient plus servir de conducteurs, la section ayant interrompu la communication avec les cordons d'où elles naissent.

Sur un lapin, j'ai mis à découvert la moelle épinière : puis, ayant promené un stylet à la surface postérieure de cet organe, j'ai occasionné de vives douleurs et des mouvemens dans les muscles des membres et du tronc qui étaient au dessus ou au niveau du point irrité. Après cet attouchement, l'animal a éprouvé de la difficulté à mouvoir le train de derrière; mais ensuite le mouvement est revenu.

Un stylet promené de bas en haut dans le canal vertébral, le long de la face postérieure de la moelle, a déterminé des douleurs et une agitation musculaire qui augmentaient à mesure que l'instrument gagnait la partie supérieure de ce canal.

Sur un autre animal, j'ai ouvert le canal vertébral, et j'ai promené le manche d'un scalpel à la partie postérieure de la moelle ; il a poussé des gémissemens : j'ai pressé plus fortement dans le même sens, et l'animal a crié. Cet instrument a été porté sur la face antérieure, et l'animal n'a donné aucune marque de sensibilité; aucun mouvement ne s'est produit dans les muscles. Cette expérience démontre, d'une part, que l'attouchement de la face postérieure de la moelle détermine simultanément des douleurs vives et des contractions musculaires, et, de l'autre, que la face antérieure de la moelle n'est pas sensible, et qu'elle n'est pour rien dans la contraction des muscles.

J'ai quelquefois aperçu des contractions dans les muscles, pendant que je cherchais à irriter la région antérieure de la moelle ; mais, avec un peu d'attention, il m'a été facile de voir que c'étaient des convulsions ou palpitations musculaires dépendant de la section des muscles, ainsi que j'ai pu l'observer dans les momens de retard que je pouvais mettre à l'attouchement de la moelle. En touchant cet organe pendant le repos du muscle, je n'ai pas vu reparaître les contractions.

Après avoir coupé complètement la moelle, j'ai excité des contractions dans les membres inférieurs, tantôt dans une patte et une cuisse, et tantôt dans les deux à la fois. Si j'irritais un côté seulement, les mouvemens avaient lieu dans le membre correspondant. Si le stylet était promené sur toute la surface postérieure de ce tronçon caudal de la moelle épinière, les membres droit et gauche étaient agités de contractions désordonnées, qui se convertissaient en mouvemens réguliers de flexion et d'extension, si l'irritation continuait.

Cette dernière expérience démontre : 1° Que le mouvement et la sensibilité existent dans la substance blanche de la moelle et non dans la substance grise. Nous verrons plus loin que ces deux facultés appartiennent de même aux nerfs, sans doute par cela même qu'ils sont formés de substance blanche ; 2° que, par l'attouchement, la portion de la moelle irritée perd sa sensibilité, ou du moins que celle-ci s'épuise, tandis qu'elle est conservée dans le reste de l'organe revêtu de ses enveloppes ; ce qui permet d'expliquer la mort qui survient lorsqu'on irrite la moelle épinière de bas en haut ; c'est qu'alors les nerfs qui partent de cet organe, et qui ont besoin de l'influx nerveux continuel, ne reçoivent plus de lui le véritable principe vital ; 3° que l'excitation de la partie antérieure de la moelle ne détermine ni douleur ni sensation.

J'ai divisé la moelle en deux et j'ai déterminé des contractions musculaires dans les membres abdominaux en excitant la portion inférieure, quoiqu'elle fût séparée, isolée, et qu'elle ne communiquât pas avec les renflemens nerveux contenus dans le crâne. Ce phénomène remarquable m'a démontré qu'une partie de la moelle peut agir sans qu'il y ait continuité du système nerveux, et qu'elle a le pouvoir de former ce fluide qui donne le mouvement et le sentiment. On voit par là que, pour produire le mouvement, il faut un excitant qui doit remplacer la volonté absente, par suite du défaut de continuité dans le prolongement rachidien. Les mouvemens déterminés par un corps qui touche la moelle épinière n'ont rien de régulier, et ils ne peuvent être coordonnés en actes d'ensemble, parce que la volonté, ce grand régulateur, est remplacée par une action intermittente non durable, et qui, même si elle était continuelle, finirait par faire cesser la vie.

Au reste, quoiqu'elle continue, ainsi mutilée, à recevoir le sang, il n'en est pas moins évident qu'elle doit mal fonctionner en sécrétant plus difficilement le fluide nerveux. Le corps excitant est donc, si je puis m'exprimer ainsi, dans cette expérience, une

sorte de volonté qui stimule la moelle, et son influence représente ici celle du cerveau dans l'état de
santé.

Si les expériences m'ont facilité l'étude de la sensibilité et de son siège, si elles ont servi à me démontrer qu'il y a une dépendance entre elle et le mouvement, elles ont contribué à faire connaître quelle est
la portion du système nerveux qui sert à conduire
les impressions au cerveau ou à la moelle épinière,
et la volonté aux membres. J'ai fait la section de la
moelle épinière en avant, en coupant les *cordons antérieurs* et en laissant la partie postérieure intacte,
alors le pincement du nerf sciatique n'a occasionné
aucune douleur. Le cerveau ne recevant plus les impressions ne pouvait plus les juger, de même qu'il
ne pouvait plus exercer son influence sur les parties
situées au dessous de la section.

J'ai coupé incomplètement la moelle épinière en
arrière, sans diviser la partie antérieure, d'où naissent les racines antérieures, et cependant le pincement du nerf sciatique a provoqué de la douleur.
La marche des impressions des extrémités au cerveau n'était donc pas interrompue.

Avant d'étudier la sensibilité et la faculté du mouvement dans les nerfs en particulier, et en attendant
que j'expose des conclusions plus développées, qu'il
me soit permis d'établir, comme conséquence de ce
qui précède : 1° Que la substance blanche est le siège
de la sensibilité et du mouvement; 2° qu'elles rési-
dent l'une et l'autre dans la partie postérieure de la
moelle, et que le cordon antérieur de cet organe sert

seul à conduire la volonté et à apporter l'impression
au cerveau.

§ III.

Du degré de sensibilité des nerfs.

Dans ce paragraphe, j'examine d'une manière
succincte le degré de sensibilité des divers nerfs, et
on voit par cet aperçu général qu'ils possèdent
à peu près tous cette propriété, ce qui fait en-
trevoir déjà l'unité d'action et d'influence de leur
part.

Les nerfs ont été divisés en ceux qui vont, en partie
ou en totalité, se distribuer aux tégumens et aux
muscles; aussi les a-t-on distingués par les noms de :
1° cutanés, 2° musculo-cutanés, 3° musculaires ou
moteurs. Cette division peut être bonne en elle-
même pour indiquer le mode d'aboutissement des
nerfs et leur distribution anatomique; mais elle ne
détermine pas, comme on l'a dit mal à propos, que
tel nerf doit être moteur, tel autre purement sensible: cela est si vrai, que, si une pareille définition
était admise, un nerf ne servirait pas tout à la fois
aux muscles et aux tégumens, puisqu'il donne le
mouvement aux premiers et aux seconds la sensibilité.
Quoi qu'il en soit, une grande partie des extrémités
nerveuses va se distribuer aux muscles, et l'autre aux
tégumens et aux surfaces muqueuses.

On peut formuler les usages des nerfs par la proposition suivante : *Le mode de terminaison des nerfs*

fait toute la différence de leurs usages. Ainsi les uns, aboutissant à la peau et aux muqueuses, produisent la sensibilité et le tact ; ils servent à l'appréciation des changemens de température : les autres, qui vont s'épanouir ou se distribuer au milieu d'un liquide, servent de conducteurs aux ébranlemens et aux molécules des corps qui constituent le son : ceux-ci font apprécier les changemens de couleurs produits par un fluide intermédiaire que l'on appelle lumière; ceux-là enfin servent à donner le mouvement.

Tous les nerfs offrent un caractère commun, c'est qu'ils sont formés d'une même substance, formée elle-même : 1° de substance nerveuse blanche, fibreuse ; 2° d'une membrane qui lui sert d'enveloppe, et de vaisseaux : mais il existe des différences qui tiennent à la disposition des fibres nerveuses.

Dans les nerfs qui sont formés par des fibres nerveuses très rapprochées et très denses, comme le facial et le pneumo-gastrique, on retrouve la sensibilité à un degré inférieur à ceux dont les fibres sont plus lâchement unies et dont les filamens sont faciles à isoler et à disséquer. Ainsi la sensibilité existe plus vive dans la cinquième paire, dont les rameaux sont unis par un tissu cellulaire lâche et aisément isolable, dans les nerfs sciatiques, etc., dont les cordons peuvent être isolés avec les doigts et sans le secours du scalpel, et qui contiennent presque toujours du tissu adipeux entre eux.

On peut donc dire : 1° que tous les nerfs des membres et de la tête sont doués de sensibilité ; 2° que celle - ci est extrême dans les uns, et dans les autres moins vive; 3° que ces différences dans le degré de sensibilité dépendent de la structure des nerfs relativement à l'arrangement des fibres. Plusieurs faits ont servi de preuve à ce que nous venons d'avancer.

Sur un animal auquel les bras et la cuisse avaient été coupés, j'ai successivement touché, pincé ou tordu les nerfs, et j'ai vu que tous, sans exception, sont sensibles. Je n'ai pu trouver une seule preuve qui me démontrât le contraire, quoique j'eusse d'ailleurs le plus grand désir de me convaincre par moi-même de ce que des observateurs habiles avaient cru avoir rencontré.

J'ai pincé le nerf radial, et à l'instant l'animal a poussé des gémissemens aigus. J'ai tordu le même nerf, et l'animal a manifesté les mêmes souffrances, la même agitation, et toujours il a montré l'envie de se soustraire à l'action des instrumens de l'expérimentation. La pince, pressant fortement le même nerf, a produit une dépression sensible dans l'endroit comprimé, et, au moment de cette pression, de nouveaux cris ont trahi de nouvelles souffrances. Mais, chose remarquable, j'ai pincé le même nerf au dessous de la partie comprimée, et l'animal a été alors insensible à cet attouchement auparavant si douloureux. J'ai répété, au contraire, cette expérience au dessus de l'endroit qui avait été le siège d'une forte pression, et l'animal a poussé des cris épouvantables, parce que, dans cet endroit, les rapports des nerfs avec la moelle épinière étaient demeurés sans interruption.

J'ai coupé ce nerf radial, en intéressant par chaque coup de bistouri une très petite quantité de filets nerveux, et les douleurs étaient atroces. La section, opérée au contraire d'une manière complète et d'un seul coup, n'a fait ressentir à l'animal qu'une souffrance incomparablement moins vive.

Tous les nerfs des membres abdominaux et thoraciques m'ont, chez l'homme ainsi que chez les animaux, donné des preuves d'une vive sensibilité. Toutes les fois qu'après des amputations j'ai touché sur l'homme les extrémités des nerfs, soit radial, soit médian, soit cubital, soit musculo-cutanés, soit cutanés, j'ai toujours pu me convaincre qu'ils étaient très sensibles. L'expérience m'a prouvé aussi que les nerfs crural, sciatique, etc., sont doués de la sensibilité la plus vive, qu'elle fût éveillée ou par la section, ou par le toucher seulement. Enfin tous les petits rameaux nerveux du corps qui accompagnent les artères sont pour le malade une source de douleurs aiguës lorsqu'on en opère la ligature, en même temps que celle des artères qui fournissent du sang.

Examinons maintenant la sensibilité dans chaque nerf. Après avoir mis chez un animal le cerveau à découvert, j'ai expérimenté sur le nerf olfactif, et je me suis convaincu qu'il n'était pas plus sensible que le cerveau lui-même. Ceci se comprend à merveille, si l'on fait attention que le cerveau est en grande partie, pour ne pas dire en totalité, formé par les pyramides antérieures épanouies, qui ne sont elles-mêmes que la continuation du cordon antérieur de la moelle épinière ; que ce cordon sert à conduire les impressions au cerveau, ou à faire parvenir aux membres la volonté conçue par cet organe; et, comme le nerf dont nous parlons (1re paire) n'est qu'une dépendance du lobe antérieur du cerveau, on conçoit aussi qu'il serve seulement à conduire à cet organe des émanations odorantes.

L'irritation du nerf optique a produit de légers mouvemens dans l'œil, et la douleur dont ils étaient accompagnés m'a prouvé que ce nerf est sensible.

Les expériences faites sur les 3°, 4° et 6° paires de nerfs, m'ont convaincu de leur sensibilité, que je les aie attaqués, soit dans leur trajet, soit dans leur terminaison en rameaux; mais cette faculté existe chez eux à un moins haut degré que dans ceux que je vais examiner, sans doute parce que leurs radicules nerveuses semblent être très rapprochées, et ne paraissent plus former qu'un seul tout, ou cordon.

Les nerfs maxillaire supérieur, maxillaire inférieur et branche ophthalmique sont doués d'une exquise sensibilité, qui s'est manifestée par des douleurs, dont l'intensité n'a été retrouvée nulle part à un aussi haut degré, toutes les fois qu'ils ont été pincés, touchés ou liés. Je n'ai pas remarqué que des branches fussent moins sensibles que d'autres.

Pour le nerf maxillaire supérieur, cette sensibilité s'explique par l'origine de ce nerf qui naît d'un point très sensible, et par sa structure qui consiste dans une multitude de filets unis lâchement, disposés en plexus, et dont les cordons peuvent être facilement divisés en filamens et isolés les uns des autres : il en est de même pour la branche ophthalmique et pour le maxillaire inférieur. Les nerfs de la 5ᵉ paire se distribuent à des muscles et à des membranes, et donnent aux uns la sensibilité et aux autres la faculté de se mouvoir : ils seront d'ailleurs pour nous l'occasion d'un nouvel examen.

Le nerf acoustique, si j'en juge par analogie, doit être très sensible, car il naît du même point que le nerf facial, et sert de conducteur à l'impression du son.

M. Flourens a fait sur le nerf acoustique des expériences curieuses et intéressantes dont nous parlerons plus loin.

Le nerf facial n'est pas seulement moteur, comme on l'a prétendu, mais il est sensible, comme des expériences me l'ont démontré ; si les physiologistes se sont trompés sur ses usages, c'est sans doute au mode d'expérimentation qu'ils ont choisi qu'il faut attribuer leur erreur. La section du nerf facial cause une douleur légère par la section ; mais, si le nerf est pincé, la souffrance se traduit toujours par des cris que pousse l'animal.

Sur un chien, j'ai coupé le nerf facial d'un côté de la face, l'animal a montré fort peu de sensibilité ; l'air sortait facilement par le côté correspondant de la bouche, qui elle-même était déformée dans le même sens ; la paupière du même côté avait conservé sa mobilité, parce que la branche supérieure du nerf était demeurée intacte.

Sur le côté opposé de la face, j'ai pincé le nerf, et l'animal a poussé des cris violens.

Cette différence dans les résultats tient sans aucun

doute à l'organisation du nerf et à sa structure serrée.

Sur un fort cheval, j'ai mis à découvert le gros nerf facial, et à l'instant il m'a semblé que ce nerf, lâchement uni aux parties environnantes, était soulevé pendant la tuméfaction de la veine. Je l'ai coupé par petits coups, de telle sorte que la division n'a été complète dans le même point qu'après plusieurs sections qui ont provoqué de la douleur : c'est alors que j'ai pincé le même nerf, et l'animal a témoigné de vives douleurs ; et la sensibilité a été ainsi prouvée par l'agitation, et un bruit particulier qui trahissait la souffrance.

J'ai rencontré les mêmes phénomènes dans une même expérience tentée sur le nerf pneumo-gastrique ; je l'ai pincé à la base du crâne et dans la région cervicale, et le chien a manifesté une sensibilité vive : une douleur aiguë est résultée de la même opération faite sur les nerfs laryngés supérieur et inférieur, et, par suite de cette irritation, les muscles auxquels le nerf pneumo-gastrique se distribue sont entrés en mouvement. La sensibilité et la propriété de rendre les muscles irritables existent chez lui à un très haut degré, parce qu'il naît d'une portion nerveuse très sensible, parce qu'il est composé d'un grand nombre de filets nerveux et d'espèces de plexus. La ligature de ce nerf cause des douleurs violentes.

Sur les nerfs spinal, glosso-pharyngien et grand hypoglosse, j'ai développé la sensibilité par la ligature et le pincement : elle était moins éveillée par la section. La pression et le pincement sur les nerfs cervicaux causaient aussi de très vives douleurs.

Nous avons, dans le chapitre précédent, posé des principes généraux dont l'expérience est venue démontrer la vérité. Ainsi nous avons établi que la substance blanche possède la faculté d'émettre le sentiment et le mouvement; que ces deux grandes propriétés se confondent en une seule, puisque la partie postérieure de la moelle épinière, douée spécialement de la sensibilité, est aussi seule apte à produire le mouvement: après avoir avancé cette opinion, nous l'avons prouvée par les résultats de l'attouchement de cette région de la moelle épinière, qui détermine des douleurs et des contractions dans les muscles voisins des lieux irrités, et dans ceux qui en sont plus ou moins éloignés.

Nous avons démontré aussi, d'une part, que la sensibilité occupe la partie postérieure de la moelle, et que le mouvement ou la faculté de le produire réside également dans cette région; de l'autre, que la moelle alongée est sensible dans toute sa circonférence, aussi bien à sa face inférieure qu'à sa face supérieure, et que cette propriété réside dans la substance blanche et non dans la grise. Ces faits ont été établis d'une manière convaincante par des expériences qui, tentées sur des mammifères, sur des oiseaux, sur des poissons et sur des reptiles, prouvent en même temps que la nature, toujours une dans ses actes, n'est jamais en désaccord avec elle-même. En effet, que j'aie dirigé mes expériences sur un gros poisson de mer, ou sur une carpe, un brochet, etc., j'ai toujours obtenu les mêmes résultats, c'est-à-dire que, en touchant la face postérieure de la moelle épinière avec un instrument émoussé, j'ai déterminé des douleurs vives et des contractions dans les muscles.

Il a été établi ensuite que tout nerf naissant d'un point sensible est sensible lui-même; et, appuyant cette opinion par des faits, nous avons montré l'animal témoignant de la douleur par ses cris et son agitation, alors que les racines postérieures des nerfs rachidiens étaient ou touchées, ou pincées, ou divisées. Nous l'avons montré aussi manifestant sa souffrance par les mouvemens convulsifs qui survenaient dans les muscles de la face et de l'orbite, et par les cris perçans qu'il poussait, alors que nous agissions sur la moelle alongée. Nous cherchions en même temps à prouver qu'il n'existe pas de nerfs moteurs et de nerfs sensitifs proprement dits, mais que tout nerf qui est doué de la sensibilité possède la faculté de produire le mouvement; d'où il faut conclure qu'il est impossible d'établir aucune distinction, sous le rapport de la structure et des fonctions, entre un nerf moteur et un nerf sensitif. Des irritations multipliées nous ont convaincu que les nerfs tirent d'une source commune la faculté d'agir sur les muscles et sur les membranes, faculté double qui produit le mouvement et la sensibilité : elles nous ont fait connaître aussi que les racines antérieures des nerfs rachidiens sont dépourvues de sensibilité, et conséquemment de toute action sur les muscles. En effet, quelque moyen que l'on puisse employer pour les irriter, on ne détermine aucune douleur, on ne produit aucun effet sur les muscles, ce qui s'explique par l'origine des racines qui commencent à la partie antérieure de la moelle, où l'on ne trouve aucune trace de sensibilité. Ces faits nous ont conduits à penser que ces racines sont de simples conducteurs des impressions, et que le nerf olfactif, émanation du cordon antérieur de la moelle, est dépourvu de tout mouvement et de toute sensibilité, comme nous le verrons ailleurs, en même temps que de nouvelles expériences et de minutieuses recherches nous démontraient que ces cordons antérieurs servent de conducteurs aux impressions internes et externes.

Examinant ensuite quel est le degré de sensibilité de chacun des nerfs, nous avons vu que cette propriété est en rapport avec la structure du nerf; ainsi les nerfs formés de filets très serrés sont moins sensibles que ceux qui sont composés de filets nombreux, mais unis lâchement. Parmi les premiers, on compte le nerf facial, les moteurs oculaires commun et externe, le spinal, le grand hypoglosse, qui n'en possèdent pas moins une sensibilité réelle, développée plus sûrement d'ailleurs par les pincemens, les déchirures et les piqûres que par l'incision, qui la développe même facilement : parmi les seconds on trouve la cinquième paire et les nerfs rachidiens.

Nous avons suivi au delà du ganglion les racines antérieures et postérieures de ces derniers nerfs, sans trouver après leur rencontre autre chose que des filets sensitifs et moteurs, car il n'y avait plus de trace de cette insensibilité que nous avons rencontrée dans les racines antérieures à leur origine.

Dans le chapitre suivant, nous aurons l'occasion,

en parlant de l'influence des nerfs sur les muscles soumis à la volonté ou placés hors de son pouvoir, de revenir encore sur les usages du cordon antérieur de la moelle, et de montrer qu'il sert à conduire les vœux du cerveau et les impressions du dehors.

Nous établirons aussi l'unité d'action des nerfs, et nous verrons que, si l'on observe des différences entre les mouvemens volontaires et involontaires, elles sont dues à des changemens que nous aurons soin de faire remarquer dans les nerfs qui viennent se rendre dans la colonne antérieure de la moelle épinière, et qui n'y communiquent que d'une manière indirecte, comme nous allons le voir encore dans le paragraphe suivant.

§ IV.

Des mouvemens volontaires et involontaires.

Tout mouvement volontaire exige pour avoir lieu une impulsion venue du cerveau ; pour qu'il y ait mouvement involontaire, il suffit qu'il y ait action sur la moelle épinière et sur les nerfs qui en partent. En un mot, il ne faut qu'un excitant quelconque pour donner lieu à ce dernier : il est donc toujours nécessaire d'un agent pour déterminer les contractions dans les muscles, et cela ne souffre aucune exception, pas même pour le diaphragme, pas même pour le cœur ; car le premier muscle ne se contracterait pas si les poumons ne se remplissaient et ne se vidaient d'air : subordonné, en effet, à ces organes, le diaphragme est forcé de s'abaisser quand ils s'emplissent et de s'élever lorsqu'ils se vident. Toutefois la volonté, jusqu'à un certain point, peut empêcher son action, comme on pèut facilement en faire l'essai sur soi-même en suspendant la respiration. Ainsi le diaphragme a besoin de deux forces, de l'une qui le fait mouvoir, de l'autre qui l'entretient dans des mouvemens égaux : la première est représentée par l'entrée de l'air dans les poumons et par sa sortie ; la seconde réside dans la moelle épinière.

Les mouvemens involontaires, ainsi que la propriété qui donne aux muscles la faculté de se contracter, ont-ils donc bien leur siège dans la moelle épinière ? C'est ce qu'on peut affirmer ; et, en effet, on détermine des mouvemens dans les membres, quand, après avoir coupé en deux la moelle épinière, on excite seulement le bout inférieur qui n'a plus de communication avec le cerveau : or, cette propriété réside dans la partie postérieure du prolongement rachidien. Enfin existe-t-il un cordon dans ce dernier organe qui sert à conduire les décisions du cerveau ? La chose ne me paraît nullement douteuse, et le cerveau est en conséquence l'organe qui commande aux mouvemens réguliers ; et ce qui le démontre d'une manière patente, ce sont ces irrégularités dans les mouvemens qui s'accomplissent sous l'influence du cerveau, et qui perdent leur régularité lorsque celui-ci est malade.

Quel est donc ce cordon qui sert à conduire les intentions secrètes du cerveau ? Nous l'avons déjà dit ailleurs, et nous avons cité les expériences à l'appui de notre opinion ; répéterons-nous que c'est le cordon antérieur de la moelle qui s'épanouit pour former le cerveau? En effet, essayez à le couper en ayant soin de laisser le postérieur intact ; aussitôt la volonté deviendra impuissante pour mouvoir les membres situés au dessous de la section, et le nerf sciatique irrité, dans le même cas , l'impression ne sera pas transmise au cerveau, et il n'y aura pas de douleur. Tout mouvement volontaire a donc sa source dans le cerveau , et sans le cordon antérieur de la moelle , il ne peut pas être produit, tandis que les mouvemens involontaires peuvent exister sans la participation du premier et même en l'absence de l'état normal du second.

Les faits que j'ai établis précédemment démontrent la vérité des propositions qui deviennent tout à fait rigoureuses devant les considérations qui suivent :

Un chien sur lequel la moelle épinière fut mise à découvert à la région lombaire n'en marcha pas moins. La sensibilité, très vive quand on irritait cet organe à sa partie postérieure, était nulle si on répétait l'expérience sur sa partie antérieure. Déjà, après cette expérimentation , l'animal marchait avec plus de difficulté; mais il éprouva de vives douleurs, et il fut paralysé du train postérieur lorsqu'on eut intéressé la moelle sur la ligne médiane. L'irritation de cette même partie postérieure de la moelle produisit des contractions et des convulsions dans les pattes de derrière.

Il est des mouvemens involontaires, et qui sont par conséquent hors de l'influence du cerveau et de sa domination ; ce sont ceux des intestins, du cœur, de l'œsophage et de l'iris, ce qui a été expliqué par l'absence des nerfs de la vie animale, et pour nous ils sont dus seulement au défaut de rapport direct des nerfs de ces organes avec le cordon antérieur de la moelle et du cerveau, et aussi à leur structure particulière, comme nous le dirons plus loin. L'intestin grêle se contracte en effet, sans l'influence de la volonté ; il est peu sensible, comme on s'en est assuré, et comme aussi je l'ai démontré par plusieurs expériences qui consistaient à le piquer, à le déchirer, et tout cela sans manifestation de douleur ; et on peut dire que si une douleur violente s'y développe pendant l'inflammation, cette vive sensibilité est due aux nerfs voisins, qui ont des rapports directs avec la moelle épinière. Ils sont donc insensibles et non soumis à la volonté, parce que les nerfs qui le reçoivent ne vont pas directement à la moelle. Leurs contractions sont dues au fluide nerveux et à l'irritant qui les traverse continuellement. Il en est de même pour le cœur et l'iris.

Il est donc déjà prouvé par ce que nous venons de dire, que les anastomoses nerveuses ne peuvent donner la sensibilité et le mouvement volontaire, car les intestins et le cœur auraient été douloureux aux excitans, et se seraient mus sous l'influence du cerveau.

Dans le chapitre qui suit nous trouverons sur les anastomoses nerveuses des expériences qui viendront encore confirmer ce que j'ai dit dans le dernier paragraphe.

CHAPITRE IV.

Anastomoses nerveuses.

Les anatomistes entendent par anastomoses l'a-bouchement de canaux, soit artériels, soit veineux, soit lymphatiques. Ce sont tantôt des troncs égaux qui se réunissent, tantôt des troncs d'inégal volume qui se confondent, tantôt enfin des ramuscules qui viennent se réunir, s'aboucher dans le trajet d'un gros tronc. Les anastomoses des vaisseaux entre eux ont pour but de régulariser le cours du liquide, d'empêcher qu'il ne soit gêné par une trop grande affluence; inconvénient qui serait inévitable si ces anastomoses n'étaient un moyen de dégorgement et de dérivation. Existe-t-il pour les nerfs des anastomoses destinées à régulariser le cours du fluide nerveux, et à rétablir le mouvement et la sensibilité dans les parties où ces deux propriétés sont éteintes par la section d'un nerf? Ces anastomoses nerveuses ont été admises et plus tard repoussées : Béclard a été jusqu'à penser que leur existence était nécessaire, et que toute la différence entre elles et les anastomoses sanguines se trouve dans la nature de la matière nerveuse, qui n'est pas liquide comme le sang des vaisseaux.

Ces anastomoses n'existent pas pour les plexus des membres, puisqu'on peut séparer les nerfs qui les constituent, et qu'il n'existe pas là de fusion. On observe une disposition bien différente dans la communication du nerf pneumogastrique avec le plexus solaire ; aussi existe-t-il là une véritable anastomose ; le même fait se retrouve encore dans la communication des nerfs facial et sous-orbitaire. Mais dans la plupart des cas les nerfs s'accolent, marchent ensemble sans se confondre, et sans venir se perdre dans le même organe ou dans un organe séparé.

Il résulte de notre manière de voir que ces anastomoses seraient très-rares, et qu'ainsi elles ne rétabliraient presque jamais les fonctions d'un organe quand celles-ci sont annihilées.

Appelons à notre aide l'expérimentation, et demandons-lui des lumières sur ce sujet important.

Et d'abord, il est, je crois, d'autorité, dans l'état actuel de la science, 1° que les cicatrices entre deux bouts de nerf ne sont jamais nerveuses, mais bien de nature cellulo-fibreuse ; 2° la sensibilité et le mouvement une fois détruits dans un organe ne se rétablissent jamais, à moins toutefois que deux espèces de nerfs ne viennent se distribuer à cet organe, ou que le nerf n'ait été qu'incomplètement coupé ; et alors on peut voir la sensibilité et le mouvement se réveiller, sinon d'une manière parfaite, au moins dans une sorte de *medium* entre l'annihilation et l'état normal. On sait encore, comme je l'ai dit en commençant ce travail, que si dans la destruction d'un nerf on conserve l'enveloppe et les canaux qui entourent chaque fibre nerveuse, le mouvement et la sensibilité ne sont pas moins abolis dans l'organe auquel le nerf vient se distribuer : il résulte de là que le névrilème et les gaines ne sont pour rien dans la transmission du fluide.

Comment dire maintenant que dans la cicatrice d'un nerf, où il n'y a plus rien de l'état normal, on puisse retrouver une portion analogue à la structure de ce nerf et des fonctions identiques? Comme on le voit, après la destruction d'un nerf, nous croyons peu à ces anastomoses, qui rétabliraient les fonctions de l'organe auquel le nerf se distribue. Recherchons donc à quelles causes est due la nouvelle influence nerveuse, et apportons donc en preuve de ce que nous venons d'annoncer, toutes les lumières que l'expérience et l'expérimentation peuvent nous donner. Je vais commencer par des faits.

J'ai, chez un canard, coupé la cinquième paire à sa sortie du crâne, et dans le même instant les mâchoires se sont écartées l'une de l'autre sans pouvoir se rapprocher; le bec, largement ouvert, est demeuré béant pendant quelque temps; l'animal ne pouvait ni boire ni manger. Ce n'est que plus tard que les fonctions se sont rétablies, et que la mastication est devenue libre. En revenant plus tard en détail sur cette expérience, je parlerai des changemens que cette section a amenés dans la vision.

Je croyais que les fonctions s'étaient rétablies à l'aide des anastomoses et du nerf facial, qui dans les oiseaux est, comme on le sait, à l'état rudimentaire. Quelle fut ma surprise, lorsque, disséquant les organes, je trouvai quelques filets nerveux qui n'avaient pas été coupés, et qui sans doute avaient suffi pour alimenter, par un courant nerveux continuel, les

parties auxquelles ce nerf vient porter l'influence nerveuse. En effet, pourquoi, quand une portion d'un nerf
est coupée, celle qui est intacte ne remplacerait-elle
pas la première, absolument comme un organe sécréteur devenu seul fait les fonctions de celui qui est
détruit; comme un vaisseau prend un accroissement
de volume pour recevoir une plus grande quantité de
sang, et remplacer le vaisseau oblitéré.

C'est ici le cas de rapporter un fait curieux qui démontrera que les anastomoses ne concourent en rien
au rétablissement de la sensibilité et du mouvement,
et que, dans l'état naturel, elles servent seulement à
favoriser le cours du fluide nerveux du centre à la
circonférence.

Honorine M...., âgée de quarante-cinq ans, d'une
constitution assez forte, jouissant d'une bonne santé
d'ailleurs, fut prise subitement pendant le mois
d'août de douleurs rhumatismales, de raideur dans
les muscles de la cuisse et de la jambe gauches. Ni les
applications de sangsues à l'anus, ni les vésicatoires
posés à la face interne de la cuisse, ne purent triom-
pher de la contracture du membre; même dès ce
moment des douleurs atroces se firent sentir par ac-
cès, et furent assez violentes pour arracher des cris
à cette malade.

Elle fut alors forcée d'entrer dans un grand hôpital.
Des cataplasmes émolliens, des fomentations narco-
tiques et des vésicatoires saupoudrés avec l'acétate de
morphine, furent en vain mis en usage pour soulager
la malade. Découragée, elle revint chez elle pour y
recevoir de nouveaux soins de son médecin, qui re-

nouvela sans plus de succès les applications de sangsues à l'anus. Six mois après le début de sa maladie,
voici quel était son état quand elle se présenta à nous :
1° tout le membre abdominal gauche était tellement
raide, qu'il semblait formé d'une seule pièce ; 2° la
rotule était déprimée et enfoncée entre les condyles
du fémur et du tibia ; 3° le pied était étendu ; les orteils étaient fléchis. Toutes ces parties restaient dans
une position invariable. Les muscles étaient durs et
tendus. Exposé à la chaleur du lit, le membre laissait
encore un peu fléchir le genou, mais dès qu'il était
mis à découvert, il n'y avait plus de flexion possible.
Du reste, il était le siège de douleurs vives qui causaient l'insomnie, et arrachaient des cris à la malade.

Le 15 avril j'employai la cautérisation : je prome-
nai très légèrement un fer rouge sur la peau de la
cuisse et de la jambe ; et j'éteignis les douleurs de la
brûlure par l'application de compresses d'eau froide.
La douleur et la contracture persistèrent ; je songeai
à recourir alors aux fomentations, aux cataplasmes
froids, au laudanum, au datura stramonium, appliqués sur la brûlure non encore guérie. Tous ces
moyens furent inutiles, et les douleurs devinrent
bientôt insupportables. Dans cet état, je proposai à
la malade la section des nerfs douloureux : elle ac-
cepta. J'expliquerai plus tard comment le nerf fut
mis à découvert.

Maintenant que j'ai exposé l'ensemble des phénomènes morbides qu'éprouvait cette malade, il ne sera
pas sans intérêt de passer en revue l'état propre à
chacun des organes en particulier.

1° La peau de la face dorsale du pied était polie, lisse et tendue. 2° Il fallait promener le doigt à l'extérieur du genou pour sentir la rotule, car elle était dominée par les condyles du fémur. En promenant le doigt à la face antérieure, on sentait le crural antérieur dur et tendu comme une corde. L'aplatissement du genou était déterminé par la contracture de ce muscle. 3° La malade éprouvait de violentes douleurs dans la cuisse et dans la jambe ; leur apparition n'avait pas lieu à des époques privilégiées ; elles se montraient la nuit aussi bien que le jour ; elles étaient occasionnées par la plus petite cause, et rendues intolérables par la pression, elles arrachaient à la malade des cris perçans et plaintifs. Aussi était-elle effrayée de l'idée qu'on allait l'examiner. Où était le siège de cette contracture des muscles ? où rechercher la cause première de ce désordre ? était-elle dans les nerfs, source de toute contraction et de tout mouvement ? ou bien le principe de cette maladie gisait-il dans la moelle épinière elle - même ? Ces questions étaient graves, et nous nous les sommes adressées plusieurs fois pour employer une médication appropriée à la maladie. Je pensai que les nerfs de la cuisse étaient seuls le siège du mal ; car il était évident pour moi que si la moelle épinière eût été affectée d'un côté, tout le côté correspondant du tronc eût été frappé de contracture : or ce phénomène n'existait pas, puisque la fesse ne présentait aucune trace d'un accident semblable. Je fus amené à conclure que la maladie dépendait d'une affection du névrilème, en examinant que cette affection était générale dans le membre, et que je ne pouvais invoquer la présence d'une tumeur. C'était un véritable tétanos partiel. J'ai déjà démontré ailleurs que le tétanos peut dépendre des congestions du névrilème et des membranes de la moelle.

La section des nerfs sciatique et crural m'a prouvé que chacun des filets qui les composaient était intact, et que le névrilème seul était rouge et enflammé.

Tel était l'état des organes ; et j'ajouterai que la méthode endermique, appliquée par M. Trousseau et par moi, avait constamment échoué, lorsque j'eus recours à un moyen extrême, nécessaire, et que je regardais comme efficace, la section des nerfs.

Le 23 février 1834, je pratiquai la section *du nerf sciatique* à la partie postérieure de la cuisse, entre la tubérosité de l'ischion et le grand trochanter. Une incision, parallèle à la longueur du nerf sciatique, fut pratiquée entre les mêmes tubérosités osseuses, à la partie inférieure de la fesse : je la prolongeai dans une longueur de deux pouces. J'incisai successivement un tissu cellulaire abondant, le muscle grand-fessier, et des artères qui exigèrent sept ligatures. Les lèvres de la plaie furent écartées ; pressant alors en dehors de la tubérosité ischiatique, je reconnus le siège du nerf aux douleurs très vives que détermina la pression : celles-ci se prolongeaient dans tout le membre. Je m'assurai ainsi de la position précise du nerf, et l'isolai des parties environnantes : je pouvais facilement le déplacer avec le doigt. Une sonde cannelée fut passée sous le nerf :

elle causa d'épouvantables douleurs, et nous procédâmes promptement à la section.

Les deux extrémités coupées, j'observai les phénomènes suivans : 1° On distinguait des filets nombreux, arrondis et saillans ; 2° ils étaient isolés, et on voyait très distinctement leur cloisonnement ; 3° leur substance blanche était très apparente à l'extérieur de chaque filet ; 4° chaque extrémité coupée ressemblait assez bien à un pinceau de chiendent, composé de racines de ce végétal placées parallèlement ; 5° le névrilème était rouge, épaissi : les mêmes caractères se retrouvaient dans chaque petite gaîne ; 6° l'extrémité qui tient à la moelle épinière était douloureuse ; au contraire, celle qui est au dessous ne présentait aucune trace de sensibilité.

Après la division du nerf sciatique, les douleurs disparurent dans tout le membre, excepté dans le muscle crural antérieur qui conservait toujours de la contracture. Les muscles de la partie postérieure de la cuisse, et tous ceux de la jambe, devinrent mous : toute dureté avait disparu. Le tendon d'Achille, revenu à l'état ordinaire, n'offrait plus aucune tension, et les orteils n'étaient plus fortement fléchis. Le membre, resté à son degré de température, était le siège d'une sorte d'engourdissement constant.

La sensibilité existait : 1° à la face antérieure de la cuisse ; 2° à la face interne ; 3° à la face externe ; 4° à la partie antérieure de la jambe ; 5° à la partie interne et externe de la jambe, au coude-pied, à la face dorsale du pied, aux orteils. Elle avait totalement disparu à la face plantaire.

Le 27 février, j'ai fait la section *du nerf crural*, parce que la contraction persistait à la partie antérieure et interne de la cuisse, parce qu'il existait encore des douleurs. Il est utile de faire précéder la relation des détails de cette opération d'une explication complète de l'état particulier des organes.

1° En promenant la main sur la partie antérieure de la cuisse, j'ai senti le muscle crural antérieur fortement tendu, et la rotule appliquée violemment sur les condyles du fémur : il n'était pas possible de lui communiquer les moindres mouvemens.

2° Les muscles de la partie interne offraient aussi une certaine tension.

3° La sensibilité existait sur tous les points du membre, excepté à la plante du pied.

4° La malade pouvait lever le membre en totalité, soit qu'elle fût couchée sur le dos, soit qu'elle reposât sur le côté sain ; mais ce membre se levait alors d'une seule pièce comme un bâton.

5° La malade remuait les orteils, mais faiblement.

6° Ce mouvement avait évidemment pour agens les muscles adducteurs et surtout le crural antérieur.

7° La température du membre était conservée.

Après avoir noté avec soin tous les phénomènes que je viens d'exposer, j'ai procédé de la manière suivante à la section du nerf crural.

Une incision d'un pouce et demi en dehors de l'artère crurale, au devant des muscles psoas et iliaque réunis sur lesquels il repose, le mit promptement à découvert. Il fut facile de le reconnaître à sa forme rubanée, à sa couleur blanche, à la disposition de ses filets en cet endroit, qui sont épanouis et placés parallèlement les uns au dessus des autres. La pression des filets qui le composent donnait lieu à des douleurs très vives. Je passai derrière une sonde cannelée au moyen de laquelle je l'incisai en totalité avec le bistouri ; la douleur fut violente au moment de l'incision ; elle était vive encore quand, après la section, on pinçait ou touchait seulement l'extrémité supérieure ; enfin, elle était encore déterminée, bien que plus légère, par le pincement du bout inférieur.

Voici d'ailleurs les phénomènes remarquables qui se sont présentés après la section : 1° la douleur a complètement disparu pour être remplacée par un engourdissement général ; 2° le crural antérieur s'est relâché, la contracture a disparu, la rotule est devenue saillante, et il a été facile de lui imprimer des mouvemens d'allée et de venue ; 3° les muscles de la partie externe de la cuisse détendus aussi sont devenus mous ; 4° dès ce moment, la malade n'a pu lever le membre, qui s'il était soulevé en l'air retombait à l'instant même entraîné par son propre poids ; la seule puissance qui luttait contre la force de gravitation était représentée par les muscles psoas et iliaque, fessiers et tenseur de l'aponévrose fémorale, mais leur action se bornait à s'opposer à la rapidité de la chute ; 5° le coude-pied était mobile sous l'influence de la volonté de la malade, lorsque le membre reposait sur le lit ; 6° je pouvais plier la jambe sur la cuisse ; 7° la sensibilité était conservée à la cuisse et à la jambe

dans tous ses points, en avant, en arrière, en dedans et en dehors; 8° le pied était très sensible en
dedans et en dehors, il en était de même des orteils :
la face plantaire seule était insensible; 9° enfin, la
température du membre était conservée.

Comment la sensibilité a-t-elle pu être conservée
dans le membre? Comment se fait-il que le bout inférieur du nerf crural ait été sensible au pincement?

On sait que l'on a regardé la chaleur animale
comme prenant en partie sa source dans le système
nerveux. Ce fait semble nous fournir une preuve du
contraire, puisqu'en effet la température de tout le
membre n'a pas été diminuée, malgré la section des
nerfs seiatique et crural, à moins que l'on ne veuille
admettre que la température de la peau était conservée, parce que l'on n'avait pas coupé les branches qui viennent s'y distribuer. D'une autre part,
comment expliquer la persistance de la sensibilité
malgré la section de ces deux gros nerfs, si ce n'est
par la conservation des branches qui viennent se répandre dans les tégumens? Il n'est pas inutile ici de
passer rapidement ces diverses branches en revue.
Il y a d'abord la branche *inguino-cutanée*, le nerf
génito-crural, les rameaux de l'*obturateur* et de la
branche *iléo-scrotale*. Jusqu'ici les dispositions anatomiques rendent bon compte de ce qui s'est passé.
Mais comment expliquer la sensibilité qui persiste à
la face interne du pied parcouru par le nerf saphène
interne qui vient du crural? Comment se rendre raison de celle qui existe au côté externe et à la face
dorsale, qui reçoivent leurs filets nerveux du sa-

phène externe et de la branche musculo-cutanée,
fournis l'un et l'autre par le poplité?

En attendant que l'examen cadavérique nous explique clairement ces divers phénomènes, qui trouvent aussi une partie de leur explication dans l'étude
de l'origine du nerf saphène interne, poursuivons
l'histoire de cette malade. Qu'il me soit permis seulement de dire par anticipation que le nerf sciatique
n'avait pas été entièrement divisé.

La malade conserva donc toute la sensibilité des
tégumens, excepté à la plante du pied. Quelques
jours après tout le membre était œdémateux. Pendant les trois premiers jours qui suivirent cette opération, il y eut du sommeil et un calme remarquable.
Cependant, bientôt il survint de la toux, puis du
dévoiement, et au bout de huit jours on aperçut une
escarre à la région sacrée. Le membre, toujours
sensible, conserva la facilité des mouvemens dans le
coude-pied; mais le dévoiement et la toux persistèrent. Il s'y joignit une grande prostration. L'escarre se détacha le troisième jour; elle laissa à la
place une ulcération profonde qui s'avançait jusqu'au sacrum, et la malade succomba avec absence
complète de douleurs dans le membre.

L'autopsie cadavérique fut faite vingt-quatre
heures après la mort. Le poumon gauche était hé-
patisé à la base; il contenait trois petits abcès à la
circonférence; il était sain et crépitant au sommet.
Les bronches étaient remplies de mucus. Le poumon
droit était le siége d'une congestion cadavérique. La
membrane muqueuse de l'estomac était soulevée

dans plusieurs points par des gaz qui annonçaient un commencement de putréfaction ; elle présentait quelques plaques rouges près du pylore. L'intestin grêle était sain. Il existait une rougeur pointillée très prononcée dans le cœcum et le colon ascendant. Le foie et la rate étaient à l'état normal.

Le cerveau n'offrait rien de remarquable, la moelle épinière était petite et saine dans sa partie supérieure. Les nerfs de la queue de cheval du côté gauche étaient plus rouges que ceux du côté opposé. La substance grise inférieurement était aussi plus rouge, mais sa consistance était à l'état normal.

A l'examen du membre nous avons vu le nerf crural presque entièrement coupé au-dessous du pubis, de nombreuses branches du nerf génito-crural se rendaient dans les tégumens de la cuisse, ainsi que la branche inguino-cutanée. Le nerf sciatique n'avait point été coupé entièrement, un certain nombre de filets (à peu près le quart du faisceau) avaient échappé à la section ; il était plus rouge que celui du côté opposé.

A la partie postérieure du sacrum existait une vaste ulcération à bords noirs et inégaux. Les plaies des incisions étaient recouvertes de bourgeons charnus pâles, et d'une suppuration grisâtre, il n'y avait pas de décollement autour de leurs bords.

Par cette portion du nerf sciatique échappée à la section, on se rend très bien compte de la persistance des mouvemens dans le coude-pied, puisque des branches qui vont se répandre dans les muscles de la partie antérieure de la jambe avaient été conservés. Il en est de même pour les mouvemens des orteils. D'un autre côté on comprend comment les mouvemens étaient si peu étendus , puisque la plus grande partie des filets qui composent le nerf avaient été coupés. On se rend encore parfaitement raison de l'impossibilité où était la malade de lever le membre , en réfléchissant au mode de distribution du nerf crural dans les muscles de la cuisse, comme aussi l'on s'explique facilement comment la partie supérieure de la cuisse a conservé un certain mouvement, en se rappelant l'insertion des muscles grand–fessier, tenseur, obturateur, carré crural, psoas et iliaque réunis. Enfin la persistance de la sensibilité de la peau dans tout le membre, excepté à la plante des pieds, trouve une explication toute naturelle, d'abord dans le mode de terminaison du nerf génito-crural, ensuite dans le mode de distribution de la branche inguino–cutanée qui se perd dans la peau de la cuisse, et même de la jambe, s'anastomose avec le nerf saphène, et fournit des rameaux innombrables aux tégumens , et enfin dans le mode de distribution du nerf obturateur.

Pour bien apercevoir ces anastomoses, ou plutôt pour les mettre aisément à découvert, il faut que les nerfs soient encore entourés d'un névrilème humide, ou, s'il est possible, il faut les examiner pendant que l'animal conserve encore de la chaleur. Il est évident que les anastomoses servent au cours du fluide nerveux et qu'elles l'appellent dans les organes, qui alors le reçoivent par plusieurs voies ; elles me paraissent par conséquent destinées à équilibrer le fluide dans nos organes. On ne peut expliquer les chocs électriques que par les anastomoses; on sait en effet, lorsqu'il existe une névralgie, avec quelle incroyable rapidité la douleur voyage de l'extérieur de la face aux parties les plus profondes, ce qui ne peut s'expliquer raisonnablement que par la continuité de deux nerfs au moyen d'une anastomose.

Il découle incessamment des centres nerveux un fluide qui produit une tension continuelle dans les organes, tension qu'il faut bien distinguer de la contraction que commande la volonté dans les muscles extérieurs. Cette tension est générale, elle existe dans tous les tissus, elle dépend de l'abord du fluide nerveux seulement, tandis que la contraction volontaire, outre la tension habituelle, reçoit du *sensorium commune* une influence qui la dirige et la commande. Aussi après la section du nerf vivificateur toute tension et toute contraction cesse-t-elle.

Or le fluide nerveux arrive aussi bien aux organes par les anastomoses que par les cordons nerveux. Mais il faut que les anastomoses aient une bien petite part dans le cours du fluide nerveux, puisqu'un membre n'a jamais la tension et la résistance habituelle de ses chairs, quand un nerf a été coupé.

Pour qu'un muscle volontaire agisse, il faut qu'il reçoive *directement* et non par anastomoses le fluide de la moelle épinière, car dans le dernier cas la volonté n'a aucune influence sur sa contraction.

Si après la section d'un nerf le mouvement se rétablit incomplètement, ou bien est conservé, ou bien encore est seulement affaibli, on peut être certain ou que le nerf n'a pas été coupé complètement, ou qu'un autre nerf se rend de la moelle à l'organe musculaire. C'est ainsi que nous pouvons expliquer comment après la section incomplète du nerf trifacial, chez le canard, les mouvemens de mastication se sont peu à peu rétablis par l'abord d'une plus grande quantité de fluide nerveux, au moyen de la portion du nerf restée intacte.

On trouve donc peu de moyens de conservation de la sensibilité et des mouvemens dans les anastomoses lorsqu'on a fait la section d'un nerf. Comment alors expliquer dans ce cas la persistance dans l'organe des fonctions motrices et sensitives? Si l'on ne peut s'en rendre compte par ses anastomoses, il faut donc en chercher l'explication dans l'existence d'un autre nerf qui vient se plonger dans l'organe auquel aboutissait celui qui a été coupé.

Il est donc vrai qu'un nerf qui a été coupé n'a pas de fonctions à remplir au dessous de sa section, qu'en conséquence il ne conserve d'action et d'influence que jusqu'à l'endroit où il a été divisé, et que la portion qui est au dessous devient alors inutile.

C'est alors que nous voyons cette dernière partie perdre de sa blancheur, de son volume, s'atrophier, tandis que la partie supérieure au contraire augmente et se développe au dessus du point divisé. Un nerf n'a donc de puissance qu'autant qu'il tient au centre nerveux, et les anastomoses ne peuvent servir qu'à favoriser la circulation du fluide dans l'état ordinaire.

Ce qui démontre l'exactitude de la proposition

que j'avance, c'est que le mouvement ne se rétablit pas dans les muscles où le nerf coupé vient se perdre, alors même qu'un autre nerf laissé intact vient s'anastomoser largement avec lui. La section de l'un des nerfs récurrens, par exemple, paralyse la corde vocale correspondante, et cependant le nerf laryngé supérieur a avec lui une anastomose extrêmement large. Si les deux nerfs récurrens sont coupés, les deux cordes vocales cessent tout mouvement, et cependant il existait entre le nerf laryngé et le même nerf récurrent de grandes anastomoses pour le courant nerveux.

Ainsi donc la branche principale d'un nerf ayant été coupée, et toute communication étant interrompue entre elle et le tronc nerveux, il faut regarder le mouvement comme perdu dans l'organe où ce nerf va se distribuer.

Quand le nerf facial a été divisé, le mouvement ne se rétablit pas dans les muscles auxquels il se distribue, quoiqu'il y ait une anastomose entre lui et le nerf maxillaire supérieur (1).

(1) Les recherches de M. Heurteloup, médecin des hôpitaux de Paris, et d'un aide d'anatomie de la faculté de la même ville, viennent encore confirmer celles que je publie et donner plus de force à mon opinion. En parlant des cicatrices des nerfs, je rapporterai des expériences qui rendront encore plus convaincantes mes assertions sur l'inutilité des anastomoses pour rétablir la sensibilité et le mouvement lorsque le nerf, qui se distribue à un muscle, a été complètement divisé.

CHAPITRE V.

De l'action du système nerveux sur les muscles.

Les muscles qui obéissent à l'action de la volonté, et que Bichat a désignés sous le nom de *muscles de la vie animale*, sont-ils placés sous l'influence du système nerveux ? ou bien les muscles placés en dehors de l'action du *sensorium commune*, et qui ont été appelés muscles de la vie organique, obéissent-ils à la même influence nerveuse que les premiers ? Faut-il au contraire chercher la cause de leurs mouvemens dans l'irritabilité hallérienne ? Il est évident pour nous que les uns comme les autres reçoivent du centre nerveux le fluide qui produit leurs contractions.

Pour les muscles de la vie animale, cette question n'en est plus une : elle est résolue par l'expérimentation qui a démontré qu'aucun muscle de la vie animale ne se meut, dès que les nerfs qui viennent y aboutir ont été coupés. Mais les mouvemens rapprochés et nombreux du canal intestinal, et ceux du cœur, la persistance de la contraction après la mort, ont fait douter de l'existence de cette action nerveuse sur les muscles de la vie organique : ils ont fait croire mal à propos à quelques physiologistes que l'irritabilité était leur caractère spécial. Nous verrons tout à l'heure que si, sur ce point, il existe une différence entre les muscles de la vie animale et ceux de la vie organique, cette différence réside entièrement dans l'arrangement anatomique des fibres musculaires.

Il y a long-temps que l'on n'admet plus l'irritabilité hallérienne; je n'en parlerai pas plus longuement.

Quelle est donc la cause qui préside aux contractions de l'intestin, même après la mort? Quelle est donc celle qui fait encore battre le cœur quand la vie est éteinte? Pourquoi enfin tout mouvement cesse-t-il dans les muscles de la vie animale après la cessation de la vie?

Pour résoudre ces questions, il faut encore en appeler à l'anatomie. Elle nous démontre que le sang agace le cœur, que les liquides et les matières accumulées dans l'intestin l'irritent; que, dans cet état, le fluide nerveux apporté à ces organes leur permet de se contracter et de se mouvoir; qu'enfin, tant que la chaleur persiste, cette agitation peut ainsi se manifester sous l'influence du système nerveux et du principe irritant dont les organes étaient animés. Voilà pourquoi l'oreillette droite meurt la dernière.

Au contraire, et dès que la vie est éteinte, les muscles de la vie animale, n'étant plus dirigés par la volonté, demeurent en repos, quoiqu'ils reçoivent encore le fluide nerveux; à moins toutefois qu'un irritant, tel qu'un scalpel, ne vienne remplacer l'action du cerveau; mais dès que la chaleur a abandonné tous les muscles, les uns comme les autres présentent la physionomie cadavérique plus ou moins caractérisée. L'expérimentation m'a démontré que le cœur est mû d'une manière constante, tant que persistent la liquidité du sang et la chaleur; qu'enfin un peu plus tard, mais sans que l'on puisse fixer le moment où se manifeste ce phénomène, la rigidité cadavérique s'empare de cet organe comme des autres muscles, en même temps que le sang se coagule. Cependant cette rigidité ne peut pas toujours persister; mais elle cesse plus tôt dans les cavités splanchniques que dans les muscles de la vie animale : procédant de l'extérieur à l'intérieur, elle affecte une durée variable. La connaissance de ces phénomènes est de la plus haute importance pour le médecin légiste, comme l'a déjà dit M. le professeur Orfila; il faut encore examiner si cette rigidité est un reste de contraction?

Après les altérations profondes de la moelle épinière, les muscles placés au-dessous ne présentent aucune trace de rigidité, et ce phénomène ne se manifeste jamais dans un muscle dont le nerf a été coupé. Nous sommes donc arrêtés sur ce point : que les muscles tiennent du système nerveux la faculté de se contracter. Mais existe-t-il deux systèmes nerveux distincts, agissant l'un sur les muscles de la vie animale, et l'autre sur ceux de la vie organique? Enfin le grand sympathique agit-il sur les muscles membraneux des viscères, d'une manière différente que les nerfs qui partent de la moelle épinière? ou bien le mode de contraction des muscles de la vie animale, et de ceux de la vie organique, s'exerce-t-il d'une manière dissemblable? Il est évident que ces deux ordres de muscles sont animés d'un même fluide qui découle du centre nerveux, et qu'aucune différence n'existe entre les muscles membraneux et ceux de la vie animale, puisque dans tous les cas où la contraction a lieu, les fibres musculaires se rapprochent des extrémités. Ce phénomène se manifeste pendant la flexion de l'avant-bras sur le bras, par l'action du muscle brachial antérieur, et par la diminution des diamètres du canal intestinal.

En établissant une différence dans l'action musculaire, on trouve qu'elle résulte seulement des dispositions anatomiques, ce qui nous amène à conclure qu'il existe une contraction volontaire et une contraction involontaire. La première a lieu d'une manière constante, toutes les fois que les muscles prennent des points fixes sur les surfaces osseuses; la seconde se manifeste dans les muscles doués d'une grande activité, là enfin où l'on ne retrouve ni os ni cartilages, comme dans le canal intestinal et le cœur. Cela est si vrai que le pharynx, qui commence le tube digestif, est sous l'influence de la volonté, que l'extrémité inférieure du rectum et le sphincter se meuvent sous l'action du même principe, et que cette puissance s'exerce aussi sur les muscles les plus minces qui s'insèrent sur des aponévroses.

Au contraire le cœur et les intestins, ainsi que l'estomac et l'œsophage, n'ayant pas de point fixe et n'étant pas soumis à la puissance du cerveau, sont agités de mouvemens involontaires. La contraction pour ces organes résulte de la présence de certains excitans qui semblent alors remplacer la volonté, et animer continuellement la fibre musculaire : ce sont des liquides souvent de nature et d'usages différens qui parcourent les cavités de ces organes. On pourrait croire, d'après ce que je viens de dire, que le repos n'existe pas pour eux ; mais si l'on considère que la contraction cesse, on verra qu'à ce moment commence le repos de l'organe.

On verra ailleurs que le cœur obéit aussi bien à l'influence des nerfs qui viennent de la moelle, qu'à celle du grand sympathique, et qu'après leur destruction, tout mouvement cesse dans cet organe. Les intestins grêles reçoivent seuls leur faculté contractile du grand sympathique, où aboutit le fluide venant de la moelle épinière. Du reste, les recherches anatomiques de M. Panyzza ont démontré que les ganglions du nerf grand sympathique communiquent avec les racines antérieure et postérieure de la moelle épinière, et l'influence que ce nerf en reçoit est évidente, quoiqu'on ait prétendu qu'il existe par lui-même. Les cas de monstruosités, où l'on a eu occasion d'observer l'absence des renflemens nerveux, et l'existence du grand sympathique, sont loin d'établir l'influence de ce nerf par lui - même sur les autres organes. En effet, la vie embryonnaire peut se manifester sans qu'il existe de système nerveux, pourvu qu'il y ait des artères et des veines (recherches de M. Serres); mais dès que la vie extérieure commence dans de telles conditions, elle devient impossible, puisqu'il ne peut pas y avoir de respiration ni de mouvemens du cœur.

CHAPITRE VI.

Des fonctions des nerfs des membres.

Des auteurs ont, comme on le sait, admis des racines motrices et des racines sensitives, qui toutes
naissent de la moelle épinière. Ainsi MM. Ch. Bell
et Magendie ont cru que le sentiment avait son siège
dans la racine postérieure, et que la racine antérieure, au contraire, possédait la faculté de déterminer le mouvement. Ces habiles et laborieux physiologistes ont pensé que les nerfs des membres sont
composés de filets moteurs et de filets sensitifs.

Si nous avons clairement démontré que dans les
racines, soit antérieures, soit postérieures, des nerfs
rachidiens, il existe des filets doués à la fois et de la
sensibilité et du mouvement, et d'autres au contraire
qui manquent de ces deux facultés, ce phénomène
se retrouve-t-il dans les nerfs des membres ? Nous
n'hésiterons pas à répondre que non. On peut réduire
les propriétés de tous les filets nerveux qui composent
les nerfs des membres à une seule : mouvement et
sentiment ; car ces deux facultés, distinctes d'ailleurs, existent simultanément dans chacun de leurs
filets nerveux. Leur différence résulte du mode de
distribution des filets, qui donnent aux tégumens
la sensibilité lorsqu'ils y aboutissent, et le mouvement aux muscles quand ils se perdent dans ces
derniers.

C'est ici le lieu de démontrer par l'anatomie qu'évidemment les racines postérieures et les racines antérieures ont des usages différens; que les premières sont destinées au sentiment et au mouvement, pendant que les secondes apportent les impressions au cerveau, et qu'enfin réunies elles n'ont plus qu'un seul et même usage.

Dans leur origine, elles sont bien distinctes, puisque les unes naissent de la face antérieure de la moelle, et les autres de la face postérieure; puisqu'elles sont séparées par le ligament dentelé qui les isole, puisque aucun filet n'établit de communication entre elles, puisque enfin chacune sort isolément du canal vertébral par des trous que présente la dure-mère.

On pourrait conclure de ces dispositions anatomiques, quand même l'expérimentation ne serait pas venue les fortifier, que les usages doivent être différens pour ces racines si différentes; mais les vivisections ont donné sur ce point des preuves qui ne laissent aucun doute. La même épreuve, tentée sur des animaux différens, a toujours amené le même résultat : ainsi, après avoir ouvert le canal vertébral, que l'on irrite la racine postérieure, l'animal poussera des cris, et la contraction agitera les muscles; que l'on irrite au contraire la racine antérieure, le même effet ne se reproduira pas : il n'y a plus ni contraction ni souffrance. Pourquoi l'opinion des physiologistes a-t-elle varié sur ce point? Il faut attribuer cette divergence à la manière d'expérimenter. Pour peu que le stylet ébranle la racine postérieure, il y a douleur et mouvement : il faut donc éviter de toucher le ligament dentelé, et d'atteindre, en passant le stylet, la racine postérieure ou les enveloppes.

Les usages respectifs de chacune de ces racines sont conservés jusqu'au moment où elles s'approchent et se réunissent. Cette proposition va trouver sa preuve dans l'anatomie.

Le névrilème, dans l'homme et dans les animaux, entoure dès leur origine les nerfs rachidiens : il se continue avec la membrane propre de la moelle, et se distingue tout à fait de l'arachnoïde qui le recouvre dans une petite partie de son trajet. Il est blanc, transparent, et se comporte d'une manière bien différente à l'égard des racines de ces mêmes nerfs, et des branches qui en partent. Prenant pour exemple la racine postérieure, nous avons trouvé que le névrilème entoure chaque faisceau composé ; qu'il se prolonge ensuite à l'extérieur du ganglion développé sur cette racine, servant ainsi à celui-ci d'enveloppe protectrice. Le névrilemme n'accompagne pas chacun des cordons de la racine postérieure dans l'épaisseur du ganglion, puisque alors qu'ils y entrent, il cesse de les entourer : quand ils en sortent au contraire, le névrilème vient de nouveau leur servir d'enveloppe, et c'est ici qu'il faut signaler un phénomène vraiment remarquable : avant la formation du ganglion, le névrilème entoure chaque cordon d'une gaîne générale, mais ne forme pas entre les filets dont ces cordons sont composés des cloisons secondaires, bien que celles-ci aient pu apparaître incomplètement à l'endroit où le cordon pénètre dans le ganglion ; mais quand il en sort, le névrilemme ne se comporte plus ainsi. Non seulement les cordons ont alors une gaine générale, mais tous les filets qui les composent en reçoivent une qui leur est propre, ce qui leur permet de marcher contigus sans se confondre. Il résulte de là deux dispositions anatomiques contraires. En effet, les cordons qui composent la racine postérieure sont formés d'un grand nombre de filets dont la substance nerveuse se touche, et qui, communiquant entre eux par des anastomoses transverses sur des angles variés, peuvent simuler de petites îles au moyen des espaces qui les circonscrivent.

Ces cordons, dépourvus de leur enveloppe, présentent à la vue des filets merveilleusement disséqués, d'une blancheur éclatante comme celle de l'albâtre. Ces filets, après avoir communiqué un grand nombre de fois entre eux, et confondu leur substance nerveuse, arrivent au ganglion qu'ils traversent, et s'isolent au moyen de la substance gris-rougeâtre dont celui-ci est composé. Ces filets s'anastomosent une seconde fois dans l'épaisseur du ganglion, et c'est en en sortant qu'ils reçoivent d'un autre cordon des filets nouveaux.

La racine antérieure est tout à fait distincte de la postérieure : étant composée d'un nombre de filets moins considérable, elle présente un volume bien moindre que celui de la dernière. Quoi qu'il en soit de leur disposition, toutes les deux se joignent après la formation du ganglion, mais à des distances variables. Il importe maintenant d'examiner comment se comportent ces racines, pour donner naissance aux branches antérieures et aux branches postérieures des nerfs de l'épine. Leurs filets se confondent-ils, ou bien se croisent-ils seulement ? se nattent-ils, ou, en d'autres termes, existe-t-il, comme le disent les anatomistes, échange de filets entre les deux racines ?

La branche postérieure est formée, en totalité, par la racine postérieure, excepté pourtant un mince filet qui vient de la racine antérieure ; enfin, la branche antérieure est formée en grande partie par la racine postérieure qui ajoute ses filets à ceux moins nombreux de la racine antérieure. Le mince filet qui vient se rendre dans la branche postérieure s'anastomose avec quelques uns des filets de cette branche. Quant à la branche antérieure, il est évident qu'il n'y a pas seulement échange de filets, mais que ces filets se confondent par des rameaux qui traversent le névrilème, pour communiquer avec la substance nerveuse.

Le nerf grand sympathique communique avec la branche antérieure par un mince cordon composé de plusieurs filets qui viennent se jeter dans chaque ganglion de ce nerf. M. Panyzza a eu le bonheur de retrouver un filet naissant de chaque racine, et venant se terminer l'un et l'autre dans un même ganglion ; il a bien voulu, pendant mon séjour à Pavie, me montrer ces deux filets sur des préparations nombreuses. Il résulte de ce que nous venons de dire, que les nerfs qui sont produits par les racines antérieures et postérieures appartiennent surtout à ces dernières ; que le nerf grand sympathique reçoit des filets de l'une et de l'autre racine ; que les filets qui composent la racine postérieure communiquent souvent entre eux avant d'être parvenus au ganglion développé dans leur trajet ; qu'ils se joignent encore dans le ganglion, et même quand ils en sortent ; qu'enfin la branche postérieure appartient tout entière, à l'exception d'un seul filet, à la racine postérieure, et qu'encore ce filet se confond, s'anastomose avec les autres filets de cette branche ; qu'enfin la branche antérieure reçoit plus de filets de la racine postérieure que de l'antérieure, et qu'ils finissent par s'anastomoser substance contre substance.

L'observation démontre que la dure-mère s'avance sur le névrilème en mourant, au lieu de se terminer brusquement, comme on l'a cru, autour des trous de conjugaison. Cette disposition existe chez les animaux aussi bien que chez l'homme.

Le ganglion placé sur la racine postérieure est renflé au milieu, et recouvert par un même prolongement de la dure-mère. Sur celui-ci est appliquée immédiatement une autre gaîne qui, dépendante du névrilème, entoure de toutes parts le ganglion, et se prolonge sur les filets qui en sortent.

Ces points établis, examinons quels sont les usages des nerfs qui naissent de ces racines, et voyons comment s'opère le grand phénomène de l'innervation.

Tous les nerfs sont les vivificateurs des muscles et de la peau. Ils donnent à ceux-là la faculté de transporter le corps d'un lieu à un autre, à celle-ci la propriété de réunir les impressions, veillant ainsi à la conservation de l'individu. Ainsi le mouvement et la sensibilité dérivent de la moelle épinière, comme le démontrent la section d'un nerf et l'anatomie pathologique. S'il est évident que les nerfs servent à apporter le fluide nécessaire à l'animation des membranes et des muscles, on s'est encore convaincu par l'expérimentation et par l'anatomie qu'ils apportent l'impression aux renflemens nerveux. N'est-ce pas en vain qu'on irrite ces organes, quand on a coupé un nerf qui s'y distribue? En effet, le rapport du nerf avec la moelle épinière cesse, et toute sensation devient impossible.

Dans la fonction d'un nerf, on distingue l'impression, la perception et le trajet que parcourt cette impression : voilà trois propriétés qui peuvent se réduire en une seule, la sensibilité. En effet, dépendantes l'une de l'autre, elles ne peuvent exister réellement, puisqu'il n'y a pas de perception sans impression, ni d'impression sans perception. Toutes les fois qu'on dit que l'impression a été perçue, cela veut dire qu'on a senti ce qui s'est passé à l'extérieur du corps, qu'on en a eu conscience, et tout cela ne peut avoir lieu sans l'intervention des nerfs. Nous concluons de là qu'aucun organe n'est sensible par lui-même, mais qu'il tient cette propriété du système nerveux, et que sous ce rapport on ne peut établir de différence entre l'état morbide et l'état hygide de l'organe. C'est donc à tort qu'on a dit que les ligamens sont douloureux dans l'entorse, puisque c'est dans les nerfs qui entourent l'articulation qu'existe la douleur, parce qu'ils ont été eux-mêmes distendus. A côté de cette erreur, il faut placer l'opinion de ce pathologiste qui a prétendu que certains organes, dépouillés de nerfs, devenaient douloureux par l'inflammation, et qui, pour appuyer cette hypothèse, a cité la péritonite, comme si l'inflammation n'avait pas une influence terrible sur les nerfs qui viennent immédiatement de la moelle, et sur le système nerveux ganglionnaire qui, en réalité, apporte les impressions internes aux renflemens nerveux, comme les nerfs des membres leur apportent les impressions externes.

M. Rostan, dont le savoir est si estimable d'ailleurs, n'a pas, quand il traite cette partie de la science, assez fait attention aux dispositions anatomiques du nerf grand sympathique, à son mode de distribution, et au rôle qu'il joue dans l'action des organes des cavités splanchniques.

L'impression est reçue par la peau et par les muqueuses. Mais que se passe-t-il au moment où un corps étranger est ainsi approché des tégumens? Quel est le changement qui s'opère alors? Est-ce un ébranlement? Est-ce une modification dans le cours du fluide? Ce qu'il y a de certain, c'est le degré variable dans l'intensité de l'impression : peu considérable sur le trajet des nerfs, elle est beaucoup plus vive là où ils sont nombreux et s'épanouissent en réseau, comme aux mains et aux pieds. On peut s'en convaincre par des agacemens qui, dirigés sur le trajet des nerfs, déterminent un chatouillement limité, mais qui peuvent pousser cette sensation jusqu'au délire, s'ils sont essayés à la paume des mains ou à la plante des pieds.

Est-ce ensuite par le même cordon nerveux qui a apporté le fluide, que l'impression est portée aux renflemens nerveux? Ou faut-il, avec MM. Prévot et Dumas, expliquer ce phénomène par un double courant au moyen d'une anse nerveuse dont les deux extrémités toucheraient à la moelle épinière? Cette dernière hypothèse, si ingénieuse qu'elle paraisse, a été détruite par l'anatomie; et comme il est évident maintenant que ce double courant n'existe pas, il faut revenir à l'explication première, et admettre que le même cordon, conducteur du fluide, reporte l'impression par un changement opéré sans doute dans son cours.

Maintenant l'impression est-elle transmise par un *cordon moteur* ou par un *cordon sensitif?* L'anatomie et l'expérimentation peuvent résoudre cette question d'une manière convaincante.

Nous avons déjà prouvé qu'il ne peut exister deux sortes de filets, les uns moteurs, les autres sensibles, mais qu'au contraire le même filet possède les deux propriétés, et que, s'il existe quelque différence dans l'une ou l'autre, cette différence est due au mode de terminaison du filet, ou à sa destination. Cette doctrine, qui peut paraître plus spécieuse que vraie, devient plus claire par les vivisections et par les opérations. Que l'on pince un filet de nerf, ou tous les autres filets, dans tous les cas on excitera de la douleur. Que l'on mette à découvert tel ou tel nerf sortant de la moelle épinière; qu'on le pince, qu'on le torde, la souffrance de l'animal se trahira par des cris. Mais ce phénomène ne peut être produit pour la branche antérieure, qu'à dater du moment où les filets des deux racines se confondent par des anastomoses. En effet, avant cette fusion, les filets qui composent la branche antérieure sont visibles, et la sensibilité réside exclusivement dans la postérieure.

Il résulte de là une condition essentielle à cette unité de sensibilité, c'est l'anastomose pour les branches antérieures.

L'impression est donc apportée indistinctement par tous les filets qui jouissent de la même propriété jusqu'aux nerfs rachidiens. Mais là, quelle est la racine qui lui sert de conducteur? Toutes les deux ont-elles cette faculté, ou bien une seule est-elle destinée à cette action? Je pense que l'agent de ce phénomène est la racine antérieure, qui n'est ni motrice ni sensible, et qui sert à porter aux organes le pouvoir, la volonté. En effet, si l'on incise le cordon qui lui donne naissance, il n'est plus possible de faire parvenir l'impression, ni de transmettre la volonté.

Nous croyons devoir, dès à présent, poser ces principes pour y revenir plus tard, que les filets de communication établis entre les racines postérieure et antérieure, et les ganglions du nerf trisplanchnique, ainsi que les filets fournis par la branche antérieure, servent à apporter le fluide, et sont destinés à rapporter aux renflemens nerveux les impressions internes, telles que la satiété, la soif, la faim, le besoin de défécation, etc.

Il faut, à l'appui des vérités que nous venons de poser, appeler le secours de l'expérimentation.

En bas de la région dorsale et à l'origine de la région lombaire, j'ai suivi une des branches postérieures de la moelle épinière, jusqu'au ganglion rachidien d'où elle venait, en enlevant les apophyses épi-
neuses et les portions osseuses qui s'opposaient à l'i-
solement de ce ganglion. Ce rameau nerveux m'a
ainsi servi de guide jusqu'au ganglion lui-même, et
j'ai pu alors m'assurer combien il était sensible à la
pression exercée avec des pinces, et me convaincre
aussi qu'il n'était pas, comme je l'avais d'abord
pensé, un organe d'isolement.

Cette expérience est devenue plus curieuse encore,
lorsque les membranes qui entourent la moelle, ayant
été incisées, ont laissé écouler le liquide arachnoï-
dien ; alors l'animal a donné des preuves d'un affaiblissement marqué dans les organes du mouvement
et du sentiment. Ainsi, la marche était chancelante
et mal assurée, et la sensibilité des tégumens presque
nulle. Mais si l'on touchait la face postérieure de la
moelle, l'animal poussait des cris de douleur, et l'intensité de la souffrance augmentait d'une manière
sensible quand l'attouchement avait lieu avec un
corps métallique irrégulier et rugueux. Dans cet
état de choses, la pulpe du doigt, promenée à la
surface de la moelle, ne produisait que peu d'effet, en
même temps que l'insensibilité de la peau contrastait
avec la souffrance déterminée par le pincement du
nerf sciatique.

Sur le même animal j'ai incisé la moelle épinière,
après l'avoir légèrement soulevée en avant, à droite et
à gauche. Dès ce moment, bien que j'aie pincé le

nerf sciatique, l'animal n'a plus montré aucun symptôme de douleur; mais chaque pincement déterminait des contractions involontaires dans les muscles du membre inférieur. S'il faut attribuer ces mouvemens à l'excitation du nerf, l'explication de ce phénomène est facile, puisqu'il résulte évidemment de la communication qui existe encore entre le nerf et la moelle épinière, organe générateur du mouvement et de la sensibilité.

Cette expérience nous prouve donc : 1° qu'en suivant une des branches postérieures de la moelle épinière, on arrive aux ganglions rachidiens, qui sont sensibles; 2° que le cordon antérieur est le conducteur des impressions et de la volonté, et qu'ainsi il porte au cerveau l'impression qui devient sensibilité, et transmet ensuite la volonté qui émane du dernier organe; 3° que la section incomplète et superficielle de la moelle épinière en arrière n'enlève pas la faculté contractile des muscles; 4° que l'irritation de la moelle épinière épuise la sensibilité dans la peau, et ne l'éteint pas dans le nerf sciatique ; 5° que l'épuisement nerveux est la conséquence d'irritations fréquentes et prolongées de la moelle, et le résultat des douleurs, parce que sans doute on empêche la formation du fluide animateur des organes, en rompant ainsi l'équilibre de toutes les fonctions. N'est-ce pas ainsi qu'il faut expliquer la mort dans le tétanos, qui paraît avoir son siége dans le névrilème des nerfs, ou dans les enveloppes des renflemens nerveux.

J'ai choisi, pour expérimenter sur les ganglions rachidiens, les animaux d'une sensibilité exquise, des chèvres jeunes, et j'ai observé qu'ils étaient sensibles à la pression et au pincement. L'anatomie nous expliquera sans doute ce phénomène par les rapports de ces ganglions avec les racines postérieures des nerfs rachidiens. Mais peut-on en dire autant du ganglion de Meckel, qui semble être formé par le nerf maxillaire supérieur, et du ganglion ophthalmique? Je le pense, quoique l'expérimentation ne soit pas encore venue confirmer ce qui semble prouvé déjà par l'analogie, la raison et l'anatomie.

Ces ganglions ne serviraient-ils pas à la concentration du fluide nerveux, *comme les renflemens nerveux accidentellement formés à la suite d'une amputation* semblent destinés à cencentrer le fluide, et à réparer par là l'étendue qu'il parcourait primitivement? Cette opinion est purement hypothétique, et je n'y attache pas assez d'importance pour la défendre davantage.

Si, dans des expériences qui étaient loin d'être fondamentales et décisives, les ganglions rachidiens et vertébraux ne m'ont pas d'abord paru sensibles, il faut attribuer ce résultat à la longueur de l'expérience, à l'épuisement de la sensibilité du sujet par les tortures qu'il avait déjà subies dans d'autres épreuves; il faut l'attribuer surtout à ce que j'avais expérimenté sur la racine postérieure, avant de diriger mes recherches sur le ganglion qu'elle produit. Mais toutes les fois que, procédant par une voie plus directe, j'ai mis le ganglion à découvert et sans avoir expérimenté sur la moelle épinière, ou sur d'autres points du système nerveux, j'ai acquis la preuve certaine de sa sensibilité ; elle s'est manifestée d'une manière évidente quand j'ai pincé le ganglion vertébral, après être parvenu jusqu'à lui, en suivant avec patience et par une dissection rétroactive des branches qui y conduisent : car alors j'agissais directement sur le ganglion et sans avoir fait subir à l'animal des tortures préalables qui, affaiblissant la sensibilité, ne permettaient à l'observateur que de recueillir des phénomènes incomplets, l'empêchaient de porter un jugement sûr et de tirer de son expérimentation des conclusions rigoureuses.

Cette même expérience m'a prouvé encore qu'après le point de contact des racines antérieures et postérieures il n'existe plus de distinction entre les filets, et qu'il n'y en a pas qui soient spécialement doués du sentiment ou du mouvement, puisqu'alors on ne trouve plus qu'un grand phénomène, la sensibilité : là ces deux belles facultés des corps vivans se confondent, sentiment et mouvement qui naissent d'un même filet, et là commence enfin l'unité indestructible du système nerveux. Quelques mots suffiront pour nous démontrer l'analogie qui existe entre les ganglions vertébraux et ceux dont nous avons parlé précédemment. D'abord ces ganglions sont formés sur le trajet d'une branche sensitive, et communiquent avec d'autres nerfs, ou fournissent des branches plus ou moins nombreuses qui vont se distribuer à des membranes muqueuses ou à des organes plus complexes. Ensuite ces rameaux qui en naissent ont une structure entièrement nerveuse qui est analogue aux nerfs de la vie animale. Enfin, tous ces ganglions sont disposés de

telle sorte, qu'ils communiquent avec les centres nerveux par les nerfs de l'épine, établissant ainsi des
courans nerveux qui donnent aux muscles la faculté
contractile, d'où résulte pour les tissus une sorte de
tonicité, de résistance, et la sensibilité.

Enfin, les ganglions du grand sympathique communiquent avec les nerfs de la moelle, dans l'espace
intercostal, avec un gros rameau fourni par la branche
antérieure des nerfs dorsaux; et de plus, comme l'a
démontré Panyzza, et comme je l'ai vu moi-même
dans les préparations de ce professeur de Pavie, on voit
naître des racines antérieure et postérieure des nerfs
rachidiens un filet qui vient se perdre dans les ganglions du grand sympathique. Cette disposition anatomique éclaire la physiologie, et jette un nouveau
jour sur les usages communs à toutes les parties constituantes du système nerveux.

CHAPITRE VII.

Action du système nerveux sur l'appareil sanguin et sur les tissus érectiles.

Ici se présentent deux grandes questions : la première, qui consiste à savoir si le système nerveux
agit directement sur le sang lui-même, sur sa composition chimique; la seconde, à savoir si cette action
est indirecte et n'a d'influence sur le sang que par les
changemens qu'elle détermine dans les canaux qui
lui servent de réservoir. On a beaucoup discuté pour
résoudre ce problème; mais, malgré tout ce qui a été

dit sur ce point important, la question est demeurée en litige, et nous la retrouvons aujourd'hui au point où elle avait été prise. Cependant quelques physiologistes, même parmi les modernes, ont cru, en faisant des expériences sur le nerf pneumo-gastrique, reconnaître, après la section de ce nerf, des changemens chimiques dans la nature du sang; et ils ont conclu de là que le fluide nerveux devait, dans l'état normal, rendre le sang plus vivant et plus plastique, puisque les obstacles apportés au cours de ce fluide pouvaient en altérer la couleur et même la consistance; qu'enfin ces altérations devaient exister, par cela seul qu'on interrompait les communications entre le système nerveux et l'appareil circulatoire. Le fait est vrai, mais la conclusion est fausse. A quoi donc attribuer les changemens opérés dans la nature du sang, et par suite dans les liquides qui en dérivent? Il faut, sans nul doute, en chercher la cause dans l'action toute mécanique exercée sur le sang par les organes qui lui donnent ses impulsions, ou lui fournissent un corps propre à renouveler sa vitalité, comme l'air. Un seul fait peut nous convaincre de cette vérité. Dans une paraplégie, la vitalité et la liquidité du sang retenu dans les artères crurales ne diffèrent en rien de celles qu'on rencontre dans le sang des artères du membre supérieur. Dans tous les deux, la couleur, la consistance et la température sont identiques. Cependant, si le système nerveux avait sur le sang une influence directe, c'est dans ce cas surtout qu'elle serait remarquable, et alors on aurait pu trancher la question d'une manière mathématique. Mais il est évident, au contraire, que dans cette circonstance le sang ne subit directement aucune altération dans ses propriétés. Maintenant, si de tels changemens ne peuvent résulter de l'influence directe du système nerveux, il n'en sera pas de même pour le cours du sang, qui peut être ralenti, subissant ainsi la conséquence de l'inertie des organes.

Cette première partie de la question ne saurait donc nous occuper plus long-temps; hâtons-nous d'aborder la seconde, qui d'avance est résolue pour nous d'une manière affirmative; la discussion dans laquelle nous allons entrer fera sans doute passer dans l'esprit de tous la croyance que nous avons puisée dans l'expérimentation.

L'altération partielle ou étendue, simple ou complexe du système nerveux, jette le trouble dans l'appareil circulatoire, altère la couleur du sang qu'elle rend uniformément noir, diminue la plasticité, et ralentit le cours de ce liquide dans les canaux, ou même l'interrompt tout à fait en produisant la paralysie du cœur ou des muscles du larynx. Dans ces deux cas, le résultat de l'altération est toujours le même, c'est-à-dire que le sang demeure veineux par suite, dans l'un, du défaut d'air, dans l'autre, de la stase du sang dans les organes qu'il arrose. C'est par le même phénomène qu'il faut expliquer l'épuisement nerveux que produisent les impressions fortes, les passions vives; en un mot, toutes ces secousses nerveuses violentes et prolongées, qui tendent à annihiler le jeu de l'organe en épuisant le fluide nerveux, en s'opposant d'une manière lente, mais sûre, à l'accomplissement des fonctions et des battemens du cœur, en enlevant aux intestins ce qui fait leur puissance contractile, et en empêchant ainsi la digestion, en modifiant enfin la sensibilité (tonicité) des canaux. Ainsi s'établit un trouble nerveux général qui anéantit les fonctions organiques.

Il résulte de là que le système nerveux a, comme les muscles, comme les sens, besoin de repos, si l'on veut éviter l'épuisement musculaire des organes digestifs et du cœur, s'il m'est permis de parler ainsi.

J'ai nié tout à l'heure l'action directe du système nerveux sur le sang, et maintenant je vais laisser parler l'expérimentation, pour démontrer que cette influence est exercée sur les organes qui lui servent de réservoir, ou sur ceux qui permettent l'entrée et l'action de l'air sur ce liquide.

1° *Action sur le cœur*. La section des nerfs qui vont se distribuer au cœur en arrête les battemens, en paralyse l'action : les cavités de cet organe s'emplissent d'un sang qu'il ne peut plus chasser, et, de la stase de ce liquide vivant, dans les canaux veineux et artériels, résultent la coagulation et la coloration noire ou noirâtre. On peut graduer ces phénomènes presqu'à volonté, en graduant la paralysie des fonctions de l'organe, comme je l'ai fait souvent par une expérience. Ainsi, après une section partielle des nerfs qui aboutissent au cœur, on voit ses battemens baisser tout à coup, on voit son volume augmenter, les artères carotides se courber en zig-zag et les veines-caves se remplir. L'abolition incomplète du cours du sang explique ces phénomènes; car alors l'oreillette droite reçoit difficilement le liquide que chasse à peine le ventricule gauche. Si, au contraire, tous les nerfs sont coupés, alors on ne distingue plus dans le cœur que des oscillations; son volume est augmenté; les veines sont distendues, et les artères carotides sont encore plus courbées en zig-zag: phénomène dû à leur réplétion et à la stase complète du sang. Ce liquide, arrêté dans son cours, se coagule alors: 1° parce qu'il n'est plus poussé par l'organe qui le contient ni agité dans les vaisseaux; 2° parce qu'il n'est plus soumis à l'influence de l'air; 3° parce qu'enfin il ne reçoit plus la sérosité, la lymphe, le chyle, tous les liquides, en un mot, qui, exhalés par les surfaces séreuses, rentrent dans le torrent de la circulation pour lui donner la liquidité. Aussi le sang, privé de la partie non coagulable, est réduit bientôt à l'état de fibrine, et prend enfin une forme solide qu'on appelle *caillot*. Cette progression de phénomènes explique suffisamment que ce n'est pas au fluide nerveux que le sang doit sa liquidité.

2° Action de l'air sur le sang comme cause mécanique. — Lorsque les nerfs qui vont se rendre aux muscles de la glotte sont coupés, alors l'air n'entre plus dans les poumons, et la mort résulte de l'asphyxie. Dans cette circonstance le sang n'offre aucune altération dans la composition chimique, il conserve sa couleur noire, mais il est réduit de la température du sang artériel à celle du sang veineux, et ce dernier changement, en abaissant la température du corps, amène la mort des organes par l'absence du sang artériel, comme l'a démontré Bichat dans son immortel ouvrage *sur la vie et la mort.* Les mêmes phénomènes se reproduisent si un obstacle se trouve à l'entrée de l'air dans le poumon. Il résulte de là que dans cette circonstance ce n'est pas le système nerveux qui agit directement sur le sang.

Il est facile maintenant de résumer tout ce que nous avons dit sur cette première partie, puisque nous sommes arrivés nécessairement à conclure que le système nerveux, sans influence directe sur le sang lui-même, n'a d'action que sur le réservoir de ce liquide. On pourrait encore se demander d'où pourrait lui venir une telle puissance sur le sang, réparateur et aliment du système nerveux, comme de tous les autres organes, agent immédiat des sécrétions, des exhalations et du fluide nerveux lui-même? En effet, où le sang cesse d'exister, cesse l'existence de tout organe; le sang donne la vie aux organes sans la recevoir d'aucun, il ne doit sa puissance qu'à la nature alimentaire et à l'air atmosphérique. La circulation existe chez le fœtus privé du cerveau et de la moelle épinière.

Influence du système nerveux sur les tissus érectiles. — On trouve du tissu érectile dans le mamelon, dans les papilles de la langue, dans l'iris, suivant quelques-uns, dans le clitoris, la verge, les grandes lèvres. La rate a même été considérée comme composée entièrement de tissu érectile, ce qui lui a fait donner le nom de *diverticulum.* Ce tissu est, comme on le sait, formé de nerfs sans névrilème, et par des veines souvent anastomosées ou dilatées, et par des artères en grand nombre. L'injection des artères amène promptement celle des veines, et *vice versá*. Dans la rate, comme dans les corps caverneux, les veines se terminent par des lanières qui viennent prendre le sang dans les alvéoles. On conçoit dès lors que cette disposition spongieuse permette une dilatation facile, et donne à l'organe la faculté d'augmenter son volume à un degré auquel on ne pouvait s'attendre. En effet, ces cellules fort nombreuses et communiquant entre elles permettent au sang de s'y accumuler en grande quantité, et d'y présenter tous les phénomènes de l'érection.

L'organe, dont la sensibilité s'est accrue, soit par une cause directe, soit par une cause médiate, comme l'influence de l'imagination ; l'organe, dis-je, augmente de volume et de température, s'érige enfin; et ces phénomènes sont dus à l'abord d'une plus grande quantité de sang artériel, et à son retour plus difficile, plus lent; ce qui produit un plus grand développement de chaleur, une plus grande distension de l'organe.

Il existe des érections avec conscience ou sans conscience. Les premières s'expliquent par l'intégrité de la moelle épinière et du cerveau, et les secondes par l'abolition complète ou incomplète de l'un de ces deux renflemens. Ainsi, dans quelques cas, il existe une paralysie, et s'il y a érection, l'individu n'en aura pas conscience. Il est facile de se rendre compte de ce phénomène par l'intégrité de la moelle, si le cerveau est malade, et si le premier organe est altéré, par sa conservation en partie, état qui lui

permet de continuer à recevoir le sang et à fabriquer
le fluide nerveux. D'après ces données, il est facile
de se convaincre déjà que nous attribuons l'érection
à l'influence indirecte du système nerveux sur la circulation, et par suite sur le tissu érectile, et à l'accélération des battemens du cœur qui précipite le sang
et dilate le tissu érectile. L'état de chaleur dans lequel
on maintient les corps caverneux suffit pour y accélérer la circulation, et pour amener leur développement. Mais je me propose de démontrer que seule
la moelle épinière a de l'action sur les organes génitaux.

Nous sommes donc amenés à conclure que l'érection est produite par l'accumulation du sang dans
les corps caverneux, dans le clitoris et les grandes
lèvres. En effet, à mesure que l'homme avance en
âge, les vaisseaux artériels n'apportent plus à certains
organes une quantité de sang nécessaire pour déterminer cette turgescence et cette dureté, sans lesquelles
ces organes ne peuvent plus accomplir leurs fonctions, et l'érection devient impossible chez les vieil-
lards, par le ralentissement de la circulation dans
les tissus érectiles, par l'ossification et l'oblitération
des extrémités artérielles, par la densité excessive
de l'enveloppe fibreuse. Puisque le phénomène de
l'érectibilité résulte de l'injection anatomique par les
corps caverneux et l'enveloppe spongieuse de l'u-
rètre, il faut donc en rechercher la possibilité et
l'impossibilité dans l'intégrité des artères, et par suite
dans l'expulsion variable du sang artériel du corps
érectile. L'expérimentation va prouver jusqu'à l'évi-

dence que l'abord du sang est nécessaire à l'érection, et que c'est de son absence incomplète que résulte l'imperfection de ce phénomène : si l'on coupe un corps caverneux, la section le rend flasque au delà de la cicatrice, et incapable d'érection en avant de ce point, à cause de l'oblitération des vaisseaux et de la trop faible affluence de sang. Si l'on coupe les deux corps caverneux, la portion de la verge en avant de la cicatrice est dépouillée de l'érectibilité et demeure pendante, tandis que la partie située en deçà du point de section conserve toutes ses propriétés et peut s'ériger encore.

Maintenant, si nous remontons aux principes de l'érection, nous voyons qu'elle dépend de toute cause qui peut accélérer la circulation dans les corps caverneux, dans la verge, dans le clitoris, si d'ailleurs cette accélération est soutenue. Or, comme ces organes se dilatent promptement, on conçoit qu'une chaleur persévérante, en accélérant la circulation, doit favoriser cette nature dilatable ; mais c'est dans le système nerveux qu'il faut chercher le mobile puissant qui agit sur la circulation.

L'érection dérive donc des renflemens nerveux ; il faut quelquefois aussi en chercher la cause dans une action directe sur les tissus érectiles eux-mêmes. Ainsi elle peut dépendre d'attouchemens douloureux ou indolores, d'excitations de la muqueuse urétrale, comme dans la blennhorragie, d'excitations du col de la vessie, causées par divers accidens, dans les cas de calculs, par exemple ; de l'exaltation de la sensibilité de la muqueuse, causée par l'accumulation du sperme dans les vésicules séminales. Mais faut-il croire, avec M. Gall et avec les craniologistes, que le cervelet préside à l'accomplissement des phénomènes génitaux? Les fonctions de cet organe ont été trop bien déterminées par les savantes recherches et les expériences ingénieuses de M. Flourens, pour que nous puissions maintenant nous ranger à cette hypothèse de la phrénologie. MM. Andral et Cruveilhier n'ont jamais observé l'érection dans les cas d'altération du cervelet. Cette opinion a été confirmée par un fait qui s'est présenté dans ma pratique.

Un homme d'une constitution athlétique, et d'un tempérament sanguin, fut apporté sans connaissance à l'hôpital Saint-Louis : ce malheureux, dans un état d'ivresse, avait été frappé à l'œil en faisant des armes avec un de ses amis, et était tombé à la renverse. Il présentait du reste les phénomènes suivans : la face était rouge, comme gonflée ; les yeux étaient injectés et la pupille dans un état de dilatation ; la respiration était lente et laborieuse ; le pouls, plein et lent, était d'ailleurs en rapport avec les mouvemens lents de la poitrine. Il y avait insensibilité. Cet homme est mort le deuxième jour de son entrée. A l'autopsie, on trouva le cuir chevelu gorgé de sang ; la paupière disséquée avec soin permit de s'assurer que le fleuret n'avait pas dépassé le tissu cellulaire sous-cutané, et que les os de l'orbite et du cerveau étaient intacts : mais dès qu'on eut soulevé le cervelet, on trouva le *vermiformis inferior* déchiré, les deux hémisphères du cervelet désunis par leur face inférieure, un énorme caillot de sang dans le quatrième ventricule ,et une couche de sang liquide déposée à la surface de la moelle épinière.

Cette observation, qui établit évidemment une altération du cervelet, devient complète pour le but que nous nous sommes proposé, si nous ajoutons qu'au milieu de tous les désordres produits, la verge est toujours restée dans son état ordinaire.

Comment faut-il expliquer les faits rapportés par M. Sainte-Marie qui a guéri des pollutions par l'application de sangsues et de glace à la nuque; et les érections que M. Serres a observées dans l'apoplexie cérébelleuse?

La moelle épinière, organe d'irritabilité, a la faculté d'agir sur les muscles du bassin des organes génitaux, sur ceux de la région anale, pouvant ainsi exciter dans les uns la sécrétion par les secousses musculaires, presser dans les autres les vésicules séminales et la prostate, de manière à expulser complètement ou incomplètement le liquide que ces organes contiennent. C'est par ces causes d'excitations successives qu'il faut expliquer l'érection involontaire, quand la moelle est soumise à l'influence d'une cause comprimante; il faut encore l'expliquer par l'irritation mécanique de ce prolongement nerveux par l'action d'un instrument. C'est ainsi que M. Ségalas, en expérimentant sur des cochons d'Inde, a produit chez eux l'érection et l'éjaculation, en poussant un stylet dans le cervelet, et en le conduisant jusqu'à la région lombaire de la moelle épinière. Cette expérience a été reproduite

par M. Serre, qui en a conclu que la partie inférieure de la moelle a une action directe sur les organes génitaux. MM. Olivier d'Angers, Blin et Re-
naudin ont encore cité des faits qui prouvent jusqu'à
l'évidence que les irritations de la moelle épinière
donnent lieu à l'érection. Ne sait-on pas d'ailleurs
que l'atrophie de cet organe dans la région lombaire
empêche le développement des organes génitaux? Ne
serait-ce pas enfin à une altération de la moelle qu'il
faut attribuer les phénomènes observés en Egypte
par M. Larrey, sur des soldats atteints d'accidens
qui amenaient l'atrophie des testicules, l'amaigrissement des extrémités inférieures, la démarche chancelante, et la perte totale de l'érectibilité?

La moelle épinière a donc, comme organe d'irritabilité, une action sur les organes génitaux, et cette
action s'exerce par l'intermédiaire de la circulation
et des muscles qui les entourent, et de la même
manière que l'action de ces renflemens nerveux sur
les membres inférieurs, les membres supérieurs, le
cœur, etc.

Le cerveau a-t-il lui-même une influence sur
les fonctions génitales? Si cette influence existe, il
faut nous hâter de déclarer qu'elle ne s'exerce que
très indirectement par l'entremise de la moelle.

Au point où nous sommes arrivés, nous pouvons
résumer à grands traits cette suite de propositions.
Ainsi la structure du tissu érectile explique le mécanisme de l'érection, mais la cause déterminante de
ce phénomène est dans l'afflux du sang, et toute influence qui ralentira ou accélérera la circulation

produira 1° la sécrétion prolifique, 2° l'érection. Mais ce principe premier, d'où dérivent ces phénomènes si remarquables, est le système nerveux, dispensateur suprême de l'érectibilité, par son action sur les muscles qui tendent à chasser les liquides des réservoirs, et par l'excès de sensibilité qu'il fait naître dans les organes génitaux. Cessons donc de regarder le cervelet comme un agent principal dont la puissance préside à l'accomplissement des fonctions génitales; et sans attribuer à cet organe une influence qu'il n'a pas, proclamons que c'est à la moelle épinière qu'appartient toute action sur les organes génitaux, et que plus elle aura de volume, plus sa puissance d'irritabilité sera grande, et plus elle développera d'activité dans l'accomplissement des fonctions génitales.

CHAPITRE VIII.

Influence du système nerveux sur les sécrétions.

Dans les cas où la circulation est accélérée, comme conséquence de ce phénomène, on voit augmenter les sécrétions, les exhalations et les perspirations, on voit le liquide qui dérive du sang, ou qui en est séparé, se répandre sur les surfaces cutanées, sur les surfaces muqueuses ou séreuses, ou s'épancher à l'intérieur des conduits excréteurs! On doit conclure de là que l'afflux excessif du sang dans ces organes en augmente en proportion égale les fonctions. Chacun sait d'ailleurs que cette affluence exagérée du sang sur ces organes enflammés diminue les sé-crétions, et que celles-ci se ralentissent dans leur état naturel, aussitôt que cette congestion anormale a cessé; aussi ce retour est-il d'un favorable augure dans la marche des maladies graves, puisqu'il pré-sage une heureuse terminaison. Dans l'hiver, les muqueuses sont le siège d'une congestion qui a pour résultat une abondante sécrétion de mucus; dans l'été, cette exhalation, qu'occasionne un excès de température, choisit pour siège la surface cutanée. Si une suppuration abondante a épuisé le sang, elle devient bientôt languissante.

Ces principes posés, il nous reste à prouver que le système nerveux influe sur les sécrétions en agissant sur les organes de la circulation, dont il modifie le cours; que les impressions nerveuses et les sensations violentes, en accélérant l'organe central de la cir-culation, et en activant le cours du sang, augmentent les sécrétions.

Des physiologistes distingués ont déjà démontré par l'expérimentation les changemens que peuvent subir les sécrétions. Notre devoir est d'examiner si les faits rapportés par MM. Magendie et Philippe sont, pour l'application, d'une rigoureuse exactitude. Dans tous les cas, en effet, il sera important pour nous de rechercher la véritable interprétation des phénomènes sur lesquels est fondée l'opinion des au-teurs. C'est dans cette science surtout qu'il est néces-saire d'épier la nature, de suivre un à un tous les phénomènes qu'elle présente, de les expliquer sans théorie préconçue, pour arriver à une évidence sinon mathématique, du moins assez positive et assez vraie, pour que la conviction de l'expérimentateur entraîne celle des esprits sévères et consciencieux qui jugent ses travaux.

Voici ce que les expériences de MM. Magendie et Philippe ont signalé.

Si l'on coupe les nerfs de la cinquième paire, on voit, vingt-quatre heures après cette opération, la cornée devenir opaque ; après soixante-douze heures, l'opacité augmente, et vers le cinquième ou sixième jour de la section, la cornée revêt la blancheur de l'albâtre. Dès le deuxième jour, la conjonctive rougit, et sécrète en abondance une matière puriforme et lactescente : les paupières largement ouvertes restent immobiles, ou, collées par des matières puriformes, laissent, si on les écarte, couler une grande quantité de cette matière. On voit encore, vers le deuxième jour, l'iris devenir rouge et s'enflammer, et les vaisseaux de cet organe se développer. Alors il se forme à sa surface des fausses membranes qui ont, comme l'iris, la forme d'un disque percé à son centre, et qui remplissent bientôt la chambre antérieure, et contribuent à faire paraître la cornée opaque. N'est-ce pas un phénomène bien extraordinaire que cette inflammation vive avec suppuration et insensibilité complète de la partie enflammée, et qui résulte de la section d'un nerf? Cette circonstance est si étonnante, qu'elle appela de ma part un examen attentif, et que je m'attachai à connaître les causes de ce phénomène. L'opacité rapide de la cornée me parut d'abord dépendre du contact prolongé de l'air..Pour m'en convaincre, je coupai sur un lapin la septième paire de nerfs qui, d'après des observations de M. Charles Bell, dirige les mouvemens du clignement. Mais quoique pendant plusieurs jours l'œil fût resté en contact continuel avec l'air, il ne se développa aucune opacité sur la cornée, aucune inflammation, soit à la conjonctive, soit à l'iris.

Dirigeant alors mes recherches hypothétiques vers un autre côté, je soupçonnai que ce phénomène, encore insoluble, pouvait dépendre du défaut de sécrétion des larmes, car je devais croire qu'une membrane telle que la cornée avait besoin, pour conserver sa transparence, de l'imbibition continuelle d'un liquide plein de limpidité. Pour m'assurer du degré de fondement de cette conjecture, je fis sur deux lapins l'extraction complète de la glande lacrymale ; mais pendant les huit jours qui suivirent cette opération il ne se manifesta aucune opacité de la cornée, et je dus renoncer à mon hypothèse.

Je reviens maintenant à l'expérience de M. Magendie.

Vers le huitième jour de la section, la cornée s'altère visiblement, elle se détache de la sclérotique par sa circonférence, et le centre de cet organe s'ulcère alors. Au bout de deux ou trois jours les humeurs de l'œil, troublées et en partie opaques, s'écoulent, et il est réduit à un petit tubercule qui n'occupe qu'une très petite partie de l'orbite ; ce qui donne à l'aspect des animaux quelque chose de hideux.

M. Magendie a ainsi démontré par des expériences sur la cinquième paire, que de sa section résultait une altération de sécrétions.

Le docteur Philippe a dirigé ses recherches d'un autre côté. Depuis long-temps on a regardé le nerf grand sympathique comme présidant à l'accomplissement de la vie de nutrition : aussi l'a-t-on appelé nerf de la vie organique. Le docteur Philippe a regardé ce nerf comme le principe de la sécrétion, et il a pensé que cet organe agissait non seulement sur les viscères, mais encore sur les membres et sur tout le corps, par le moyen des filets nerveux qui accompagnent les artères dans leur trajet et leurs directions diverses. Il a cru avoir ensuite démontré qu'une diminution de sécrétion s'opérait continuellement dans l'intérieur de l'estomac, par suite de la section de la moelle épinière et de celle du nerf pneumo-gastrique, qui a des communications fréquentes avec le nerf grand sympathique. Il nous reste à examiner maintenant si ces résultats découlent naturellement d'une appréciation exacte des phénomènes.

Je dois déclarer d'abord que je ne partage pas l'opinion du physiologiste anglais; mais, pour procéder avec méthode dans le développement de notre conviction, j'examinerai d'abord l'action du système nerveux de la vie animale sur les exhalations.

La section, dans la région lombaire, de la moelle épinière chez les animaux, paralyse le train de derrière, anéantit le mouvement et la sensibilité, et donne un caractère de flaccidité et de mollesse remarquables aux parties dans lesquelles se distribuent les nerfs qui partent de l'organe coupé.

Les maladies de la région dorsale et de la région lombaire anéantissent aussi le mouvement et la sensibilité, jettent le trouble dans les membres inférieurs, dans les organes génitaux, dans les muscles du bassin, dans ceux de l'abdomen, et peuvent donner lieu à la flaccidité des chairs, à l'œdème, à l'infiltration, et à la turgescence veineuse.

Tous les organes ont donc en eux une résistance qui disparaît aussitôt que l'influence nerveuse a cessé. Cette propriété, en vertu de laquelle les artères reviennent sur elles-mêmes à mesure que le sang est chassé des canaux, niée par Haller, par Bichat, et prouvée plus tard par Béclard, cette propriété n'existe plus du moment où le courant nerveux est interrompu. Certaines causes qui accélèrent la circulation sont abolies : ainsi le resserrement des artères, l'action des muscles, et il ne reste plus pour résister aux lois de la pesanteur que l'action du cœur et l'influence de la respiration. Les vaisseaux alors restent pleins plus long-temps ; le sang parcourt ses filières avec plus de lenteur ; la sérosité ne rentre plus que difficilement dans les veines ; la circulation lymphatique elle-même est ralentie ; de là l'injection veineuse, l'infiltration des organes, le passage facile de la sérosité dans les cellules du tissu lamineux ; les orifices des vaisseaux ont perdu leur résistance ; et n'est-ce pas aussi au défaut d'influence nerveuse que sont dues certaines hémorrhagies passives qui surviennent à la suite des épuisemens nerveux? Enfin, par son séjour prolongé dans les organes, le sang est moins souvent en contact avec l'air ; il se mêle moins souvent au chyle et aux autres liquides nourriciers ; il devient noir et perd sa plasticité. On comprend qu'après une altération de la moelle épinière dans un point un peu élevé de la région dorsale, l'altération successive du sang amène à la longue l'épuisement et la mort des organes.

La section de l'extrémité supérieure de la moelle épinière détermine si spontanément la mort, qu'il est difficile d'apprécier l'influence qu'a cette division sur *l'exhalation;* mais il n'en est pas de même quand cette section a lieu sur un point moins élevé. A la région lombaire, elle ralentit la circulation dans les membres inférieurs. Dans une de mes expériences, avant d'avoir pratiqué la section de la moelle épinière à la région lombaire, le sang sortait, par une plaie faite à l'artère crurale, en jet gros et continu. Une plaie faite à l'artère crurale opposée, cinq heures après la section de la moelle, ne laissait échapper le sang qu'en petit jet.

Chez un animal qui a succombé après avoir eu la moelle épinière divisée, on trouve une quantité notable de sérosité dans la cavité du péritoine, et l'on rencontre la vessie remplie d'urine trouble.

La section du nerf pneumo-gastrique dans la région cervicale, au-dessous du larynx, paralyse l'estomac, l'œsophage, les muscles du larynx : cette section augmente l'exhalation perspiratoire qui a lieu dans ces cavités séreuses; on trouve alors une quantité variable de sérosité dans le péritoine, ainsi que dans le péricarde.

Influence du système nerveux sur les sécrétions glandulaires.

Le système nerveux a une action bien démontrée sur les sécrétions glandulaires. Les physiologistes et les médecins connaissent l'influence remarquable que les affections morales exercent sur la sécrétion de la glande lacrymale. Une émotion fait couler les larmes, qui s'échappent encore en abondance, au milieu des affections tristes et pénibles, au moment où une espèce de *détente*, si je puis m'exprimer ainsi, succède à la tension nerveuse. Il semble qu'avec elles le trouble intérieur s'évapore et disparaisse. On connaît l'action violente et instantanée des impressions vives sur le foie. Le souvenir d'une chose agréable, la représentation à la pensée d'une sensation douce, augmentent l'afflux de la salive, activent la sécrétion du sperme. C'est le sang qui dans cette surabondance de sécrétion arrose en plus grande quantité le parenchyme glandulaire. On sait, en effet, qu'à mesure qu'il arrive avec moins d'abondance dans un organe sécréteur, la sécrétion diminue et qu'elle se tarit même si l'abord du sang est intercepté. Toutes les sécrétions, dans l'état normal ou pathologique, n'ont-elles pas le sang pour source commune?

Résumé de la première partie.

Pour établir les principes généraux sur lesquels est fondé cet ouvrage, j'ai dû, dans des chapitres distincts, traiter successivement les vérités fondamentales qu'il était important pour moi de poser. Ainsi je sens le besoin de m'arrêter un instant pour résumer à grands traits, et dans un cadre étroit qui fixe mieux l'attention du lecteur, toutes les discussions auxquelles je me suis livré, et les nombreuses expériences dont j'ai étayé ma théorie. De cette manière je pourrai préciser successivement et en quelques mots toutes les opinions que j'ai avancées, et les principes qui doivent présider au développement de cet ouvrage, et je continuerai ensuite à marcher dans la voie que je me suis tracée. Retraçons dans ce résumé l'ordre que je me suis imposé dans la première partie de ce livre, afin que chaque déduction se trouve à côté de chaque raisonnement, que le corollaire suive le théorême.

M. Charles Bell, comme l'avait fait Galien, a prétendu à tort que le système nerveux devait se diviser en deux classes de nerfs présidant, les uns, au sentiment, les autres, au mouvement, et possédant les uns et les autres la faculté dont ils sont les agens. Il a vainement soutenu cette théorie d'expériences, qu'il a voulu appuyer encore sur l'anatomie. Je ne veux pas reproduire ici la critique détaillée dont j'ai appuyé mon opinion; il nous suffira d'énoncer que l'anatomie de M. Charles Bell ne peut pas rendre certaines des théories physiologiques douteuses ; qu'il ne suffit pas de trouver des sillons de séparation sur un organe, pour établir des limites positives et lui assigner des fonctions différentes ; qu'il est impossible, en un mot, de croire à une doctrine basée sur une science anatomique trop peu exacte, et étayée d'expériences souvent contradictoires.

Traitant en général du système nerveux, j'ai pu établir d'une manière irrécusable l'existence d'un courant nerveux régulier des centres nerveux vers nos organes. Dans l'état actuel de la science, il n'est donné à personne de nier ce courant nerveux qui anime nos organes, et pour lesquels il a été admis sans exception. M. Pouillet a même cru avoir trouvé un courant électrique dans les muscles, en traversant ceux-ci avec des aiguilles qu'il mettait en rapport par le moyen d'un électromètre. On a dit que M. Pouillet s'était trompé dans son expérimentation, et que ces courans électriques existent au contraire entre les membranes cutanées et les membranes muqueuses, et l'on a avancé pour preuve que si l'on place un pôle d'un galvanomètre dans la bouche et l'autre sur la peau, l'équilibre dévie alors d'une manière sensible : résultat que l'on obtient encore en mettant un pôle dans l'estomac et l'autre dans la vésicule biliaire. M. Donné, jeune médecin distingué, qui a fait ces dernières expériences si délicates, a attribué ce phénomène, non pas à un courant nerveux, mais au rapport établi entre une surface acide et une surface alcaline.

Cependant M. Matteucci, qui a répété les expériences de M. Donné et qui les a trouvées exactes, ne pense pas qu'il faille expliquer les courans électriques par l'hétérogénéité des organes et par la différence de matière sécrétée; mais il croit que c'est un phénomène vital, dépendant du système nerveux, puisqu'il est appréciable seulement pendant la vie et qu'il n'existe plus après la mort.

M. Donné a répliqué qu'après la cessation de la vie, les mêmes phénomènes se sont présentés, à un degré, il est vrai, moins sensible, et il pense qu'il ne faut voir là-dedans qu'un phénomène purement chimique.

Quoi qu'il en soit de ces ingénieuses expériences, on ne peut pas refuser aux organes l'animation à un certain degré par le fluide nerveux, pas plus qu'on ne peut nier que ces mêmes organes ne soient nourris et développés par le sang artériel.

Après avoir démontré l'existence du fluide nerveux, j'ai recherché de quels points il découlait, et nous avons vu qu'il part, non du cerveau, mais de la moelle épinière, et de la protubérance annulaire; j'ai établi encore que les nerfs qui sont sensibles prouvent la faculté de faire agir un muscle; que par conséquent il n'existe pas de nerfs, les uns sensibles, les autres moteurs, mais seulement des nerfs servant, *les uns au mouvement*, *les autres au sentiment*. J'ai démontré que la terminaison d'un nerf sert à marquer la différence des usages; ainsi on voit le même nerf se rendre à une muqueuse et à des muscles, servant, dans ce cas, au sentiment et au mouvement: ainsi le nerf pneumo-gastrique, qui donne en même temps la sensibilité à la muqueuse du larynx et la faculté contractile aux muscles de cet important organe. On avait dit à tort que les racines antérieures des nerfs rachidiens servaient au mouvement ; mes expériences ont établi le contraire, et il demeure prouvé qu'elles servent à l'influx *de la volonté et à l'apport*, vers le cerveau, des impressions reçues par les membranes. On considérait encore la partie antérieure de la moelle comme présidant au mouvement ; j'ai démontré que c'était *un cordon conducteur seulement.*

Du point de vue général où j'étais placé, il était important d'examiner si les nerfs s'anastomosaient comme les artères ou les vaisseaux. Des expériences répétées m'ont convaincu que les anastomoses ne rétablissent jamais les fonctions d'un nerf coupé, et que si le mouvement ou la sensibilité persiste dans l'organe après la lésion d'un nerf, c'est qu'il est animé par un autre nerf demeuré intact. L'expérimentation m'a fait voir encore qu'après que l'on a coupé un nerf, la sensibilité et le mouvement sont complètement abolis dans la partie située au-dessous du point de section.

Tous les muscles, et ceux de la vie organique et ceux de la vie animale, sont soumis à l'influence des cordons nerveux ; mais leur contractibilité ne s'exerce pas de la même manière : chez ceux-ci, dépendans de la volonté, les contractions sont volontaires et intermittentes : chez ceux-là, au contraire, elles sont continuelles et involontaires, parce qu'ils sont irrités par des excitans qui les touchent sans cesse, et parce que n'étant pas comme les premiers insérés sur des leviers (os), ils sont nécessairement d'une mobilité que rien n'arrête, ni poids ni résistance quelconque. C'est dire assez que les muscles ne possèdent pas en eux une *faculté contractile indépendante de tout le système nerveux et de toute influence nerveuse*, puisque si l'on admettait cette théorie, que le grand Haller a vainement soutenue de l'autorité de son savoir, il ne pourrait exister de phénomènes de contraction musculaire. Les partisans de cette conception hypothétique s'en servaient surtout pour expliquer des contractions musculaires qui persistent pendant quelque temps dans un membre après qu'il a été séparé du tronc, dans des viscères musculeux après qu'ils ont été retirés du corps d'un animal. Ne peut-on trouver le secret de ce phénomène sans en chercher la cause dans l'*irritabilité hallérienne*, sans l'attribuer à la puissance de la fibre motrice? n'est-il pas évident au contraire que la fibre musculaire n'éprouve la faculté contractile que par l'intermédiaire des nerfs et des renflemens nerveux ? Un reste de chaleur et d'influx nerveux conservé dans le muscle ne suffit-il pas pour l'animer et maintenir les contractions jusqu'à entier refroidissement? Le fluide nerveux, apporté par les nerfs, n'explique-t-il pas enfin ce phénomène, dont il est impossible de se rendre compte autrement?

C'est encore à cette contractibilité puissante que de La Mettrie a demandé des preuves pour fortifier son système de la *non-spiritualité de l'ame*, dans son ouvrage sur l'homme plus que machine. Ce métaphysicien subtil, appelant l'anatomie au secours de l'athéisme, a cité comme argumens irrécusables les expériences qui ont démontré :

1° Que les chairs des animaux palpitent après la mort;

2° Que les muscles, séparés du corps, se retirent si on les pique;

3° Que les entrailles conservent long-temps après la mort leur mouvement péristaltique ou vermiculaire;

4° Qu'une simple injection d'eau chaude ranime le cœur et les muscles (Cowper), etc. , etc.

Il n'entre pas dans notre but de combattre cette théorie insensée, et nous renvoyons, pour l'explication de ces phénomènes, à ce que nous avons dit à propos de l'*irritabilité hallérienne*.

Quand j'ai traité de l'action des nerfs sur les muscles des membres, j'ai démontré par l'expérimentation que la racine antérieure des nerfs rachidiens n'a ni la faculté motrice ni la faculté sensible, mais qu'au contraire ces deux propriétés appartiennent à la racine postérieure. Convaincu déjà que les ganglions nerveux, placés sur la racine postérieure, ne servent point d'isolement, puisqu'ils sont sensibles et qu'ils participent aux mêmes fonctions que la racine qui les traverse, j'ai encore acquis la preuve, qu'à partir du point de rencontre des racines antérieure et postérieure, il n'est plus possible d'assigner des usages différens aux filets dont sont composées les branches qui naissent de ces racines, qu'on ne retrouve plus enfin que des filets sensitifs. J'ai analysé avec soin les motifs qui me conduisaient à ce résultat, et je l'ai basé sur de nombreuses expériences.

Examinant ensuite le système de MM. Prévost et Dumas, j'ai recherché si les impressions et l'influence de la volonté pouvaient se transmettre par une sorte de courant, de chaîne nerveuse pour ainsi dire, de telle sorte que partant d'un point des renflemens nerveux pour être transmises à la périphérie du corps, elles reviennent ensuite de là par un autre chemin. Mais l'anatomie et l'expérimentation ont renversé cette théorie, dont l'arrangement ingénieux pouvait séduire, mais qui n'est d'ailleurs qu'une hypothèse très incertaine.

Des nombreuses vivisections que j'ai faites il est ressorti pour moi une conviction profonde, c'est qu'il n'existe pour les membres comme pour le tronc que des nerfs d'une même nature, puisque tous sont d'une structure identique, puisque tous sont sensibles aux attouchemens, aux pincemens, aux divisions, etc. Je ne puis donc pas admettre qu'un nerf qui va à un muscle diffère de celui qui se rend à une surface cutanée ou à une muqueuse, puisque leurs usages, en apparence si dissemblables, ne varient que par la différence des terminaisons. En effet, le même filet donne ici la force contractile à un muscle, et là il dispense la puissance sensitive, d'où il faut conclure que le filet qui se rend à la peau pourrait servir à faire contracter un muscle, si ce filet nerveux aboutissait à une membrane, et *vice versâ*.

Cette théorie, résultat de longues recherches, diffère essentiellement des opinions généralement admises; elle est surtout en opposition avec le système de Charles Bell, qui poserait en principe qu'un filet moteur ne peut servir qu'à un muscle, qu'un filet sensitif ne peut tenir qu'à la sensibilité. Pour moi, tout peut se résumer dans une faculté unique, la sensibilité.

Cette grande propriété si importante a été universellement répandue par la nature dans tous les corps vivans, pour que cette gardienne fidèle protégeât dans l'état de sommeil, comme dans l'état de veille, les organes qu'assiègent incessamment des causes de destruction, et pour qu'elle veillât sur eux, pour ainsi dire comme une sentinelle avancée. On la trouve dans tous les tissus où aboutissent des nerfs, et ceux-là sont seuls douloureux dans les altérations morbides : on la chercherait en vain dans ceux qui ne reçoivent pas de nerfs, et chez ceux-là on ne rencontre ni sensibilité, ni douleur quand ils sont malades.

Si le même filet possède, comme facultés qui lui sont propres, le sentiment et le mouvement, nous avons retrouvé ces deux importantes qualités dans les ganglions. Quand nous rencontrons confondues dans le même rôle, après leur point de contact, les racines antérieure et postérieure qui s'annonçaient d'abord, celle-ci par la faculté de sentir et de produire le mouvement, celle-là par une faculté passive, qui la fait servir de conducteur aux impressions et aux volitions, et quand nous voulons expliquer ce phénomène, pouvons-nous chercher d'autres preuves que celles que nous avons émises ? Ne suffirait-il pas

d'ailleurs du tant lui seul, si ce problème était à résoudre. Toujours est-il que les ganglions ophthalmique et de Meckel sont sensibles, et que *l'unité*
d'action des filets nerveux, partis des racines antérieure et postérieure réunies, est une vérité qui ressort
de nos expériences.

Nous avons dit que les tissus auxquels n'aboutissent pas des nerfs n'étaient jamais douloureux à
l'état morbide; et que si quelquefois un sentiment
de souffrance s'y développe, celui-ci est dû à l'altération que l'inflammation apporte dans les fonctions
des nerfs voisins.

On a attribué tantôt une sensibilité exquise, tantôt
une insensibilité complète: 1° aux cartilages, 2° aux
os, 3° aux poils, 4° aux ongles, 5° au périoste,
6° aux ligamens et à tous les tissus fibreux.

Le péritoine, le tissu cellulaire et toutes les membranes séreuses qui sont traversés ou sillonnés par
des nerfs n'offrent aucune sensibilité, soit qu'on les
pince, soit qu'on les incise, soit qu'on les divise
d'une manière quelconque; et cette insensibilité dépend de leur structure intime, dans laquelle la fibre
nerveuse n'entre pour rien. Cependant l'inflammation
du tissu cellulaire de la plèvre, du péritoine et des
membranes synoviales, cause une douleur cruelle:
ce qui avait fait penser à tort à des pathologistes
que les tissus dépourvus de nerfs étaient sensibles à
l'état morbide. Ce phénomène a déjà été expliqué
plus haut par l'altération que les nerfs incisés éprouvent dans leurs fonctions, par la communication de
l'irritation au névrilème, et peut-être par une in-

fluence insaisissable qui agit sur les filets nerveux. Toujours est-il que, dans un organe insensible à l'état normal, il ne peut pas se développer de douleur, quand il passe à l'état anormal. C'est ainsi que l'altération des poils, des ongles, ne s'annonce que par la lésion qu'elle fait éprouver aux tissus voisins et aux nerfs qui entrent dans leur structure.

Le périoste, la dure-mère, les tendons et les ligamens ont été regardés tantôt comme sensibles, tantôt comme frappés d'insensibilité. La première opinion trouve son explication dans l'erreur de langage anatomique, qui faisait confondre autrefois le nerf, le tendon et le ligament. Comment en effet reconnaître la sensibilité exquise d'organes qui n'en laissent apercevoir aucune trace, soit qu'on les pince, soit qu'on les coupe, soit qu'on les déchire. En effet on ne saisira aucune expression de souffrance par la section du tendon du biceps fémoral, par celle du ligament rotulien et des tendons fléchisseurs des doigts, par la lésion du tendon du biceps brachial. C'est donc à tort qu'on a attribué à cette dernière lésion, dans la saignée au bras, les accidens qui suivent quelquefois cette délicate opération. Les douleurs, et leur transmission le long des cordons nerveux des doigts, s'expliquent par l'altération du nerf médian, des nerfs cutanés et d'autres nerfs du membre, sans que l'on ait besoin d'avoir recours aux tendons qui ont une tout autre destination. On invoquerait en vain l'expérience tentée par Bichat, qui attribuait aux tendons une certaine sensibilité, d'où il faisait dépendre cette vive douleur que l'entorse fait éprouver. Cette

opinion est contredite par les expériences si complètes
et surtout si exactes de Haller, qui n'a jamais apprécié de douleurs dans la lésion des tendons, des ligamens des articulations, des capsules fibreuses qui
les entourent quelquefois, qu'ils aient été ou coupés
ou déchirés, ou même arrachés et brûlés. Les expériences de Delamotte sont venues appuyer celles de
Haller, et il demeure prouvé que c'est aux nerfs eux-
mêmes, lésés ou modifiés dans leurs fonctions, qu'il
faut attribuer la violence des douleurs qui accompagnent l'entorse, le rhumatisme, et les plaies des
articulations.

§. Pacchioni et Baglivi ont donné à la dure-mère
une action semblable à celle du cœur : Lecat l'a regardée comme sensible, et à l'appui de cette assertion,
il a cité plusieurs faits dont quelques uns ne prouvent
rien, et beaucoup d'autres ne sont pas exposés d'une
manière satisfaisante. Que penser ainsi de cette
plainte qui échappa au nommé Fleury au moment
où Lecat pressa la dure-mère avec un crochet, et de
la prétendue sensation de douleur que détermina
l'application d'un cure-dent sur la dure-mère chez
un sieur Mabyre? prouvent-elles la sensibilité de la
dure-mère? Lecat, qui a prétendu que dans les cas
d'insensibilité cet organe était ossifié et cartilagineux, aura comprimé le cerveau, et par suite les nerfs
qui sont à sa base, ou toute autre partie nerveuse, et
aura attribué à la dure-mère une souffrance qui ne
dépendait pas d'elle. Tout le monde sait que lorsqu'on
détache la dure-mère du crâne, la souffrance que
détermine l'ébranlement de tout le système nerveux

cranien peut arracher des cris aux animaux ou aux hommes; mais la section de la dure-mère, l'enlèvement d'une portion de cet organe ne détermine aucune sensibilité appréciable, et j'ai pu me convaincre de cette vérité par les nombreuses expériences que j'ai tentées sur les animaux, et par les recherches que j'ai faites sur des hommes soumis à l'opération du trépan. A l'appui de mon opinion j'appellerai les expériences de Zinn, de Zimmermann, de Haller, qui ont démontré que la dure-mère est insensible à l'action du vitriol, du beurre d'antimoine et de l'esprit de nitre, et aussi celles de Meckel, qui s'est convaincu de la complète insensibilité de cet organe chez un homme dont la carie avait détruit les os du crâne et mis la dure-mère à découvert.

Cette insensibilité nous mène à déclarer que la dure-mère n'est jamais, comme l'avaient pensé les anciens, le siège de la céphalalgie, de l'aliénation et du délire. Elle est encore pour le chirurgien une garantie qui lui permet de multiplier les incisions, sans que pour cela nous puissions approuver Galien d'avoir conseillé l'emploi de remèdes violens, dont l'usage peut être si funeste, à cause de la protection que la dure-mère accorde aux autres parties dont elle est si voisine.

Les fongus qui se développent sur la dure-mère ne donnent lieu à des souffrances que par la compression qu'ils occasionnent sur les parties environnantes. Tout enfin concourt à démontrer l'insensibilité complète de cet organe.

Les os, partie du corps très complexe, ont été regardés par les uns comme pourvus de sensibilité, et par les autres même comme complètement insensibles.

Le périoste est tout-à-fait insensible, c'est du moins ce qui résulte des expériences de Haller, comme aussi de celles qui me sont propres : c'est d'ailleurs ce que la structure anatomique semblait devoir faire supposer *à priori*. Piqué, brûlé, le périoste ne devient le siège d'aucune douleur. Haller rapporte qu'il a pu sur de jeunes chevreaux attaquer le périoste sans qu'ils aient changé de position, sans qu'ils aient discontinué de s'allaiter, ce qu'ils ne peuvent faire quand on expérimente sur d'autres tissus, la peau, par exemple : alors ils jetaient des cris et étaient agités de mouvemens convulsifs.

Cheselden refuse aussi au périoste la sensibilité que lui ont accordée des hommes dont le nom fait autorité dans la science : Winslow, Clopton, Harvey, Nesbit. C'est à la compression des nerfs voisins qui participent à la maladie qu'est due la sensibilité qui se développe dans cette membrane fibreuse des os, dans les cas de périostose syphilitique ou scrophuleuse. La membrane qui tapisse le canal médullaire a été regardée par Haller comme ne possédant aucune espèce de sensibilité, parce que, suivant lui, elle est de même nature que la graisse qui est complètement insensible. Cependant Daventer, Amb. Paré, Duverney, Bichat et M. Cruveilhier ont démontré le contraire. L'anatomie suffit pour le prouver; car il est maintenant établi par M. Duméril et plusieurs autres auteurs, que les os reçoivent des nerfs qui vont se rendre et s'épanouir dans le canal médullaire sur la membrane qui le tapisse. Bichat a introduit dans le canal médullaire des os un stylet, et y a développé de la sensibilité ; M. Cruveilhier a produit le même phénomène en y poussant des corps étrangers. Ce qui prouve que cette membrane ne possède pas de sensibilité par elle-même, mais bien par le nerf qui vient s'y rendre, c'est qu'il y a insensibilité complète du canal médullaire, lorsqu'on ampute au dessus du tronc nourricier qui donne passage au nerf et à l'artère du même nom.

Il me reste maintenant à examiner le corps de l'os dépouillé du périoste et de la membrane médullaire, et à dire quelques mots des cartilages articulaires.

Les os dépouillés de leur membrane médullaire sont réellement insensibles, comme le démontrent les traits de scie qui parcourent leur épaisseur, comme le prouvent les trépanations diverses qui ne sont douloureuses que par l'ébranlement qu'elles occasionnent dans les parties voisines. Dans les fongus qui se développent, par le périoste, les os peuvent être dévorés, désorganisés, sans qu'il survienne de douleurs. Celles-ci ne se développent que lorsque les tissus environnans sont déjà malades.

Quant aux cartilages diarthrodiaux, sortes de lames minces, inorganiques, rappeler qu'ils ne renferment aucun nerf, c'est rendre inutile toute appréciation de l'existence de leur sensibilité. Aussi je me bornerais au fait anatomique, si un chirurgien distingué d'outre-mer, dans son ouvrage sur les tumeurs blanches, n'avait accordé de la sensibilité aux cartilages.

Mis en contact avec des corps étrangers, coupés ou déchirés, les cartilages ne trahissent aucune sensibilité. C'est donc à tort que Brodie a rapporté la douleur à ces lames insensibles, et son intensité ne saurait servir de signe pour reconnaître leur altération qui n'est jamais primitive, et qui dépend toujours ou de la membrane synoviale malade, ou de la tête de l'os affecté de carie, etc. C'est ainsi que lorsque la tumeur blanche a débuté par la tête de l'os, le cartilage est altéré par la surface externe et comme décollé par plaques, et que, lorsqu'on le trouve altéré de l'intérieur vers l'extérieur, c'est par la membrane synoviale que la maladie a débuté.

§. Dans l'étude que j'ai faite de l'action du système nerveux sur le sang, j'ai démontré que ce système n'agissait pas d'une manière permanente ni directe sur la masse sanguine.

L'expérimentation nous a prouvé : que la section des nerfs d'un membre n'apporte aucun changement dans le liquide rénovateur. Que la paraplégie n'altère en rien la couleur, la consistance, la température du sang. Que, si de la lésion des renflemens nerveux il résulte quelque changement, non pas dans la composition de ce liquide, mais dans sa couleur, sa température, son cours, sa consistance, ce n'est pas parce que ce sang est altéré, mais bien parce que l'air ne l'a pas revivifié. Nous avons vu qu'alors il y avait obstacle à la respiration, soit par l'occlusion de la glotte, par suite de l'inaction des cordes vocales, par la lésion du nerf pneumo-gastrique, soit par la section de la moelle au dessus de l'origine de ce nerf, soit enfin par cessation des fonctions du cœur.

En examinant quelle pouvait être l'action du système nerveux sur les tissus érectiles, j'ai démontré que pour le phénomène appelé *érection*, qu'il fût déterminé par un excitant local ou par une influence de l'imagination, il faut en chercher réellement la cause dans une circulation artérielle plus active.

Je résumerai tout ce qui précède par les conclusions suivantes :

1° L'existence du fluide nerveux est prouvée dans l'homme par les recherches nombreuses tentées au moyen du galvanomètre, par les expériences et par l'analogie.

Le système nerveux émet un fluide qui est fourni par deux sources inépuisables de sensibilité et de mouvement : la moelle épinière et la moelle alongée.

Ce fluide est sans doute comparable au fluide électrique. L'anatomie comparée vient nous fortifier dans cette manière de voir, si on réfléchit que les effets sont les mêmes, soit qu'ils viennent d'une machine électrique ou qu'ils soient fournis par un animal qui le produit en grande quantité, le gymnote, le silure ou la torpille.

L'animal et la machine produisent une commotion par le contact, et il n'y a de différence que parce que, dans un cas, ce fluide est émis par un corps vivant, tandis que dans l'autre c'est par un instrument. Ce fluide peut être tari par les commotions nombreuses que communique l'animal. Il arrive alors un épuisement nerveux qui arrête la digestion, parce que le nerf pneumo-gastrique ne reçoit plus le fluide animateur pour le communiquer à l'estomac. Dans l'homme, on produit un épuisement nerveux et un trouble dans les fonctions par la dépense des forces nerveuses.

C'est ce que John Davy, habile chimiste anglais, a voulu prouver par une expérience qui nous paraît précise et positive. Après avoir provoqué des chocs électriques dans la torpille, il vit que le petit poisson qu'elle avait avalé n'était pas digéré. Il attribue ce retard de la digestion à ce que les nerfs de l'estomac, qui viennent des nerfs électriques, n'ont pu transmettre à ce viscère le fluide qui sert à activer la digestion.

2° Le système nerveux est plus uniforme dans ses actes que ne l'ont pensé les physiologistes.

3° Tous les nerfs sont sensibles, à dater du point de réunion des deux racines antérieure et postérieure, après la formation du ganglion vertébral.

4° Toutes les fois qu'un nerf naît d'un point sensible, il est lui-même sensitif et moteur, comme les racines postérieures des nerfs rachidiens, les nerfs moteur oculaire commun, moteur oculaire externe, le nerf pathétique, la cinquième paire, le spinal, le nerf optique, le glosso-pharyngien, le pneumogastrique.

5° Les nerfs qui naissent d'un point non sensible sont seulement destinés à conduire les impressions ou les volitions. Ce sont de simples conducteurs, comme les racines antérieures des nerfs rachidiens, les nerfs ethmoïdaux ou olfactifs, qui naissent d'une colonne conductrice des cordons antérieurs de la moelle épinière.

6° Tous les ganglions rachidiens sont sensibles.

7° Les parties dépourvues de nerfs sont insensibles à l'état normal; mais dans l'état anormal, s'il se développe de la douleur dans ces parties, celle-ci vient des nerfs environnans.

8° Le système nerveux n'agit pas directement sur la masse du sang; quand il paraît avoir une action sur ce liquide, c'est par son influence sur le cœur ou sur les agens de la respiration.

DEUXIÈME PARTIE.

EXAMEN DU SYSTÈME NERVEUX EN PARTICULIER.

DANS les chapitres qui précèdent, j'ai examiné le système nerveux en général : après avoir développé la théorie à laquelle le raisonnement et l'expérimentation m'ont enfin conduit sur la probabilité de l'existence du fluide nerveux; après avoir établi le rôle que la physiologie et l'anatomie attribuent d'un commun accord aux diverses parties de ce système; après avoir apprécié avec soin les propriétés, soit dans les masses, soit dans les expansions nerveuses, il me reste à faire l'application des principes que j'ai développés, à ce même système nerveux étudié en détail. Ainsi, dans cette seconde partie, je vais étudier successivement en particulier, d'abord l'action des nerfs, puis celle des renflemens nerveux, et j'examinerai sous ce rapport, dans autant de chapitres particuliers, la moelle épinière, le cerveau, la protubérance annulaire, et le cervelet.

CHAPITRE PREMIER.

NERFS CRANIENS.

—

Fonctions du nerf olfactif.

Les anciens regardaient ce nerf comme un émonctoire, une espèce de canal portant aux fosses nasales la sérosité qui, sécrétée par le cerveau, était incessamment versée à la surface de la muqueuse pituitaire. Après avoir traversé de nombreuses années, la science n'a dû qu'aux modernes la véritable appréciation du nerf olfactif : et cependant il faut avouer que de nos jours on est loin d'être d'accord sur les usages comme sur l'origine et sur la structure de ce nerf.

Quelques anatomistes le regardent comme partie intime du cerveau, et comme un de ses produits. Cette opinion peut paraître spécieuse, si elle est l'objet d'un examen superficiel : mais, après une attention plus sérieuse, on voit que ses trois racines se continuent évidemment avec les parties antérieures de la moelle; que toutes trois naissent, comme les autres nerfs, de la substance blanche du cerveau; qu'éloignées d'abord les unes des autres, elles se rapprochent ensuite pour former le nerf olfactif.

D'autres anatomistes, repoussant cette théorie, ont voulu démontrer par leurs recherches que le nerf olfactif vient de la moelle; mais ils ont admis que, dans beaucoup d'animaux, il n'était qu'un prolongement du lobe antérieur du cerveau. Cette opinion paraît exacte au premier abord ; mais si, chez l'homme, comme chez les animaux, on suit attentivement les parties qui composent ce nerf, il est facile de se convaincre que, dans tous les cas, il n'y a aucune différence sous le rapport du point d'origine.

Dans l'homme, on voit évidemment les fibres des pyramides qui se continuent avec le nerf olfactif. Cette évidence devient irrécusable, si l'on pratique une section dans l'épaisseur de la couche optique et du nerf olfactif, dans le sens antéro-postérieur.

J'ai employé ce dernier moyen sur des chevaux, chez lesquels le nerf olfactif offre beaucoup de volume et semble, comme le prétendent les anatomistes, continuer une circonvolution cérébrale, et j'ai acquis la conviction la plus profonde que ce nerf est réellement formé par les fibres prolongées des pyramides antérieures de la moelle, fibres qu'elles lui envoient avant de former la voûte des ventricules.

Ces développemens nous conduisent évidemment aux conclusions suivantes : 1° Que dans l'homme, comme chez les animaux, le nerf olfactif est un produit de la moelle épinière, et n'est qu'un développement des pyramides antérieures ; 2° que cette vérité résulte de preuves fournies par les sections indiquées plus haut, et du mode d'origine de ce nerf; 3° qu'il faut en déduire que ses usages doivent être identiques à ceux des cordons d'où ils naissent. Il ne suffit pas, en effet, pour établir des caractères distinctifs entre lui et les nerfs de la moelle épinière, d'énoncer qu'il offre une mollesse remarquable ; qu'il est en partie dépourvu de névrilème ; que sur son trajet on rencontre des espèces de ganglions : c'est sur son mode d'origine que nous baserons nos aperçus physiologiques.

Si l'on veut éprouver les facultés de ce nerf, et qu'il soit ou coupé, ou piqué, ou déchiré, l'animal ne manifeste aucune douleur ; il ne se présente aucun phénomène qui puisse faire croire qu'il appartienne à aucun des caractères des nerfs *sensitifs*. Il est donc évidemment un simple conducteur des impressions odorantes, et alors il ressemble aux cordons antérieurs de la moelle épinière et aux racines des nerfs qui en naissent, puisque, comme nous l'avons dit plus haut, ceux-ci ne jouent qu'un rôle passif dans les fonctions du système nerveux.

A une époque éloignée, quand la physiologie était dans l'enfance et n'était pas éclairée par l'anatomie, on regardait le nerf olfactif comme un émonctoire. Basée sur de vaines hypothèses, cette théorie a cessé d'exister dès que la structure du nerf a été l'objet d'une appréciation rigoureuse et vraie ; car on a pu se convaincre qu'au lieu de présenter une espèce de canal, il était exactement plein. A une époque plus rapprochée, on a vu que ce nerf était destiné à l'olfaction, et on fondait cette opinion 1° sur le siège où est produite l'impression des odeurs, 2° sur son mode de terminaison à la membrane pituitaire. Mais on sait que, pour l'accomplissement de l'olfaction, il n'est pas seulement nécessaire que l'air ou le corps odorant traverse les fosses nasales, qu'il faut encore que les principes odorans soient dirigés vers la voûte de ces fosses, où se trouve le nerf ethmoïdal. Ne sait-on pas qu'après l'ablation de la plus grande partie du nez, la puissance olfactive n'est que suspendue; qu'il suffit, comme l'a démontré Béclard, d'adapter un nez artificiel pour diriger de nouveau les odeurs vers la voûte, et pour que l'olfaction s'accomplisse. On a vu, d'un autre côté, que cette faculté est d'autant plus parfaite que le nerf olfactif est plus développé : ainsi, la puissance olfactive existe au plus haut point chez les ruminans et les carnivores, car, chez eux et chez les derniers surtout, le nerf olfactif a un développement remarquable. Ici la fonction est donc en rapport avec l'étendue du nerf, comme la perfection du jeu des autres organes est en rapport avec leurs proportions.

En établissant une échelle analytique, on verra que cette faculté baissera à mesure que le volume de ce nerf diminuera.

Quant au mode de terminaison du nerf lui-même, tout le monde s'accorde à admettre qu'il se perd dans la membrane muqueuse de la voûte des fosses nasales et dans celle qui recouvre les cornets supérieurs.

Plus tard l'expérimentation a voulu dépouiller ce nerf de ses vieilles prérogatives, on l'a regardé comme nul dans l'olfaction, et l'on a attribué l'impression des odeurs à la cinquième paire. Or, ce nerf envoie aux fosses nasales le rameau ethmoïdal, le nerf sphéno-palatin. C'est M. Magendie qui le premier a émis cette opinion sur les usages de ce nerf, et qui a voulu la fortifier par un fait rapporté par Béclard : celui de la destruction du nerf olfactif chez un homme qui, dit-on, avait la conscience des odeurs.

Ce fait ne mérite pas toute la confiance que l'on serait disposé à lui accorder tout d'abord, parce qu'il n'a pas été observé par Béclard lui-même, mais bien par les voisins du malade, qui ont pu confondre l'habitude que celui-ci avait de prendre du tabac, avec l'olfaction proprement dite. Au reste, on peut comprendre, à la rigueur, que l'on trouve un certain plaisir dans l'inspiration du tabac, comme corps excitant et produisant le chatouillement de la membrane pituitaire, sans que pour cela l'olfaction existe. Cela est si vrai que souvent l'éternuement a lieu sans que l'on ait pour cela apprécié si le corps qui le détermine est odorant ou non. En résumé, les nerfs de la cinquième paire qui viennent se distribuer à la membrane pituitaire, ont été regardés comme donnant la sensibilité à cette membrane, et maintenant M. Magendie, auquel la physiologie est redevable de curieuses expériences, est presque seul de son avis sur ce point.

Voici d'ailleurs en quoi consiste l'expérience de M. Magendie. Il a fait la section de la première paire, et approchant alors du nez de l'animal une allumette enflammée, celui-ci a éternué. Voilà ce que M. Magendie appelle un effet de l'olfaction. Pour nous, c'est tout simplement une excitation de la membrane pituitaire qui réagit sur le diaphragme, qui à son tour chasse brusquement l'air contenu dans les poumons. Ch. Bell a très-bien expliqué l'expérience de M. Magendie, dont il regarde les conclusions comme complètement erronées. Mais si M. Magendie a donné de cette expérience une explication qui ne nous paraît pas exacte, le physiologiste anglais a eu tort de critiquer avec tant d'amertume un fait qui était bon à observer en lui – même.

M. Magendie a détruit le nerf olfactif et l'animal a continué à sentir. M. Magendie avoue qu'il n'a pas été aussi heureux pour constater ce que les animaux éprouvent pour l'appréciation des alimens à l'odorat.

En résumé, parce que l'animal éternue par l'action excitante de l'ammoniaque sur la pituitaire, après la section des deux nerfs olfactifs, est-il juste de conclure qu'il y ait eu olfaction? Est-il également raisonnable de penser que ces nerfs ne sont pas les nerfs de l'olfaction, parce que ce phénomène a été la conséquence de l'action directe du même agent irritant sur les rameaux de la cinquième paire, qui se rendent aux parois des fosses nasales? Non certes. La seule sensibilité exquise dont jouit cette membrane, comme celle du larynx, explique ce phénomène. L'éternuement, dans ce cas, dépend des relations de la pituitaire avec l'appareil respiratoire, et ne prouve nullement que l'animal ait jugé la qualité du gaz irritant.

L'état des narines influe singulièrement sur la perfection de l'olfaction. L'affaissement des ailes du nez, par vice de conformation ou par cessation d'action des muscles qui les rendent mobiles, empêche l'entrée d'un volume d'air assez considérable et s'oppose à ce que cette colonne arrive directement vers la voûte des fosses nasales.

Sur un chien, j'ai coupé la septième paire. La narine du même côté s'est affaissée et a cessé d'être mobile. Chez cet animal, j'ai en vain approché de l'ammoniaque de l'entrée des narines : d'une part, aucun effet n'a trahi son action sur la membrane pituitaire, tandis que de l'autre, l'animal a donné des signes non équivoques de l'influence délétère de la respiration de ce gaz irritant.

Chez un homme qui avait une paralysie d'un côté de la face, j'ai observé les mêmes résultats.

Dans l'acte ordinaire de la respiration, l'air est porté directement en arrière ; aussi, quand on veut avoir la jouissance des corps odorants, attire-t-on l'air vers les fosses nasales, dans une forte inspiration, et c'est alors que le nerf olfactif est vivement frappé par les matières odorantes et que l'olfaction s'accomplit.

Quoique l'air passe encore par la narine paralysée, il n'est pas moins vrai que l'olfaction sera imparfaite.

Une observation recueillie par nous va prouver que le nerf olfactif préside réellement au phénomène de l'olfaction.

Le nommé Mestre (Pierre), militaire, âgé de vingt-sept ans, reçut, dans les journées de juin, un coup de feu qui, allant de la partie interne de l'œil droit vers le gauche, traversait la racine du nez, sans donner à cet endroit lieu à aucune plaie. Les tissus qui entouraient l'ouverture d'entrée du projectile, et ceux qui se trouvaient sur le trajet, comme les paupières, les sourcils, étaient tous infiltrés de sang, plus ou moins contus, meurtris et triplés de volume par les liquides qui les abreuvaient. L'introduction du doigt dans l'unique ouverture, fit reconnaître la

fracture des os de l'orbite droit. La plaie fut agrandie;
je cherchai le corps étranger, mais ignorant l'endroit
où il s'était logé, je renonçai bientôt à mes tentatives
dans la crainte d'augmenter par des recherches multipliées la commotion cérébrale, qui, chez ce malade,
était déjà portée au plus haut degré. Cet accident
ne fut pas de longue durée, et bientôt le blessé re-
couvra toute sa raison. Dans la prévision de phénomènes inflammatoires, qui n'étaient que trop à crain-
dre, on avait pratiqué de copieuses saignées, qui
n'eurent pour résultat que de prévenir l'inflammation,
presque inévitable et probablement mortelle. Dès
les premiers jours, cet homme désirait avec ardeur
des alimens; c'était son idée dominante; les désirs
se traduisaient par des demandes presque continuelles
de nourriture. Tout à coup la scène changea : un
délire furieux s'empara de ce malheureux; le pouls
devint plein et fréquent; la physionomie se gonfla,
les muscles se contractèrent avec force, se raidirent;
les articulations devinrent difficiles à mouvoir; la
respiration s'embarrassa et le malade succomba enfin
malgré les applications nombreuses de sangsues à la
base du crâne, malgré les saignées et l'usage non interrompu de la glace appliquée sur la tête.

L'autopsie, faite avec soin, nous révéla des altérations curieuses et importantes : les paupières, les
sourcils, le tissu graisseux de l'œil, toutes les parties
enfin qui se trouvaient sur le trajet de la balle,
étaient infiltrés d'un sang noir et abondant : l'apophyse orbitaire externe droite était brisée; l'œil du
même côté était désorganisé et la cornée coupée en

plusieurs lambeaux; la racine du nez était traversée; les os qui forment cette espèce de voûte avaient été fracturés; l'ethmoïde était détruit, et la longue apophyse, connue sous le nom de *crista galli*, intéressée; enfin les nerfs olfactifs étaient déchirés. Les lobes antérieurs du cerveau n'avaient pas moins souffert, puisqu'ils étaient enflammés et ramollis.

Cette observation est intéressante sous plusieurs aspects: 1° sous le rapport de la direction de la balle; 2° sous celui de l'apparente simplicité de la blessure; 3° enfin sous le point de vue physiologique. C'est sous cet aspect seulement que nous nous en occuperons.

L'épanchement de sang, apparent à l'extérieur, nous ayant annoncé une fracture dans la région nasale, nous fîmes respirer au malade, dans le moment où il avait encore toute son intelligence, de l'ammoniaque liquide, et d'autres substances très-odorantes: et pourtant le blessé, loin de pouvoir établir des distinctions entre ces substances, ne put rien sentir, quoique les fosses nasales eussent été parfaitement libres.

J'ai fait une expérience contradictoire à celle de M. Magendie, et j'ai obtenu des résultats tout-à-fait différens.

Sur un lapin j'ai détruit la cinquième paire, et le premier jour après cette opération, quand la conjonctive était en pleine suppuration, quand la narine du même côté a exhalé du pus, et lorsque l'aile correspondante a été complètement affaissée, j'ai approché une allumette enflammée de ce même côté, après avoir oblitéré l'autre narine : à l'instant même l'animal a éternué.

Là se termine ce que j'avais à dire sur le nerf olfactif, que Galien n'a pas mieux connu sous le point de vue anatomique, que sous le rapport fonctionnel; nous pouvons conclure de cette série d'expériences et de raisonnemens : 1° que ce nerf est un produit des pyramides antérieures, et que dès lors il nous semble être la continuation du cordon antérieur de la moelle; 2° que son volume est en rapport avec le degré d'olfaction; 3° que ce volume est considérable dans les carnivores et dans les chiens chasseurs; 4° que ce nerf tire, chez tous les animaux sans exception, son origine du même point, et qu'il n'est pas, comme on l'a prétendu, le produit d'une circonvolution; 5° que cette circonvolution l'accompagne, le fortifie, mais ne le forme pas; 6° que ce nerf est insensible, soit qu'on le pique, soit qu'on le déchire; 7° qu'il est conducteur des impressions olfactives; 8° que ces usages sont pleinement confirmés par l'expérimentation et par la pathologie.

CHAPITRE .

Fonctions du nerf optique et des nerfs de l'orbite.

Si nous avons pu démontrer jusqu'à l'évidence, que le nerf olfactif ne naît pas du cerveau, nous rencontrerons moins de difficultés encore à prouver que la deuxième paire de nerfs ne naît pas de cet organe, mais bien des parties supérieures de la moelle épinière. Quelques auteurs ont prétendu dans ces derniers temps que le nerf optique est exclusivement formé par les tubercules quadrijumeaux; mais cette opinion est mal fondée, puisqu'il est notoire que ce nerf est produit: 1° par les tubercules quadrijumeaux; 2° par les couches optiques, qui semblent principalement lui donner naissance. Cette double origine facilement appréciable dans l'homme, devient d'une évidence plus frappante encore chez certains animaux. Dans le cheval, par exemple, le nerf optique figure à sa naissance un grand ruban blanc, dont la plus grande partie vient des *corpora geniculata* (couches optiques), et la plus petite sort des tubercules quadrijumeaux, sous forme d'une bandelette blanche, naissant entre les tubercules quadrijumeaux, et se continuant avec chaque nerf optique. Dans cet animal, les tubercules quadrijumeaux étant recouverts, en grande partie, par de la substance grise, la bandelette blanche dont nous venons de parler ne peut avoir que peu d'étendue. Ainsi les nerfs optiques naissent d'abord d'un point sensible, les tubercules quadrijumeaux, et ensuite des cordons antérieurs de la moelle épinière, qui forment les couches optiques. Ces deux racines nerveuses se confondent plus tard, de manière à ne plus former qu'un seul tout, dépourvu dès le principe de névrilème.

Il existe dans l'intérieur de l'œil une membrane qui a beaucoup excité les travaux des anatomistes, qui, regardée par les uns comme une dépendance du nerf optique, est considérée par les autres, comme tout à fait distincte de ce nerf, et ayant seulement des rapports avec ce cordon nerveux : cette membrane c'est la rétine. Si nous examinons quels sont ses usages, nous voyons que par son étendue elle est appelée à servir de tégument interne à l'œil, et qu'elle est en outre destinée à recevoir l'impression de la lumière, comme la peau perçoit celle des corps extérieurs. L'impression d'une lumière trop forte, devient douloureuse à l'œil. Un rayon de soleil qui frappe directement la rétine, peut la paralyser pendant quelques instans, en rendant impossible la perception des corps, et l'ébranlement de la membrane par l'arrivée de nouveaux faisceaux de lumière. C'est donc évidemment une membrane sensible, semblable aux nerfs qui se répandent à la peau ; toute la différence consiste dans la nature des corps qui l'irritent. La choroïde, en absorbant une partie de la lumière, est destinée à empêcher que des impressions trop vives n'offensent la rétine : elle sert ainsi d'enveloppe à cette membrane, comme l'épiderme à la peau : aussi dès qu'elle est dépourvue de *pigmentum*, comme chez les Albinos, la rétine est-elle irritée facilement par l'impression d'une lumière un peu vive. Est-il possible maintenant d'admettre l'insensibilité de cette membrane, que certains physiologistes prétendent avoir reconnue par des expériences ? Ce résultat nous semble peu probable, quoiqu'ils aient, disent-ils, déchiré, coupé en tous sens la rétine, sans que l'animal ait témoigné la moindre douleur; et ce doute est fondé sur ce que cette membrane, qui continue le nerf optique, semble en avoir toutes les fonctions.

Le nerf optique, naît des pyramydes antérieures, en plus grande partie que des tubercules quadrijumeaux, c'est-à-dire plus d'un point insensible que d'un point sensible; il est en conséquence à la fois, nerf conducteur et nerf doué de sensibilité, puisque, comme les deux racines des nerfs de la moelle, il a deux origines opposées. L'expérience va démontrer cette proposition.

Si après avoir mis à découvert le nerf optique, on le pince, l'animal témoigne la douleur par les cris qu'il pousse, et par les efforts qu'il fait pour s'échapper.

J'ai tenté cette expérience sur différens animaux, notamment sur des canards, et j'ai toujours obtenu le même résultat. Sur un de ces derniers, j'ai isolé le nerf optique, et après avoir provoqué de la douleur par le pincement, j'ai incisé le nerf derrière l'endroit pincé; mais l'animal a paru peu sensible à cette division. Il en est de ce nerf comme du nerf facial, qui est plus sensible à la douleur, alors qu'on l'offense par pincemens, des déchiures, et de petites sections partielles. Ainsi s'explique l'absence de la douleur, dans la section rapide du nerf optique pendant l'extirpation de l'œil; et cette espèce d'insensibilité dont a parlé M. Blandin dans le t. XII du *Dictionnaire de Médecine et de Chirurgie pratique* (Art. *nerfs*).

Il faut ajouter maintenant que le nerf optique possède la propriété de conduire l'impression de la lumière. Ce phénomène est aboli par la section du nerf : les rayons lumineux qui frappent la rétine cessent d'être transmis au cerveau. Le ramollissement du nerf optique, les tumeurs de diverse nature qui se développent sur son trajet, et agissant les uns par leur influence désorganisatrice, les autres par leur puissance comprimante, amènent une interruption complète entre l'œil et le cerveau. Ce serait sans doute ici le moment de parler de l'influence des tubercules quadrijumeaux sur la vision, et d'examiner les nombreuses expériences dont ils ont été l'objet. Nous pourrions citer alors celles qui nous sont propres, et faire connaître des observations d'anatomie pathologique que nous avons recueillies. Nous avons pensé cependant qu'il valait mieux, pour décrire les usages de ces organes, attendre l'instant où nous nous occuperons des renflemens nerveux contenus dans le crâne et dans le canal vertébral.

On a pendant long-temps discuté si les nerfs optiques se croisent, et chaque auteur a cité à l'appui de son opinion des faits qui semblent y attacher le cachet de l'évidence et de la vérité. Après de longs débats, on est arrivé à ce résultat : qu'il y a autant de preuves pathologiques et anatomiques du côté de ceux qui admettent le croisement que du côté de ceux qui le rejettent. Cette dernière opinion est encore celle de quelques anatomistes de nos jours, et notamment de M. Hippolyte Cloquet. Presque tous les physiologistes d'ailleurs ont adopté l'opinion du croisement; en effet, l'anatomie humaine et l'anatomie comparée semblent ne laisser aucun doute sur ce sujet.

L'anatomie pathologique vient confirmer ce que

l'anatomie normale avait démontré. Le ramollissement du nerf optique, du côté droit, détermine la perte de la vision du côté gauche. Aux efforts tentés par l'anatomiste et le pathologiste, l'expérimentation est venue ajouter le résultat de ses travaux, c'est-à-dire une masse de faits qui ne permettent plus le doute sur la décussation des nerfs optiques.

M. Magendie a alternativement coupé le nerf optique du côté droit et du côté gauche derrière le *chiasma*, et s'est assuré ainsi que la paralysie était croisée ; par la section du chiasma lui-même, il y a eu paralysie des deux côtés.

Le même auteur a prouvé encore qu'en coupant le nerf optique du côté droit, et après la décussation de ces nerfs, on paralyse l'œil correspondant.

Aucun des nerfs de l'orbite dits de la vision ne préside à la vision. Le nerf optique seul sert à conduire l'impression des rayons lumineux au cerveau. L'absence d'action de tous les nerfs qui vont se distribuer aux muscles de l'œil, n'empêche pas la vision. Ch. Bell parle d'un malade qui avait une paralysie de tous les muscles de l'œil, et chez lequel la vision était parfaite, comme appréciation et comme jugement de la couleur et de la forme des corps.

Je dois ajouter que M. Magendie a regardé le nerf de la cinquième paire comme concourant à l'accomplissement de la vision. En parlant des usages de cette dernière paire de nerfs, nous verrons ce qu'il faut en penser.

Usages des nerfs moteur oculaire commun, moteur oculaire externe et pathétique.

Nul organe n'est mieux partagé sous le rapport de la variété des mouvemens que le globe de l'œil. Comme cela a lieu pour le larynx, des muscles nombreux viennent s'y fixer pour lui donner la mobilité dont il jouit. C'est à l'action combinée de tous ces muscles, ou à l'action isolée de chacun d'eux, que l'on doit cette expression des perceptions de l'ame, des désastres du cœur, de la colère, de l'inquiétude, de la jalousie, de la gaîté, du dédain, des passions touchantes. Ce sont en un moment ces mouvemens répétés de l'œil qui indiquent l'incertitude, le désir de connaître par de nouvelles impressions ce qui a échappé à l'ame et ce qui lui est inconnu. C'est l'immobilité du globe de l'œil qui atteste une pensée profonde, où une attention contemplative. Par une douce agitation, le globe de l'œil se promène avec complaisance sur les objets qui sourient à l'imagination; c'est enfin par ces changemens successifs qu'éprouve le globe de l'œil au moyen de ses muscles, que nous sommes frappés d'admiration pour cette belle harmonie de l'univers, ce qui a fait dire qu'il trahissait la pensée et qu'il était le miroir de l'ame.

Tous les muscles sont animés par des nerfs qui leur apportent la faculté de se contracter. La section d'un de ces nerfs, ou sa destruction par une cause quelconque, empêchant la communication avec les centres nerveux, amène des changemens remarquables dans la situation du globe de l'œil, changemens que nous sommes à même d'observer tous les jours.

Ch. Bell a établi pour l'œil deux grandes classes de nerfs. L'une est destinée au sentiment et l'autre au mouvement ; il a subdivisé la dernière en deux ordres : le premier représenté par ceux qui agissent sous l'influence de la volonté, et le second formé par ceux qui ne sont pas sous la puissance du cerveau. Il a donc établi des nerfs volontaires et des nerfs involontaires. Je ne saurais en aucun point partager les vues de Ch. Bel, qui me semblent manquer d'exactitude. Or, il s'agit de démontrer que les nerfs moteur oculaire commun, moteur oculaire externe et pathétique, possèdent les propriétés des autres nerfs, c'est-à-dire qu'ils sont sensitifs et moteurs, et enfin que tous les muscles de l'œil sans exception sont soumis à l'influence de la volonté.

Les nerfs qui viennent se distribuer dans les muscles de l'œil sont destinés à rapporter au cerveau leur degré de tension et de fatigue. Ils ont donc pour mission de rapporter les impressions qu'a reçues le muscle, absolument comme ceux qui se répandent dans la peau, et qui ont pour but de porter les impressions reçues au centre commun. Ainsi ces nerfs doivent jouir à un plus ou moins haut degré de la sensibilité, puisqu'ils sont douloureux, puisqu'ils communiquent avec un point sensible des centres nerveux. Lorsqu'on déchire ou qu'on pique les nerfs moteur oculaire externe, moteur oculaire commun, et pathétique, on détermine une douleur vive. La sensibilité n'est pas aussi marquée lorsqu'on les divise avec l'instrument tranchant, le rapprochement intime des filets qui composent chacun d'eux, fait que la sensibilité est moins développée que dans le nerf trifacial, dont les filets sont nombreux et peu rapprochés. La disposition anatomique confirme encore la théorie que j'ai développée ailleurs. Le nerf pathétique naît évidemment d'un point sensible, puisqu'il sort de la partie postérieure de la protubérance annulaire, de la valvule de Vieussens, par un ou plusieurs filets grêles. Les nerfs moteurs oculaires communs prennent aussi leur origine d'une portion sensible, d'un point de la substance nerveuse placé entre les pédoncules du cerveau. Les nerfs moteurs oculaires externes naissent de l'extrémité céphalique de la moelle, dans un sillon qui la sépare de la protubérance annulaire : sur de grands animaux on peut suivre leurs racines très profondément et même sur les côtés de la moelle.

Après avoir établi que ces trois nerfs réunissent les facultés de sentir et de présider aux mouvemens, il faut démontrer que les muscles de l'œil sont tous sous l'influence de la volonté. Les muscles droits et obliques peuvent, d'un commun accord, agir sur le globe de l'œil, avec ou sans influence de la volonté. Dans le premier cas, ce sont des mouvemens harmoniques : lorsqu'au contraire ils ne sont plus soumis à l'influence de la volonté, le globe de l'œil est agité d'une manière remarquable par tous les muscles, comme on peut l'observer sur l'œil de certains mourans.

S'il est vrai que tous les muscles peuvent être soumis à l'influence de la volonté, il est démontré aussi que chacun d'eux peut agir isolément, et dans son action entraîner l'œil de son côté. Ainsi le muscle droit supérieur attire l'œil vers la voûte de l'orbite, lorsque nous voulons fixer un objet placé au dessus de nous. Sans cette action isolée de chacun de ces muscles, on comprend que l'œil resterait toujours dirigé dans un même sens.

Chez une femme soumise à mon observation, il existe une adduction permanente de l'œil, déterminée par la contraction continuelle du muscle droit interne et la paralysie du droit externe. Cette femme peut bien porter l'œil en haut et en bas, mais il lui est impossible de le diriger en dehors. Ce mouvement d'abaissement et d'élévation vers la voûte ou le plancher de l'orbite, ne peut d'ailleurs se faire que dans une petite étendue et vers la paroi interne ; seulement lorsqu'on examine l'œil de profil, on aperçoit à peine une partie de la cornée ; cette membrane est cachée presque entièrement dans le grand angle de l'œil.

Les assertions de Ch. Bell perdent donc toute vraisemblance devant les faits que nous avons cités et devant les preuves que nous avons vues être basées sur l'anatomie. Ainsi le nerf moteur oculaire commun, en outre qu'il donne au muscle élévateur de la paupière supérieure, au droit supérieur de l'œil, au droit inférieur, au droit interne, au muscle oblique, la faculté de se contracter et d'être par là des muscles d'expression qui modifient de mille manières leurs mouvemens, suivant le désir de la volonté, est encore un nerf de la sensibilité, puisqu'il est doulou-

reux, et rapporte au cerveau les impressions de fatigue, etc. Il en est de même du nerf moteur oculaire
externe qui a la double faculté d'être sensible et
moteur. Quant au nerf pathétique, il possède à un
haut degré la faculté de sentir et de déterminer des
mouvemens.

Mais Charles Bell a voulu en faire un nerf à part,
qui ne serait pas sous l'influence du cerveau, et qui
apporterait la faculté de se contracter au muscle grand
oblique. Il pense en conséquence que le nerf pathétique préside aux mouvemens involontaires de l'œil.

Ch. Bell fonde cette opinion 1° sur l'origine de
ce nerf; 2° sur diverses expériences tentées dans le
but de prouver son hypothèse.

Cet expérimentateur coupa sur un singe le tendon
du muscle oblique supérieur de l'œil droit. Après
cette section, l'animal ne parut pas éprouver de
changement dans les mouvemens; les yeux étaient
agités et inquiets, comme à l'état habituel. Chez un
second singe, il fit la même opération sur le nerf
oblique inférieur, et cependant les mouvemens volontaires étaient aussi parfaits qu'avant l'expérience.
Il ajoute qu'ayant tenu ouverts les yeux du singe
dans la première opération, et qu'ayant passé la
main devant eux, il remarqua que l'œil droit se
tournait en haut et en dedans, et que l'animal éprouvait seulement un peu de peine à le ramener en bas,
tandis que l'autre œil avait un mouvement à peine
sensible dans le même sens.

Ch. Bell conclut de là que les muscles obliques
font exécuter à l'œil un mouvement rotatoire insen-

sible, et qu'ils le tiennent comme suspendu entre eux.

Faut-il attaquer sérieusement des propositions que Charles Bell a lui-même frappées d'impossibilité? Il nous suffit de résumer son opinion pour la combattre. Il fait sortir de la même colonne le nerf facial et le nerf pathétique, qui naissent tous deux de la colonne respiratoire et sont conséquemment des nerfs respirateurs, et ensuite il avance que le nerf pathétique est un nerf involontaire, prenant soin de le comparer au nerf facial, qui a la même origine et qui est un nerf volontaire par excellence. Nous ne pouvons pas attacher plus d'importance à l'opinion de Charles Bell sur le muscle grand oblique. Il ne sera pas difficile de prouver qu'il a voulu à toute force trouver un nerf qui fût involontaire et un muscle qui obéît à sa puissance, et, examinant le phénomène qu'il rapporte, nous ferons facilement comprendre que l'un des obliques reçoit une branche volumineuse du nerf moteur oculaire commun, qui porte l'œil en haut, en bas et en dedans, et le grand oblique qui tire le globe oculaire en avant, en dedans et en haut, et qu'enfin tous les muscles droits, qu'ils agissent isolément ou de concert, tendent à porter l'œil dans la rotation, outre qu'ils le dépriment et l'enfoncent dans l'orbite : qu'en conséquence, si l'on coupe le muscle grand oblique, et si l'œil est porté en dedans et en haut, il n'en résulte pas que le grand oblique soit un muscle involontaire, puisque pour produire le phénomène que Charles Bell a signalé, après la section de ce muscle, il reste les muscles oblique inférieur, droit supérieur et droit interne ; qu'enfin il n'y a rien d'étonnant que Ch. Bell ait trouvé que le mouvement par ces muscles fût insensible dans l'état ordinaire, si l'on fait attention qu'alors il existe naturellement équilibre entre les forces qui tendent à imprimer un mouvement de rotation en dehors, en bas, en dedans, et que le grand oblique le porte en avant, en dedans et en haut ; d'où l'équilibre des fibres musculaires, et le mouvement insensible, donné par Ch. Bell ; ainsi les mouvemens qui ont lieu sous l'influence du nerf pathétique sont bien sous l'empire de la volonté.

CHAPITRE III.

Nerfs de la cinquième paire.

Ce grand nerf que l'on appelle trijumeau, trifacial, se distribue à peu près à toutes les parties constituantes de la face ; aux membranes muqueuse, cutanée et aux muscles ; il aboutit encore aux parties molles du crâne, aux paupières, à l'oreille, aux lèvres, à la langue et au nez. Mais son caractère le plus remarquable est sa division en trois branches bien distinctes, caractère qui lui a valu le nom de trifacial.

Ch. Bell, parlant de ce nerf, l'a classé parmi ceux de la moelle épinière, à cause du ganglion plexiforme qui se développe sur son trajet. Aussi ce pathologiste l'a-t-il considéré comme destiné au mouvement et au sentiment. Partout, dit-il, où l'on rencontre un organe de préhension pour saisir les alimens qui doivent arriver dans l'estomac, on trouve le nerf trifacial, tantôt à l'état rudimentaire, tantôt à l'état parfait, placé là sans doute pour servir de sentinelle vigilante.

Charles Bell, s'occupant ensuite de l'origine de ce nerf, prétend qu'il ne naît pas de cette colonne de la moelle épinière, qu'il nomme respiratoire, mais bien sur la même ligne que les nerfs rachidiens. Nous allons examiner si cette assertion est juste et fondée.

Avant les travaux de Gall, on n'avait pas encore de notions exactes sur l'origine du nerf trifacial; on le regardait alors comme naissant de la protubérance annulaire, endroit où il est remarquable par son volume. Winslow le faisait naître des parties latérales de la protubérance *transversale* de la moelle alongée.

Gall démontra que chez l'homme ce nerf naissait évidemment de l'extrémité céphalique de la moelle épinière, en traversant les filets de la protubérance annulaire. Il précisa même son point d'origine ou d'insertion céphalique dans les mammifères. Il est notoire que ce nerf a plusieurs origines bien distinctes : l'une, supérieure et petite, qui se continue avec la partie supérieure de la protubérance annulaire, en passant derrière les pédoncules du cervelet, et même avec la valvule de Vieussens qui aboutit aux corps restiformes des pédoncules du cervelet; l'autre, inférieure ou basilaire qui, peu de temps apparente à la surface de la protubérance, s'enfonce bientôt dans l'épaisseur de la substance nerveuse, là où les fibres transversales du pont de Varole vont gagner les pédoncules du cervelet. Les fibres qui composent cette racine se rendent aux pyramides antérieures et aux éminences olivaires. Si l'on opère une coupe verticale de la protubérance annulaire, au milieu de ce nerf, on voit contraster singulièrement par la direction les fibres de celui-ci et celles des pyramides. Ainsi le nerf trifacial naît de points sensibles et volontaires ; et bien loin de partager l'opinion de Ch. Bell sur son origine, nous sommes convaincus qu'elle vient de cette ligne même qu'il a appelée respiratoire.

Ce nerf est très volumineux dans les poissons, mais plus dans quelques uns que dans d'autres. C'est dans ce cas d'exception que, comme l'a démontré Des-moulins, un grand nombre des filets du nerf trifacial vont se distribuer jusque dans le quatrième ventricule. Ce caractère, que nous venons de signaler pour les poissons, se retrouve dans les oiseaux ; en un mot, le trifacial semble destiné à remplacer le nerf facial dans les animaux dépourvus de lèvres.

La cinquième paire est formée par de nombreux filets appliqués les uns près des autres, et réunis par un tissu cellulaire lâche ; aussi cette composition leur donne-t-elle une apparence rubanée que revêtent aussi les branches qui partent du nerf, et qui ne cesse que lorsque les filets traversent un long canal osseux ; alors ils sont arrondis, mais ce caractère exception-nel n'est dû qu'à la forme du conduit qu'ils traver-sent, aussi peut-on très aisément les aplatir, à cause de la facilité avec laquelle on isole facilement chacun de ces filets. Cela est si vrai qu'une fois sortis du tronc osseux ou du conduit qu'ils parcourent, on les voit s'écarter les uns des autres, rayonner et venir se perdre dans les organes, comme un pinceau dont les parties constituantes divergent entre elles, et porter la vie avec le sentiment et le mouvement dans les parties auxquelles ils se distribuent.

Si j'insiste sur la séparation des filets, et sur la facilité avec laquelle on les isole les uns des autres, c'est que ce caractère particulier a, en effet, une grande importance, puisque c'est à cette disposition, merveilleusement combinée par la nature, qu'est due la sensibilité vive que l'on trouve portée dans ce nerf à un degré si élevé.

Si nous nous demandons maintenant comment se termine chaque filet? dans quel organe vient-il se perdre? est-ce dans les membranes, est-ce dans les muscles? accompagne-t-il enfin les vaisseaux sanguins dans tout leur trajet? nous trouvons que chacun de ces points soulève une question qu'il est important d'examiner et de résoudre avant de passer outre.

Mon attention tout entière a été dirigée avec persévérance vers ce point d'anatomie qui, s'il est résolu, doit jeter un grand jour sur des faits encore interprétés contradictoirement.

On peut dès à présent poser en principe que le nerf trifacial envoie la plupart de ses nombreux et remarquables filets aux membranes cutanées et aux membranes muqueuses, où ils viennent se ramifier à l'infini, en formant des milliers de réseaux sous l'épiderme.

Chez l'homme et les animaux, j'ai suivi les filets de ce nerf dans la conjonctive, dans la membrane buccale, la peau et la pituitaire. Pour celui qui a soumis à une patiente analyse les détails de ce magnifique arrangement, la sensibilité dont jouissent toutes ces membranes cesse d'être un mystère et un sujet d'étonnement; car elle est expliquée d'une manière positive et évidente.

Si la plus grande partie de ces filets se distribue aux membranes, les muscles en reçoivent eux-mêmes un grand nombre. Il est donc vrai que ce nerf anime à la fois les membranes et les muscles; qu'il a la faculté de sentir les corps et de les repousser. Il est donc vrai qu'il y a deux nerfs destinés aux muscles de la face : le facial et le trifacial.

Ce qu'il importe maintenant de savoir, c'est si les filets qui partent de l'un viennent, dans le muscle, se perdre au même point que ceux que l'autre envoie.

Au premier aspect, la solution de ce problème paraît peu importante, et c'est d'elle cependant que découle l'explication exacte de phénomènes qui paraissent si différens après la division de l'un de ces nerfs. Pour moi, ces phénomènes sont semblables, identiques, et la différence qui semble les distinguer ne résulte que *du plus ou du moins*.

Le nerf facial se termine dans un muscle, à l'origine de celui-ci, dans son corps ou à son point d'implantation.

Le trifacial, au contraire, aboutit presque toujours à la fin du muscle, à son extrémité terminale ou mobile. Ainsi l'on voit les muscles canin, zygomatique, recevoir des filets à leur point labial. Pourtant cette règle souffre des exceptions pour le temporal, les masséters.

Quant aux vaisseaux sanguins, ils sont suivis dans leur trajet par les rameaux du trifacial, qui sont *réellement* pour eux des *compagnons nécessaires*. Les artères 1° sous-orbitaire, 2° sùs-orbitaire, 3° massétérines, etc., sont aussi côtoyées par des branches de ce nerf, aussi variables dans leur volume que dans leur étendue.

Nous avons dit que chez les animaux dépourvus de lèvres, le nerf trifacial existe presque exclusivement, et qu'alors le nerf facial n'apparaît qu'à l'état rudimentaire. Dans certains animaux, on trouve entre le ganglion ophthalmique et le nerf trifacial une communication anatomique, qui chez d'autres, au contraire, *est inaperçue*, et chez quelques uns enfin n'existe évidemment pas.

Quant aux muscles de la face, leur volume et leur longueur sont en rapport avec le développement des lèvres et les dimensions de la face. Dans la chèvre ils sont puissans ; mais dans le cheval ils affectent des proportions énormes.

Nous ne pouvons passer outre à l'examen des facultés du nerf trifacial, sans poser en regard quelques expériences et quelques assertions de Charles Bell, dont il nous importe d'apprécier la valeur et la justesse.

Charles Bell, sur un âne récemment tué, a coupé la cinquième paire à son origine ; à l'instant les muscles élévateurs de la mâchoire inférieure se sont relâchés, et la bouche est demeurée largement ouverte. Sur un autre âne qui venait d'être abattu, ayant excité la cinquième paire, il a vu au même instant les mâchoires se rapprocher avec force l'une de l'autre, et de ces deux expériences Charles Bell à conclu que ce nerf était destiné aussi bien au mouvement qu'à la sensibilité.

Voulant démontrer la destination différente de la septième paire et de la cinquième, Charles Bell a, sur le même animal, tenté une expérience qui, selon lui, ne laisse aucun doute à cet égard. La section du nerf sus-orbitaire du côté gauche détermina l'insensibilité de la face du même côté : mais la même opération faite sur le nerf facial du côté droit, laissa subsister toute la sensibilité dans la partie correspondante.

Charles Bell ajoute que dans le premier cas la douleur fut telle qu'il l'avait prévue, et que dans le second, au contraire, l'animal ne manifesta aucune souffrance. Poussant plus loin ses recherches, Charles Bell voulut voir jusqu'à quel point ces deux nerfs avaient une puissance différente sur les muscles de la face : ayant touché légèrement, dit-il, le nerf respiratoire, il vit au même instant les muscles agités de convulsion, sans que l'animal témoignât de la moindre douleur. Eprouvant ensuite la cinquième paire, il s'aperçut que les muscles se contractaient difficilement, bien que la plus vive souffrance eût été manifestée.

Plus loin, Charles Bell assure qu'ayant, pour guérir une névralgie, coupé la branche qui va au front (sans doute l'ophthalmique), il ne vit aucune paralysie enchaîner les muscles du sourcil, et qu'au contraire la destruction de la branche supérieure du nerf respiratoire entraîna la paralysie de l'arcade sourcilière ; et que dans ce cas le sourcil offrait un contraste frappant avec celui du côté opposé, par son immobilité absolue, et par sa chute sur le globe de l'œil.

Charles Bell, poursuivant ses expériences, raconte qu'un homme qui s'était suicidé d'un coup de pistolet, conserva, pendant un reste de vie, la sensibilité des lèvres, de la langue, de la face : le mouvement des paupières du même côté était seul conservé, tandis que la commissure des lèvres correspondante était tiraillée, et ne pouvait être ramenée à sa situation habituelle. L'autopsie démontra que les filets du nerf facial, qui vont se distribuer aux paupières, étaient restés seuls exempts d'altération.

Charles Bell ne croit donc pas qu'il puisse exister pour lui de doute sur les usages des deux nerfs dont il s'est occupé dans ces expériences, et sur le degré auquel peut s'étendre différemment leur faculté de mouvement et de sentiment.

Abordant ensuite l'acte de préhension, qui selon lui peut paraître obscur, le physiologiste anglais en trouve une explication complète dans le fait suivant.

Un homme qui s'était fait arracher une molaire de la mâchoire inférieure, crut, alors qu'il porta un verre d'eau à sa bouche, éprouver la sensation d'un verre cassé. Comme il dut reconnaître facilement son erreur puisque le verre était entier, il faut expliquer ce phénomène par l'insensibilité d'un côté de la lèvre, dont cet homme avait d'ailleurs conservé l'usage, et qu'il pouvait mouvoir encore. Depuis ce moment il n'a pu avoir la conscience d'un corps solide ou liquide posant sur la lèvre paralysée.

Charles Bell se rend compte de ce fait par l'ébranlement du nerf qui sort par le trou mentonnier, et qui n'est, comme on le sait, qu'une dépendance du nerf dentaire inférieur.

Cet auteur ajoute que la préhension des alimens ne peut avoir lieu, quand la sensibilité est éteinte dans les lèvres, de même qu'elle devient impossible quand la septième paire a perdu sa puissance. Il explique le premier fait par l'impossibilité où se trouve l'animal de distinguer la nature du corps que les lèvres doivent saisir, et le second par l'absence d'action musculaire, bien que la sensibilité soit conservée.

On peut faire ici une objection à ce système, c'est que l'absence de la sensibilité des lèvres ne s'oppose nullement à ce que la préhension des alimens se fasse, pourvu que les yeux viennent suppléer à la perte de la sensibilité. Mais dès que le mouvement a cessé d'exister dans les lèvres, alors la vision ne peut plus remplacer la première faculté détruite, la sensibilité.

Sans nous attacher dès à présent à combattre les expériences de Charles Bell, nous verrons que la distinction établie par cet auteur est loin de reposer sur des bases solides ; en effet, la sensibilité peut s'éteindre dans un corps sans que le mouvement soit anéanti, et dès lors les fonctions de préhension s'exécutent comme par le passé. Les faits à l'appui de cette opinion sont trop nombreux, pour que nous puissions les rapporter.

Si Charles Bell a trouvé sous le rapport de l'action sur les muscles de la face une distinction entre le nerf facial et celui de la cinquième paire, cette découverte ne prouve pas, comme il l'a avancé, que l'un soit purement musculaire dans sa nature, et l'autre essentiellement sensible dans la sienne.

S'il y a une distinction à établir entre ces deux nerfs, elle résulte de leur distribution, et non de leur nature : en effet, si la cinquième paire venait, ce que l'on peut supposer un instant, se distribuer aux muscles superficiels de la face, elle remplirait évidemment le même but fonctionnel que le nerf facial.

Si, de ce que le nerf de la cinquième paire donne la sensibilité aux membranes et aux muscles, il résulte qu'il sert à un double usage, ces deux fonctions se réduisent, comme nous l'avons déjà prouvé, à une seule, puisque, si différentes qu'elles soient, elles dépendent de son mode de terminaison, qui va donner aux unes la sensibilité, et aux autres la faculté contractile qui leur est propre.

Charles Bell est tombé dans une grave erreur, en assurant que le nerf facial est dépourvu de sensibilité, puiqu'il est constant qu'il possède cette faculté à un très haut degré, ainsi que l'ont prouvé de nombreuses expériences faites sur l'âne, animal qui a été le sujet de l'expérimentation de Charles Bell.

N'est-il pas évident en effet que le facial et le trifacial sont doués de sensibilité, puisqu'ils sont douloureux, et que lorsqu'ils sont irrités, ils excitent tous les deux des contractions musculaires?

Nous verrons plus tard que chez certains animaux, les gallinacés, par exemple, le mouvement et la sensibilité de la face sont dus au nerf trifacial seulement.

Charles Bell, étendant le cercle de ses investigations, a encore expérimenté sur la branche ophthalmique de la cinquième paire. Comme résultat de ses expériences, il assure que cette branche jouit des mêmes propriétés que les autres troncs de la cinquième paire; puisque, par la section de ce nerf, on détruit la sensibilité de la peau du front, sans amener aucun obstacle au mouvement des sourcils, qui sont entièrement conservés, puisque enfin cette branche dispense également la sensibilité et à l'intérieur et à l'extérieur.

M. Crampton de Dublin a remarqué l'insensibilité de toute la muqueuse des paupières, de la peau qui les recouvre, dans une étendue d'un pouce environ, autour de l'œil. Cette insensibilité ne dépassait pas la ligne moyenne du corps; le toucher n'excitait aucune sensation. Charles Bell fait remarquer que, malgré l'insensibilité du globe de l'œil et de la conjonctive, la vision était cependant conservée.

Pourquoi s'étonner que la peau du front, la muqueuse palpébrale et la muqueuse oculaire deviennent insensibles après la destruction de la branche ophthalmique, s'il est prouvé que la conjonctive et la peau du front reçoivent leurs filets de la cinquième paire?

M. Magendie, traitant des fonctions de ce nerf,

ne partage pas entièrement l'opinion de Charles Bell, puisqu'il pense que la vision ne s'exécute plus après la section de la cinquième paire. M. Magendie avoue cependant que par la section du nerf optique on abolit complètement la vision, tandis qu'une partie de cette faculté survit à la section de la cinquième paire, puisque les paupières se ferment lorsque, dans ce dernier cas, on passe une lumière devant l'œil exposé à l'ombre. Il est donc évident que la cinquième paire rend la vision plus parfaite, sans y présider souverainement. Tout cela dépend des dispositions anatomiques, et il est tout naturel de croire que si la cinquième paire remplaçait le nerf optique, elle remplirait les mêmes fonctions. On dit même que cette disposition existe chez certains animaux.

M. Magendie a démontré en outre que la section de la septième paire amenait des changemens remarquables dans le globe de l'œil, à ce point qu'on a vu en résulter une inflammation suppurante, et cet auteur a regardé comme un phénomène rare cet accident suivi de suppuration, et entraînant l'abolition de ce nerf.

MM. Charles Bell et Magendie regardent la cinquième paire comme destinée à donner la sensibilité à l'œil, à la membrane pituitaire, à une partie de la peau de la tête, à la muqueuse de la bouche, à celle des lèvres, de la langue et du palais, et à la muqueuse oculaire.

Seulement ces deux auteurs pensent que ce nerf possède à un bien moins haut degré la puissance motrice, qui leur semble dévolue spécialement au nerf facial.

Le moment est venu pour nous de passer en revue les diverses expériences que nous avons tentées sur le nerf de la cinquième paire, ainsi que les observations anatomiques qui nous sont propres, et qui pourront jeter quelque lumière sur ce sujet si important et si fécond.

Nous aurons à examiner successivement : 1° la sensibilité de ce nerf; 2° le mouvement ; 3° son influence sur les sécrétions ; 4° sur la circulation ; 5° sur le goût ; 6° sur l'olfaction ; 7° sur la vision ; 8° sur l'expression ; 9° examiner enfin les maladies qui peuvent le frapper.

Ce nerf est doué de la sensibilité au plus haut degré, puisque si on l'irrite, soit qu'on le coupe, soit qu'on le pince, soit qu'on le déchire, soit qu'on le touche seulement, l'animal trahit sa souffrance par des cris lamentables; puisque, dans les mêmes cas, l'homme qui souffre une opération témoigne la plus vive douleur.

Cette excessive sensibilité est due au grand nombre de filets qui composent ce nerf, à leur union lâche et à son mode d'origine. Ce nerf naît en effet d'une grande surface de la moelle alongée et presque de tous ses points sensibles, si l'on excepte une faible partie qui n'a aucun rapport avec le plexus gangliforme que l'on remarque sur ce nerf dans l'intérieur du crâne.

Tous les filets, nés presque tous de points sensibles, doivent, comme nous l'avons dit, posséder par cela même une faculté identique ; mais existe-t-il dans le tronc de ce nerf des filets destinés exclusivement les uns au mouvement et les autres à la sensibilité ? Avant la formation du ganglion, il existe certainement une réunion de filets qui n'offrent absolument pas de traces de sensibilité, comme les racines antérieures des nerfs spinaux, qui sont complètement insensibles. Mais dès qu'ils se sont réunis après la formation du ganglion, tous possèdent cette grande propriété des corps vivans, la sensibilité. Il en est de même pour les nerfs de la moelle épinière. Ce nerf se partage donc dans l'intérieur du crâne en deux parties très distinctes, l'une sensible, plus volumineuse, l'autre petite et conductrice ; mais après la formation du ganglion, toute distinction s'efface, tous les filets sont sensibles.

Toutes les fois que ce nerf a été comprimé par une tumeur, il est survenu dans toute la face des douleurs atroces, qui suivaient le trajet des cordons nerveux auxquels le nerf donne naissance ; et l'on voit ces phénomènes persister tant que toute communication n'est pas interrompue avec l'implantation du nerf sur la moelle alongée.

Mais aussitôt que la pression est portée au point d'interrompre toute communication, ou lorsque son organisation a été détruite, toute douleur disparaît, toute sensibilité cesse au devant de la portion altérée.

Ainsi ce nerf est *sensible*, à cause de son origine, qui elle-même est douée de sensibilité à un haut degré. Il est *nerf moteur*, puisqu'il est sensible. Il est *conducteur* par une de ses racines et *sensible* par l'autre. Il est isolément *sensible* ou *moteur* derrière le ganglion, qui donne aux deux racines des usages communs.

Le nerf trifacial est destiné au mouvement, puisqu'il envoie de nombreux filets aux muscles temporaux, masséters, ptérygoïdiens, buccaux, etc..... Il n'est pas douteux qu'il soit un nerf musculaire, puisque l'anatomie prouve que les fibres des muscles dont je viens de parler en reçoivent des filets, et puisque d'une autre part la physiologie nous le démontre aussi. Si l'on ouvre le crâne d'un animal qui vient de mourir, comme l'a fait Ch. Bell, comme l'ont fait plusieurs autres physiologistes, et si l'on irrite l'origine de la cinquième paire, à l'instant même les muscles entrent en action, et, par le fait de leur convulsion, les mâchoires se rapprochent avec force l'une de l'autre. On peut, comme on l'a expérimenté encore, et comme je l'ai expérimenté moi-même, couper la cinquième paire, et bientôt on voit les muscles élévateurs de la mâchoire inférieure se relâcher et éloigner celle-ci de la supérieure. Ch. Bell s'est donc trompé quand il a dit que le nerf facial était essentiellement musculaire, et que le trijumeau jouissait à peine de la faculté de faire mouvoir les muscles. L'un est le nerf des muscles profonds, et le premier celui des muscles superficiels.

Il est si vrai que le nerf trifacial est destiné aussi bien au mouvement qu'à la sensibilité, que dans certains animaux il est seul le dispensateur de l'une et de l'autre de ces facultés : ainsi, chez les animaux, par exemple, qui sont dépourvus de lèvres et chez lesquels on ne trouve le nerf facial qu'à un état rudimentaire. Les faits que je pourrais rapporter sont nombreux; je me bornerai à citer quelques expériences qui, outre qu'elles offrent de l'intérêt sous plusieurs rapports, me semblent concluantes : elles ont été faites sur des animaux pourvus de bec au lieu de lèvres.

Chez le canard, où il existe trois grosses branches fournies par le nerf trifacial, une supérieure ophthalmique, qui envoie des filets aux paupières et à la membrane clignotante, et deux autres divisées en supérieure et en inférieure, la section des deux dernières paralyse les muscles élévateurs; le bec devient béant, et le rapprochement des mandibules est impossible. En coupant la troisième branche, j'ai aussi suspendu les fonctions de la troisième paupière qui, dans l'état ordinaire, représente une sorte de rideau qui s'élève et s'abaisse au devant de l'œil, suivant l'intensité de la lumière. Le globe oculaire est alors resté complètement à découvert. J'ai pu dans ce cas porter le doigt au devant de l'œil, et, quoique l'animal vît très bien, il ne pouvait plus trouver de protection dans cette paupière, sorte de coulisse, formée par des fibres musculaires pâles, dont le mécanisme en effet ressemble complètement à un rideau qui se ferme et s'ouvre alternativement. On retrouve la sensibilité à un haut degré dans la moelle épinière du canard.

Le récit d'une expérience faite sur un canard servira de type pour les oiseaux. Elle démontrera l'influence de la cinquième paire sur les muscles de la face, aux mouvemens desquels elle préside d'une manière exclusive.

Le 29 *juin* 1834, j'ai pratiqué la section de ce nerf sur un canard, et j'ai pu chaque jour observer les résultats de cette expérience.

Après avoir mis la cinquième paire à découvert, j'ai pu diviser les trois branches auxquelles elle donne naissance de chaque côté de la face : l'animal a manifesté la plus vive douleur par son agitation et par ses cris.

Une vive douleur existait aux extrémités de ces nerfs, et même à celles qui ne correspondent point au cerveau. D'abord j'expliquai par les anastomoses la sensibilité à laquelle il me semblait alors que je ne pouvais trouver une autre explication ; mais l'examen anatomique est venu m'éclairer sur la véritable cause de ce phénomène.

Aussitôt la section des deux nerfs trifaciaux opérée, il y a eu paralysie, relâchement des muscles élévateurs, des deux os maxillaires. Le bec est resté béant. La voix n'a rien perdu de son timbre et de son éclat ; le globe de l'œil a conservé l'intégrité de ses mouvemens ; mais la membrane clignotante est restée immobile. Les deux vraies paupières, ainsi que cette membrane que nous avons dit constituer la troisième, ont cessé d'être soumises à l'influence de la volonté.

Il résulte de ce qui précède : 1° que la membrane clignotante tient de la cinquième paire la faculté de se contracter ; 2° que ce nerf est le seul qui préside aux contractions des muscles élévateurs de la mâchoire, comme le démontre la position du bec resté béant; 3° que ce nerf n'en jouit pas moins, comme dans les autres animaux, de la sensibilité au plus haut degré.

Le 30 *juin* et *le* 1er *juillet* suivant, le canard avait toujours le bec ouvert, les muscles abaisseurs seuls ayant conservé leur énergie, et les muscles élévateurs ayant perdu leur faculté motrice.

Le 6 *juillet*, les mâchoires avaient repris leur mouvement. Cependant l'écartement et le rapprochement se faisaient avec plus de lenteur que dans l'état normal. L'animal ne pouvait pas saisir les alimens qui lui étaient offerts avec autant de vivacité qu'avant l'expérience : le bec ne s'ouvrait qu'avec peine, et il semblait ne se refermer qu'avec une grande difficulté. Les yeux étaient larmoyans.

Le 8 *juillet*, l'animal avait perdu un œil; l'autre était larmoyant et en suppuration. Le 10, la suppuration était plus abondante; le canard n'y voyait plus pour se conduire. Le 11 et le 12, la vue était complètement éteinte : l'animal ne marchait qu'en chancelant; il succomba enfin.

La pupille avait été dilatée dès les premiers momens, et cette dilatation avait persisté jusqu'à la fin.

J'ai examiné avec la plus scrupuleuse attention les deux extrémités du nerf divisé. J'ai pu m'assurer alors que celle qui correspondait au cerveau était renflée, peu rouge, qu'elle se confondait dans un tissu blanc et dense, véritable cicatrice. L'autre était amincie et se perdait comme dans un nuage membraneux. Elles étaient écartées l'une de l'autre, et cependant le nerf avait conservé à peu près sa blancheur au dessus et au dessous du point de la section.

Je m'assurai d'ailleurs que les deux branches maxillaires avaient été bien divisées, ainsi que l'ophthalmique. Je dois noter cependant que plusieurs filets nerveux qui partaient du tronc même de ce nerf n'avaient point été coupés; ils venaient se perdre dans les deux ptérygoïdiens et les temporaux.

Or on peut tirer de cette expérience les conclusions suivantes : 1° la section de la cinquième paire prouve que non seulement c'est un nerf du sentiment, mais encore qu'elle préside au mouvement ; 2° cette section dilate la pupille ; elle amène des changemens dans la sécrétion des larmes et dans la vision ; 3° il est facile, d'après l'examen cadavérique, de trouver, dans la section incomplète du nerf, la raison de la persistance de la sensibilité ; 4° les anastomoses n'étaient pour rien dans la conservation de la sensibilité ; 5° le mouvement a été d'abord aboli entièrement, et il ne s'est rétabli qu'à cause de la section incomplète du nerf ; 6° enfin ce sont les filets non coupés qui ont ramené le mouvement momentanément aboli. Aussi les anastomoses n'étaient-elles pour rien dans le rétablissement des fonctions des mâchoires ; ainsi il est évident que le nerf de la cinquième paire est à la fois *sensitif* et *moteur*. Non seulement il excite les contractions des muscles élévateurs de la mâchoire, mais encore il donne le mouvement à ceux dans lesquels, suivant Ch. Bell, le nerf facial vient se perdre en totalité et exclusivement.

Action du nerf trifacial sur les sécrétions et les muscles.

Après la section du nerf trifacial, non seulement la sécrétion des larmes augmente, ainsi que celle de la matière produite par la muqueuse oculaire, mais encore leur nature change, et aussi leur composition chimique. Immédiatement après la section de la cinquième paire, la sensibilité de la membrane à laquelle ce nerf envoie des filets cesse tout à coup, et l'on voit apparaître une rougeur permanente, produite par l'arrivée du sang dans des vaisseaux qui auparavant n'admettaient pas de globules rouges. Ces vaisseaux sont régulièrement dessinés, et ils imitent des réseaux merveilleusement disposés. Bientôt cette injection est suivie d'une exhalation purulente qui colle les paupières : le pus même est formé en grande abondance, et, chose remarquable, à mesure que la suppuration se prolonge, il survient des changemens qui indiquent la cessation de la circulation dans plusieurs points. Partout où le nerf envoie des filets aux membranes muqueuses, les mêmes phénomènes ont lieu. Lorsque ce nerf a été détruit, il est curieux de suivre la diminution graduelle de la sensibilité, qui survient presque à la fois dans toutes les membranes auxquelles il envoie des filets.

Ainsi la peau du visage, la muqueuse oculaire, la muqueuse de la bouche, sont plus ou moins complètement sous l'influence du nerf de la cinquième paire. Je dis plus ou moins complètement, parce que cette sensibilité dont elles jouissent, elles ne la doivent pas tout entière au nerf trijumeau. Ainsi le facial reste certainement pour quelque chose, quoi que l'on en ait dit, dans la sensibilité de la peau du visage ; et si la muqueuse palpébrale, la muqueuse oculaire et la muqueuse nasale sont entièrement privées de leur sensibilité par la section *complète* du nerf de la cinquième paire, il n'en est pas de même de la membrane muqueuse de la bouche qui ne la perd pas entièrement.

Il importe à présent d'étudier l'action de chacune des branches qui constituent le nerf sur des organes auxquels elles viennent se distribuer, et par conséquent leur influence sur la vision, l'olfaction, le goût, sur l'expression et la mobilité de la face.

Nous allons donc examiner successivement les fonctions de la branche ophthalmique, de la branche maxillaire supérieure et de la maxillaire inférieure qui fournit les nerfs dentaire, mentonnier et lingual.

J'ai déjà dit que M. Magendie avait regardé le nerf de la cinquième paire comme présidant à l'olfaction. Je me suis expliqué à ce sujet, en parlant des fonctions de la première paire : on ne peut regarder les branches de la cinquième paire qui viennent du ganglion sphéno-palatin, et qui se rendent à la muqueuse olfactive, que comme étant destinées à la sensibilité tactile et à l'accomplissement de la circulation de cette membrane.

Le nerf naso-lobaire, fourni par l'ethmoïdal de la branche ophthalmique, donne la sensibilité à la peau du nez. Là, en effet, où des objets matériels doivent être en contact avec l'extérieur ou l'intérieur du nez, on retrouve ces nerfs qui sont comme de véritables sentinelles ; là, au contraire, où les odeurs émanées des corps viennent s'arrêter plus ou moins long-temps, il y a le nerf olfactif, à la voûte des fosses nasales, par exemple, qui est le point le plus favorable au séjour des vapeurs odorantes.

Nous verrons plus loin cependant que, concurremment avec le nerf facial, le nerf de la cinquième paire contribue à l'olfaction, en favorisant l'entrée de l'air par son action sur les muscles qui dilatent les narines.

Les changemens que la section de la cinquième paire amène dans la sécrétion de la membrane muqueuse nasale et oculaire sont sans aucun doute le résultat de son action directe sur la circulation.

Mais ce nerf agit-il sur les muscles de la face ? Contrairement à ce qu'avait avancé Charles Bell, j'ai pu démontrer par des expériences qu'il agissait de la manière la plus positive sur les muscles du visage superficiellement situés.

Ainsi un lapin, sur lequel j'avais coupé les deux nerfs mentonniers, a bientôt laissé tomber la lèvre inférieure, qui, devenue pendante, laissait les dents à découvert. Sur le même animal, j'avais précédemment coupé le nerf facial et supprimé incomplètement les grands mouvemens des muscles superficiels du visage ; mais il a fallu détruire le nerf mentonnier pour que la lèvre abandonnât sa place.

Je n'ai pas besoin d'ajouter que cette lèvre a perdu le mouvement et la sensibilité. C'est ce qui résultait nécessairement de la distribution anatomique des nerfs mentonniers. Si en effet ils sont destinés aux muscles des lèvres, ils se rendent ensuite à la membrane muqueuse et à la peau auxquelles ils envoient principalement des filets : or, la sensibilité, par rapport à ce nerf, doit y être en plus grande proportion que le mouvement.

Chez un cheval, j'ai mis à découvert le nerf mentonnier, qui était volumineux, blanc, et composé de nombreux filets. Au moment de la section, l'animal a témoigné par son agitation la plus vive douleur : aussitôt la lèvre devenue pendante a perdu toute son action musculaire. Aussi saisissait-il l'avoine avec difficulté.

Chez le même animal, la section des deux nerfs mentonniers attaqués par la membrane muqueuse au niveau du premier crochet, a déterminé la chute de cette lèvre, chute qui est devenue complète, ainsi que la perte de la sensibilité, après la section des deux nerfs faciaux.

Enfin, chez le même animal, j'ai coupé les nerfs sous-orbitaires à leur sortie du trou du même nom, la douleur a été des plus vives. La lèvre supérieure est devenue pendante, s'avançant au devant des dents incisives.

Il est donc vrai que la cinquième paire exerce son influence sur les muscles des lèvres supérieure et inférieure.

En agissant sur le nerf maxillaire supérieur, il est évident que j'ai expérimenté sur la portion de la cinquième paire qui vient de son plexus gangliforme, et qui, d'après les idées de M. Charles Bell, devrait être purement destinée à la sensibilité.

Sur le même animal, j'ai coupé le nerf facial gauche. Les piqûres de ce cordon mis à découvert ont donné lieu à des douleurs insupportables. La peau était sensible sur tout le trajet du nerf jusqu'au point de la section complète. La commissure était tirée à droite et tombait sur la lèvre inférieure, entraînée elle-même en bas et tendant à la déprimer.

Je procédai ensuite à la section du nerf facial du côté droit, qui comme la première fut très douloureuse, déprima la commissure à droite, renversa la lèvre inférieure, dont le renversement devint alors complet et régulier, cette lèvre ne se trouvant pas plus alors tiraillée d'un côté que de l'autre. Le lobe du nez était aplati et déprimé. Toutes les parties molles avaient perdu leur résistance.

L'animal ne pouvait plus ramasser l'avoine, sur laquelle cependant il se jetait avec avidité. En vain voulut-il la saisir, les lèvres n'obéissaient plus ; elles traînaient sur le plan horizontal où il ne pouvait saisir avec les dents l'avoine disséminée.

Je le laissai vivre pour examiner ce qui se passerait, et voici ce que j'ai pu observer :

Le bord libre de la lèvre supérieure prit du volume, et devint enflammé et suppura. Doublé, triplé de poids et de volume, il dépassait les arcades dentaires. La lèvre inférieure elle-même devint énormément tuméfiée.

Malgré la violence de l'inflammation, malgré l'abondance de la suppuration, l'animal ne souffrait pas, ce qui vient encore confirmer mon opinion que *c'est à la présence des nerfs* que sont dues les douleurs qui se font sentir dans les points enflammés.

Le volume considérable que prirent les lèvres était dû à l'infiltration de la sérosité dans les parties molles. On trouve d'ailleurs l'explication de ce phénomène dans l'étude de l'action des nerfs sur les vaisseaux.

L'animal mourut bientôt d'inanition. La lèvre était dans un état d'inflammation réellement effrayant.

Le nerf trifacial concourt-il à donner le mouvement non seulement aux muscles profonds de la face, mais encore à ceux qui sont placés sous les tégumens? Pour animer les derniers, il se réunit à l'action du nerf facial; aussi ne peut-on jamais abolir complètement les mouvemens par la section du nerf facial seul, ou par celle de la cinquième paire exclusivement. Tous deux concourent au même but, et ils ne diffèrent que sous le rapport du plus ou du moins, suivant leur distribution anatomique.

Les dispositions anatomiques du cheval expliquent très bien les phénomènes que nous avons décrits, si l'on réfléchit que les muscles *sus-maxillo-labial, grand maxillo-nasal, petit maxillo-nasal, maxillo-labial, alvéolo-labial, zygomatique, orbiculaire, sous-cutané de la face* qui se continue avec le *sous-cutané du cou*, reçoivent dans tout leur trajet des filets du nerf facial, et à leur insertion à la lèvre des filets du nerf trifacial.

Ajoutons qu'une énorme branche du trifacial entoure le condyle de la mâchoire pour se confondre avec la portion dure de la septième paire. Cette branche, dont le volume égale presque celui du nerf facial, envoie aussi des filets aux mêmes muscles. Si l'on coupe cette branche de la cinquième paire, on produit le même phénomène que celui qui résulterait de la section de la septième paire, c'est-à-dire que le mouvement est également perdu pour les muscles.

Pour terminer ce qui a rapport à la cinquième paire, il nous reste à nous occuper de son influence sur le goût et sur la vision.

La branche ophthalmique de Willis est, sans aucun doute, celle qui donne la sensibilité à la conjonctive, aux paupières, à la peau du front et de la tête. Cette assertion est démontrée par la section de la cinquième paire à son origine, ou de la branche ophthalmique dans son trajet. En effet, après l'une ou l'autre de ces deux opérations, on voit l'immobilité et l'insensibilité se manifester dans les enveloppes dont je viens de parler.

Si, d'une part, telle est sur ces parties l'influence de la branche ophthalmique de Willis, il est encore démontré qu'elle exerce une action très directe sur les fonctions du globe de l'œil. Il faut sans doute expliquer les changemens qui se passent dans la vision par la communication qui existe entre le nerf nasal et le ganglion ophthalmique, et aussi par les filets ciliaires que fournit ce même nerf. C'est sans doute à l'influence de ces causes qu'il faut attribuer la perte de la vue, après certaines plaies de la branche de Willis.

Si le globe de l'œil a conservé ses mouvemens, il

faut attribuer ce phénomène à la conservation des nerfs particuliers qui viennent se distribuer aux muscles.

Un autre problème reste à résoudre : expliquer comment la perte de la vue, incomplète d'abord après la section de la cinquième paire, se change plus tard en une abolition totale de cette fonction. Rappelons-nous d'abord les phénomènes qu'a fait développer la section de la totalité des nerfs d'un organe : ainsi nous avons fait observer l'inflammation, le gonflement, l'œdème et la suppuration après la section des nerfs des lèvres. Si l'on opère la compression prolongée de la moelle épinière, on voit survenir l'œdème et des escarres, accidens qui peuvent même quelquefois résulter de la plus faible pression.

Maintenant nous ne pouvons plus nous étonner de ce qui arrive pour le globe de l'œil. Le premier phénomène que nous avons à signaler est la congestion régulière et arborisée des vaisseaux de la conjonctive, qui ne recevaient pas de sang avant l'expérience, et qui après en admettent beaucoup, circonstance qui explique cette congestion permanente, que l'on remarque non seulement dans la conjonctive, mais encore dans l'iris et dans la rétine. J'ai pu me convaincre de l'existence de ces phénomènes par l'autopsie des animaux qui avaient été l'objet de mes recherches, et par l'examen attentif de l'œil immédiatement après l'expérimentation.

La section est en effet à peine opérée, que l'on voit le sang pénétrer dans les vaisseaux blancs et se répandre d'anastomoses en anastomoses, de vaisseaux en vaisseaux, autour de la cornée transparente, de manière à imiter de beaux réseaux, composés d'anses, d'anneaux et de cercles réguliers, présentant ainsi une disposition d'un aspect admirable. Si l'on regarde à travers la cornée transparente, on aperçoit dans l'épaisseur de l'iris des traînées rouges, plus saillantes que cette membrane, qui se dirigent de la grande circonférence vers la petite. L'examen attentif de l'iris fait reconnaître le grand et le petit cercle de cette membrane injectés de sang.

Le globe de l'œil augmente un peu de volume; l'iris semble être poussé en avant. Les jours suivans, on voit la conjonctive, au lieu de diminuer, rougir davantage, exhaler, au lieu de sérosité, une matière purulente assez concrète, blanche, crêmeuse, et finir par se boursoufler.

Cette sécrétion ne rencontrera point d'obstacle et bientôt la cornée se dessèche; on la voit devenir opaque, et cette opacité commence par l'angle interne de l'œil, et alors le dessèchement de la membrane semble dû à son contact perpétuel avec la lumière. M. Magendie assure qu'elle se sépare de la sclérotique par sa circonférence. Ce phénomène s'opère lentement; mais il a lieu dans tous les cas de l'extérieur vers la chambre antérieure de l'œil. Cet affaissement de la cornée semble résulter de ce que l'exhalation ne se fait plus entre les lames dont cette membrane est composée.

Si on sacrifie l'animal avant le décollement de la cornée et l'évacuation des humeurs, on trouve, en procédant de l'extérieur vers l'intérieur, que les lames qui la composent ne présentent plus la même consistance, mais que cette qualité reparaît à mesure que l'on se rapproche de la chambre antérieure.

Le plus ordinairement les humeurs ne sont pas troubles ; cependant j'ai rencontré du pus crémeux, flottant dans la chambre antérieure. Après la mort, les vaisseaux sont encore assez dessinés dans l'iris.

La rétine est le siège d'une congestion évidente : on peut, dans l'épaisseur du nerf optique, signaler de petites ecchymoses, que l'on rencontre aussi dans le tissu cellulaire de l'orbite.

Après l'expérience, la pupille se resserre immédiatement, et demeure presque fermée jusqu'à la mort de l'animal ; c'est ce que j'ai toujours observé chez le lapin : j'ai vu au contraire, et dans le même cas, la pupille dilatée chez les oiseaux.

Il est évident que la circulation oculaire est troublée par la section de la cinquième paire, et que, de l'inaction des divisions de la branche ophthalmique qui accompagnent les vaisseaux, il résulte la dilatation de ceux-ci et une congestion permanente.

Ce point établi, les conséquences sont faciles à déduire. En effet, toute congestion permanente est accompagnée d'une tendance à la formation du pus ; dès lors, à la place de l'exhalation du mucus qui a lieu habituellement à la surface de la conjonctive, on voit apparaître une sécrétion purulente, et ce résultat ne peut plus être un sujet d'étonnement.

L'exhalation se fait de la même manière dans l'intérieur de l'œil, avec plus de lenteur cependant, parce qu'il n'existe pas là, comme à l'extérieur, une autre cause d'irritation, l'air atmosphérique.

Comment expliquer maintenant ce resserrement de la pupille que l'on remarque, chez les lapins, après la section de la cinquième paire? Pour la solution de ce problème on trouve peu de ressources dans la structure nerveuse de cet animal, puisque la cinquième paire n'envoie aucun filet à l'iris, dont tous les filets sont empruntés au nerf moteur oculaire commun. Celui-ci paraît exercer une double influence nerveuse, après la section de la cinquième paire. Cette influence est-elle due à une plus grande abondance du fluide qui parcourt la troisième paire? Toujours est-il qu'il faut chercher la cause de cette contraction de l'iris, et du resserrement de la pupille, dans une surexcitation des nerfs qui s'y rendent. La congestion qui s'opère alors dans l'iris, le sang qui en remplit les vaisseaux et les gorge, n'expliquent-ils pas, ce nous semble, cet état permanent de contraction d'une part, et ce resserrement de l'autre, que l'on rencontre dans l'inflammation de l'iris; et cette assertion ne vient-elle pas d'une manière convaincante à l'appui de ce que nous avons dit sur les altérations de cette membrane ?

J'ai coupé sur un lapin la cinquième paire du côté droit. Une première tentative n'a pas réussi, parce que l'opération avait été incomplète : aussi l'iris avait-il conservé sa mobilité, et la sensibilité était-elle demeurée l'attribut de la conjonctive.

Une seconde expérience fut plus heureuse, et j'ai

vu dans l'œil du même côté, se développer les phénomènes suivans :

1° Les paupières ont été frappées d'immobilité, et
le globe de l'œil est resté exposé au contact de la
lumière ;

2° L'œil est devenu légèrement saillant ;

3° Le côté correspondant de la face est devenu
presque insensible ;

4° La lèvre supérieure correspondante était pendante, et les alimens herbacés demeuraient entre les
lèvres ; la commissure est restée légèrement en-
tr'ouverte ;

5° La pupille s'est rétrécie ;

6° L'œil s'est distendu et est devenu insensible aux
attouchemens.

7° Il s'est écoulé une assez grande quantité de liquide.

8° L'œil de ce côté n'a plus le brillant de l'autre.

9° Le lobule correspondant du nez est moins
mobile que celui du côté opposé.

J'avais tenté cette expérience le 13 avril 1835 : le
19 j'ai examiné le lapin, qui avait l'œil rouge, très
injecté, largement ouvert et peu mobile. La cornée
est encore plus terne. Le côté correspondant de la
face a conservé son immobilité. Les paupières sont
chassieuses, et la conjonctive exhale une matière
épaisse, purulente. La soirée du même jour a été si-
gnalée par les mêmes phénomènes ; cependant l'animal saisit les alimens avec les lèvres du côté sain.

Le 29 avril l'œil est toujours insensible aux attouchemens, la cornée est opaque, et les vaisseaux de

la conjonctive palpébrale et oculaire sont régulièrement injectés de sang.

Le 21 avril l'œil est fortement injecté; de la matière purulente unit les paupières; la cornée devient de plus en plus opaque, et s'obscurcit d'un nuage de pus. Dans la soirée du même jour, l'œil est toujours volumineux, et la cornée n'a pas encore perdu de sa transparence, quoiqu'elle soit couverte de lymphe.

Le 22 les paupières sont rapprochées, et tenues en contact par de la lymphe. On observe la même vascularité de la conjonctive. Le globe de l'œil n'est pas vidé. La face du même côté est affaissée et sans résistance. Le soir du même jour, l'opacité de la cornée n'est pas encore entière. Les vaisseaux sont fortement injectés, et forment un cercle régulier autour de la cornée. L'œil est volumineux, et la membrane clignotante est rouge et immobile.

Le 23, les paupières et le globe de l'œil sont mobiles; du reste les autres phénomènes sont les mêmes.

Le 24, l'œil et les paupières exercent des mouvemens bien appréciables. Il y a toujours suppuration plastique de la conjonctive, qui paraît augmenter d'épaisseur.

Le 25 il existe beaucoup de pus entre les paupières, à la surface du globe de l'œil, et l'opacité de la cornée, déjà presque complète, devient totale dans la soirée. La conjonctive est toujours rouge, et cette membrane sécrète une grande quantité de pus qui s'accumule au grand angle de l'œil.

Le 26 avril j'ai sacrifié l'animal, c'est-à-dire huit jours après l'expérience.

Les vaisseaux injectés avant la mort se prolongent jusque dans l'épaisseur de la cornée, l'œil est saillant et tendu ; la conjonctive est un peu plus épaisse qu'à l'état normal, et le tissu cellulaire qui lui sert d'union est infiltré de sérosité. On retrouve l'infiltration dans tous les muscles.

Le cristallin n'offre pas la même transparence ; les humeurs de l'œil sont encore liquides, et l'on trouve une infiltration manifeste dans les membranes rétine et choroïde : ce phénomène existe à un si haut degré autour de l'artère centrale de la rétine, qu'on la suit aisément dans toutes ses distributions.

La cornée est opaque, desséchée, dure ; mais elle reprend sa consistance naturelle à mesure qu'on se rapproche de l'intérieur de l'œil.

Si l'on touche un des côtés de la protubérance annulaire, les yeux s'injectent ; on les voit agités de mouvemens fréquens, et devenir saillans. Ce fait acquiert de l'importance, parce qu'on a avancé que la lésion des renflemens nerveux ne donnait point lieu à cette congestion de la conjonctive, phénomène que produit la section de la cinquième paire, et que l'on a attribué à celle-ci, comme un résultat spécial.

Deux expériences semblables à celle que je viens de décrire m'ont fait trouver dans la première du pus flottant, dans la seconde du pus crémeux déposé dans la chambre antérieure.

Le 11 mai 1835, j'ai coupé la cinquième paire sur un lapin. La cornée est devenue opaque ; la conjonctive a augmenté de volume, a exhalé une matière purulente, et du pus a été versé dans la chambre antérieure. La narine du côté correspondant était affaiblie et peu mobile. Une allumette enflammée, introduite dans la narine, a, par l'odeur de soufre qu'elle répandait, fait éternuer l'animal.

Après la mort, j'ai trouvé la choroïde et la rétine injectées; la cornée était devenue dure et résistante dans le point opaque. Les humeurs ne semblaient pas avoir subi de changemens.

J'ai pu, sur un autre lapin dont la cinquième paire avait été coupée, observer l'opacité de la cornée, qui augmentait graduellement d'étendue. La suppuration est devenue aussi abondante que dans les cas précédens. J'ai réuni les paupières à l'aide d'un fil qui tenait les cils, de manière à empêcher le contact de la lumière; mais le pus ne s'en est pas moins formé avec abondance; mais la cornée est devenue humide.

Si nous nous reportons à ce que nous avons dit plus haut, et si nous rapprochons ce fait des autres, nous pouvons conclure que M. Magendie a assuré à tort que la section de la cinquième paire empêche l'éternument, lorsque même l'on introduit dans la narine affaissée l'odeur du soufre.

Action de la cinquième paire sur le goût.

Toutes les portions de la muqueuse buccale ne sont pas également propres à recevoir l'impression des saveurs, tandis que la sensibilité tactile réside sur tous les points de cette large membrane. La pointe de la langue et ses côtés sont plus particulièrement destinés à reconnaître la présence des corps et les degrés de température. Là, en un mot, où l'on rencontre un plus grand nombre de papilles, d'excavations, de dépressions, s'opère la distinction des alimens entre eux, et se transmet l'impression sapide au cerveau. C'est donc vers la partie moyenne, en arrière de la langue et au palais, que s'opèrent les fonctions du goût.

Quelle est la corde nerveuse qui sert à transmettre au cerveau l'impression sapide reçue par la muqueuse buccale? Ou ce phénomène s'opère par la corde du tympan, ou par le nerf lingual, ou bien encore est-il plutôt le produit du grand hypoglosse, ou du glosso-pharyngien.

Cette question a soulevé bien des discussions et des débats scientifiques, sans être résolue d'une manière satisfaisante. Telle est du moins notre opinion. Il est vrai qu'à la muqueuse buccale appartiennent deux propriétés, que ne sépare peut-être pas une différence essentielle : 1° la sensibilité; 2° la transmission des corps sapides au cerveau. En effet, l'une consiste dans le contact simple d'un corps, et l'autre réside de plus dans la transmission du principe particulier d'un corps.

Bellingeri le premier a émis l'idée que la corde du tympan transmettait les saveurs. Cette hypothèse n'est fondée sur aucune expérience ni sur des recherches anatomiques positives. En outre, les auteurs qui veulent trouver cette destination dans un autre cordon nerveux disent que l'opinion de Bellingeri est inadmissible, parce que cette corde du tympan est fournie par la septième paire qui est un nerf moteur et non un nerf sensible.

Nous pensons aussi que ce nerf n'a pas la propriété que lui prête à tort Bellingeri ; mais notre opinion n'est pas fondée sur une impossibilité résultant du mode d'origine de ce nerf, mais sur ce qu'il ne se distribue pas comme il faudrait que cela eût lieu pour qu'il possédât cette faculté.

Gallien et les anatomistes qui l'ont suivi ont pensé que les huitième et neuvième paires viennent se distribuer à la langue comme nerfs moteurs et non comme nerfs sensitifs ; le grand hypoglosse, à cause de sa distribution plus exclusive à la langue, le nerf de la cinquième paire n'envoyant qu'une branche à cet organe, a été regardé comme un nerf sensitif.

Heuermann a observé que la section du nerf de la neuvième paire déterminait l'abolition du goût.

Cette observation nous paraît douteuse à plus d'un titre, et d'abord parce que, en supposant que le goût eût été aboli par la section de ce nerf, il n'aurait dû l'être que d'un côté, cette section n'ayant aucune influence sur les fonctions du nerf congénère.

M. Richerand plaça dans l'intérieur du crâne une plaque de zinc sous le tronc du nerf de la cinquième paire chez un animal qui venait d'être tué et qui n'avait pas encore perdu sa chaleur. Une pièce d'argent fut appliquée sous la langue : les muscles, dit ce professeur, ne présentèrent qu'un frémissement à peine sensible ; ceux du front et des tempes, armés de ce métal, étaient agités par des contractions évidentes, lorsqu'on établissait une communication à l'aide d'une verge de fer.

Ce physiologiste en conclut que le nerf lingual préside à peu près seul à la perception des saveurs.

L'expérience de M. de Humboldt confirmerait les recherches de M. Richerand, s'il était prouvé que l'armature des nerfs moteurs produisît seule des contractions. Je ne ferai que quelques réflexions sur ces recherches, et remarquerai d'abord que le frémissement qui a eu lieu au moment de l'expérimentation faite par notre habile professeur, témoigne précisément en faveur de la conclusion opposée et milite pour la contraction.

Quant au reste de l'expérience, il n'implique pas de contradiction avec la première partie : cela prouve seulement que les muscles de la tempe reçoivent plus de nerfs de la cinquième paire que ceux de la langue n'en reçoivent du nerf lingual.

Si maintenant nous abordons la théorie de M. de Humboldt, il nous sera facile de trouver un doute hypothétique plutôt qu'un fait mathématiquement démontré. J'irai plus loin ; et, tout en hésitant à combattre une si grande autorité, je rappellerai qu'un nerf sensitif et moteur présente ce phénomène, et que, si l'on observe le contraire dans un nerf réputé purement sensitif, on en trouve naturellement l'explication dans la distribution du nerf lui-même qui ne se rend pas à un muscle.

En conséquence, l'armature de M. de Humboldt ne doit pas produire de résultats convaincans.

Le nerf lingual a donc été regardé comme le nerf

destiné à la gustation, et Ch. Bell est encore venu se ranger avec ses expériences du côté de ceux qui lui reconnaissaient cette destination.

Enfin le nerf glosso-pharyngien a été signalé plus tard comme exclusivement destiné à présider à la fonction du goût. C'est l'opinion de M. Maisonneuve et de quelques autres anatomistes qui la fondent sur le siège du goût, placé par eux à la base ou sur les côtés de la langue.

Je crois pouvoir conclure de ce que j'ai dit précédemment, que les nerfs qui viennent se répandre dans la muqueuse buccale et dans les papilles sont ceux qui servent à la perception des saveurs, et que ceux qui se rendent seulement aux muscles de la langue sont par cela même destinés à leur contraction.

Ainsi le *nerf grand hypoglosse*, qui se perd dans les muscles de la langue, est un nerf moteur, malgré l'observation peu concluante par laquelle on a voulu démontrer le contraire. Le *nerf lingual*, qui envoie de nombreux filets aux papilles, doit nécessairement servir à la gustation. Mais, comme il en distribue aussi aux muscles, il doit avoir une autre action ; c'est ce que vient confirmer l'expérience de M. le professeur Richerand.

Enfin le *nerf glosso-pharyngien* doit présider à la fois au goût et au mouvement, puisqu'il envoie des filets d'une part aux papilles, et de l'autre aux muscles de la langue.

CHAPITRE IV.

Nerf facial.

Le nerf facial est sans contredit un des plus importans sous le rapport de ses usages, de son mode de
distribution. Il a été souvent l'objet particulier de
l'étude des physiologistes. C'est lui qui préside à la
plupart des mouvemens de la face : c'est à lui qu'il
faut rapporter l'expression diverse de la physionomie
sur laquelle est fondé l'ingénieux système de Lavater. C'est surtout dans l'observation attentive et
rigoureuse du jeu des muscles de la face que cet
illustre philosophe a trouvé ces applications souvent
si séduisantes, ces rapprochemens si fins et si piquans ;
c'est par elle qu'il est parvenu à retrouver sur la physionomie l'usage des penchans du cœur, l'empreinte
des impressions de l'ame. Son rôle était donc celui
d'observateur. Mais il était réservé aux physiologistes modernes de faire connaître l'agent de ces mouvemens, de démontrer par des expériences quel était
le nerf qui préside à ces changemens variés par lesquels les sensations intérieures se traduisent sur la
physionomie.

Avant de parler des fonctions du nerf facial, je
veux dire d'abord quelques mots de sa disposition
anatomique, de sa structure et de son mode de terminaison.

Origine. — C'est à tort que le nerf facial, dé-

signé sous le nom de septième paire, de portion
dure, a été appelé petit sympathique. Sa distribution,
en effet, ne ressemble en rien à celle du grand sympathique, puisqu'il est vrai qu'il ne se répand pas
dans tous les organes qui composent la face, et puisqu'il n'y a aucun doute sur son origine ou son extrémité cranienne.

Dans ces derniers temps, Ch. Bell en a fait un nerf
respirateur, et lui a assigné une origine pareille
aux autres nerfs de ce nom qui, suivant lui, naissent
d'une colonne particulière de la moelle épinière
qu'il a nommée respiratoire. Avant d'aller plus loin,
je dirai que Ch. Bell s'est trompé en le faisant naître
de la même colonne que les nerfs glosso-pharyngien, pneumo-gastrique et spinal, et on peut démontrer que son origine est tout à fait séparée de
celle des nerfs précédens.

Le nerf facial naît de la partie moyenne et postérieure du quatrième ventricule, par des filets, dont les
uns en petit nombre naissent du milieu même du
sillon qui sépare les cordons gris du *calamus scriptorius*, et dont les autres passent du côté opposé, et
se croisent par conséquent. Les filets dessinés à la
surface intérieure du ventricule sont surtout évidens lorsqu'on a fait bouillir à petit feu le cerveau
dans l'huile.

Suivant Ch. Bell, le nerf facial sort de la partie
supérieure latérale de la moelle alongée, près de la
protubérance annulaire, et précisément à l'endroit
où les pédoncules du cervelet se joignent à la moelle
alongée. Il ajoute que les nerfs respirateurs naissent

sur la même ligne que lui ; c'est une erreur : il ne naît pas des points qu'il indique, mais bien de la face postérieure de l'extrémité céphalique de la moelle épinière, par de nombreux filets, qui tantôt sillonnent superficiellement la substance grise du calamus scriptorius, et tantôt viennent profondément de son épaisseur. Toujours est-il que les filets droits passent du côté gauche, et que les filets gauches passent du côté droit.

En conséquence, il est évident que ce nerf naît d'une partie sensible et du cordon conducteur, représenté par la partie antérieure de la moelle épinière, qui se renfle elle-même pour donner naissance aux pyramides, aux éminences olivaires et aux corps restiformes.

Le nerf facial naît de la partie postérieure de la moelle, des corps restiformes, puisqu'il en reçoit de la substance blanche, et enfin des pyramides. Il est donc vrai que ses filets d'origine se croisent, et que le nerf facial du côté droit est constitué dans sa plus grande partie par les filets qui naissent du cordon postérieur gauche. Sans névrilème à son origine, il est bientôt entouré par une membrane névrilématique qui lui donne de la résistance.

Il est formé de filets très serrés, très rapprochés, auxquels l'enveloppe générale ne permet guère de s'éloigner les uns des autres.

Le mode de terminaison du nerf facial n'est pas moins curieux à étudier que son origine. Je crois que les physiologistes ont passé trop légèrement sur son mode de distribution. Ch. Bell en a fait un nerf destiné exclusivement aux muscles de la face, et c'est pour cela qu'il l'a appelé moteur. Comment se fait-il que cet auteur, qui reproche tant à certains physiologistes leur peu de connaissances anatomiques, ait si inexactement apprécié le mode de distribution de ce nerf? Le plus grand nombre de ses branches viennent se perdre, il est vrai, dans les muscles de la face, mais le nerf facial envoie de nombreux rameaux à la parotide et à la peau du visage, comme je le prouverai par une expérience que je rapporterai plus loin. J'ai suivi plusieurs de ses branches qui étaient volumineuses et qui venaient se perdre à la face interne du derme facial.

Le nerf facial, qui se répand dans les muscles orbiculaires des paupières, le frontal, le zygomatique, les élévateurs des lèvres et de l'aile du nez, les carrés, le triangulaire, le muscle de la houppe du menton, le peaucier, est appelé à juste titre le nerf de l'expression de la face. D'après cela, il est évident qu'il pourrait être appelé nerf superficiel de la face, par opposition à la disposition du nerf trifacial.

Chez aucun animal, on ne trouve un nerf facial aussi volumineux que chez l'homme : c'est que chez aucun d'eux il n'y a un jeu de physionomie pareil. Aussi dans beaucoup de classes d'animaux, ce nerf est-il à l'état rudimentaire. Le volume d'un nerf est donc en rapport avec l'énergie d'action des organes.

Chez le cheval, chez l'âne, chez les ruminans, le nerf facial est formé par un grand nombre de filets qui viennent se confondre avec les filets très nombreux et volumineux de la cinquième paire, qui, après avoir contourné le condyle de la mâchoire, se confondent avec le nerf facial et augmentent son volume.

Ch. Bell avoue qu'il n'est pas sûr que le nerf facial envoie des filets à la peau. Il suffit, pour lui répondre, de rappeler que tous les auteurs ont démontré qu'il envoyait des filets à la peau de la face et du cou, ainsi qu'à la glande parotide. Pour le démontrer, il faut disséquer la peau de l'angle de la mâchoire vers la commissure des lèvres. Chez l'homme comme chez les animaux, j'ai constamment retrouvé ces branches nerveuses. Il n'est alors pas exact qu'il soit exclusivement destiné aux muscles, bien que ceux-ci en reçoivent évidemment un nombre plus considérable que la peau.

Ch. Bell compare le nerf pneumo-gastrique pour la structure au nerf facial, et non pas à la cinquième paire. Cette comparaison est au moins inexacte, et je pense que si l'on pouvait comparer le nerf pneumo-gastrique à un autre nerf, ce serait aux trijumeaux, puisque, comme ces derniers, il se distribue à de nombreux organes, à des muscles et à des membranes, et enfin puisqu'il présente sur son trajet une sorte de plexus que l'on observe aussi pour la cinquième paire.

Cela posé, les connaissances anatomiques indispensables établies, je puis passer à l'étude des fonctions du nerf facial.

Diverses expériences ont été successivement tentées sur ce nerf par Ch. Bell, Magendie, Bellingeri, Mayo, Schaw, Lund, Bischoff, Backer, etc. On ne peut refuser à Bellingeri d'avoir, en 1818, c'est-à-dire plusieurs années avant la publication des travaux de Ch. Bell, déterminé la différence qui existe entre les fonctions de la cinquième paire et celles du nerf facial.

Mais quoique cette priorité soit établie de fait d'une manière évidente, il n'en est pas moins vrai, suivant le professeur Bérard, que c'est aux expériences plus claires et surtout plus précises de Ch. Bell que l'on doit d'avoir tranché la question d'une manière positive. En effet, ce physiologiste a le premier assigné à ce nerf comme fonction la puissance motrice, et a attribué à la cinquième paire la qualité spéciale de nerf sensitif. S'il faut ensuite attacher un résultat aux travaux de Magendie et des autres auteurs cités plus haut, nous devons déclarer qu'ils n'ont fait que répéter les expériences tentées par le physiologiste anglais et sanctionner de leurs lumières les vérités que Charles Bell avait signalées. Nous verrons cependant que Mayo a relevé certaines erreurs qui étaient échappées au savant anglais.

La question ainsi posée se précisera mieux encore si nous examinons les expériences de Charles Bell, et celles des physiologistes qui ont fait progresser la science, en éclairant la physiologie sur ce point important.

Charles Bell, dirigeant ses recherches expérimentales sur un âne jeté à terre, avait d'abord excité les narines pour les faire dilater avec force; il coupa ensuite le nerf facial d'un côté de la face, et à l'instant même le mouvement cessa dans la narine correspondante. Celle du côté opposé resta en harmonie avec les mouvemens de la poitrine, conservant sa dilatation et son resserrement isochrone à l'inspiration et à l'expiration. Charles Bell ajoute que l'animal ne témoigna aucune douleur, et ne fit aucun mouvement pour s'opposer à l'opération. L'animal mangea sans difficulté du foin et de l'avoine qui lui furent présentés. Dans une note à part Charles Bell se reproche de n'avoir pas coupé le nerf facial opposé, pour s'assurer, dit-il, combien le mouvement était dérangé.

Charles Bell expérimentant sur un autre âne mit à découvert une des branches de la cinquième paire, le maxillaire supérieur, et l'animal témoignait de vives souffrances toutes les fois que l'on touchait ce nerf. La section en ayant été faite, il ne se manifesta aucune altération dans le mouvement des narines. On observait au contraire de la régularité dans la dilatation et le resserrement. On remarqua cependant qu'une partie de la lèvre était entraînée du côté opposé. La section du même nerf ayant été opérée du côté opposé, l'animal ne put plus saisir son avoine ; il n'existait par conséquent plus d'élévation et de projection de la lèvre en avant. L'animal était obligé, pour écarter les lèvres, de presser la terre avec la bouche ; et il ne pouvait plus saisir l'avoine qu'en la léchant avec la langue. Charles Bell, recherchant les causes de ce phénomène, dit que, dans ce dernier cas, il n'y avait pas perte du mouvement, mais seulement extinction de la sensibilité ; d'où résultait, suivant lui, l'impossibilité où était l'animal de saisir son avoine. Charles Bell a confondu évidemment le tact, c'est-à-dire l'impression produite par un corps sur un organe sensible, avec la volonté, qui, quand elle est unie à la puissance d'action, fait mouvoir l'organe malgré l'insensibilité dont il est frappé. Chez l'animal dont il est question, les lèvres n'étaient qu'un instrument de tact, propre à établir des distinctions entre les corps qui doivent être saisis et livrés à la mastication : mais cette faculté qui distingue l'organe sensitif étant perdue, l'animal conservait la vue pour s'assurer du lieu où était l'avoine; et dans cette position, si la sensibilité avait été seule éteinte, la volonté eût suffi pour produire le mouvement des lèvres.

Charles Bell, ayant répété plusieurs fois sur l'âne et sur le chien l'expérience précédente, reconnut constamment l'absence presque complète de la douleur.

Ce physiologiste coupa sur un singe le nerf facial d'un côté de la tête. Les paupières et le sourcil cessèrent aussitôt leurs mouvemens, et quand l'animal était en colère les lèvres étaient entraînées. Chez un homme, dont le nerf facial avait été lésé par un abcès formé devant l'oreille, la bouche était, pendant le sourire, portée du côté opposée; s'il sifflait, cet homme faisait une grimace étrange; le côté lésé demeurait immobile pendant l'éternument.

Ch. Bell avoue enfin qu'un homme, sur lequel il avait incisé une tumeur au devant de l'oreille, se trouva dans l'impossibilité de siffler ses chevaux, parce qu'un des filets du nerf facial avait été offensé. Il conclut de là que ce nerf est le principal nerf

musculaire, et qu'il porte la faculté motrice aux narines, aux paupières et aux lèvres.

MM. Magendie, Schaw et Mayo, répétant les expériences de Ch. Bell, se sont convaincus après lui
que la section du nerf facial entraîne immédiatement
la paralysie des muscles de la face.

En 1831, M. Montault publia, après l'avoir prise
sur lui-même, une observation de paralysie du nerf
facial, survenue pendant son internat dans les hôpitaux. En 1834, un autre élève non moins distingué,
M. B. Desmortiers, publia des recherches intéressantes sur le même sujet. Du reste, on devait déjà
à MM. Descot et Pichonnière, ainsi qu'à d'autres
médecins, des faits remarquables de paralysie du nerf
facial.

Venant à l'aide des expériences, les opérations
faites sur l'homme, l'anatomie pathologique, les
lésions accidentelles et la pathologie, sont venues
démontrer que la paralysie suit de bien près l'altération du nerf facial. La section de ce nerf, comme
résultat de l'extirpation de la glande parotide, détermine d'une manière certaine la paralysie, en même
temps qu'elle entraîne la déformation de la face du
même côté. M. Bérard a, dans les *Archives générales
de médecine* (t. IV, p. 60), démontré, en décrivant
l'état de la face après l'extirpation de cette glande,
combien la physionomie avait été altérée dans son
harmonie après la section du nerf facial.

M. Roux a obtenu le même résultat par une opération du même genre. Si nous embrassons d'un coup
d'œil les phénomènes que peuvent entraîner les

lésions de ce nerf, nous voyons que son enlèvement partiel produit du même côté une paralysie incomplète ; qu'une contusion grave dirigée sur le trajet du nerf a entraîné une paralysie incurable du même côté de la face ; que, suivant M. Bérard, un jeune homme frappé d'un coup de timon de voiture a été affecté d'une paralysie de ce genre, qu'il conservait depuis son enfance. M. Montault a consigné des faits qui viennent à l'appui de ce que nous venons de dire.

La carie du rocher, les tumeurs développées dans le crâne ou à l'extérieur de cette cavité, ont pu produire la paralysie de la face, en s'opposant à la communication qui existe entre les renflemens nerveux et la distribution musculaire du nerf facial. M. Bérard rapporte qu'une tumeur encéphaloïde, qui avait fait disparaître le nerf facial, avait aussi produit la perte du mouvement. On comprend que des abcès peuvent amener le même résultat. M. Billard d'Angers cite le fait d'un abcès chronique qui avait été la cause du même phénomène morbide. Il n'est plus permis de douter maintenant que le rhumatisme ne produise aussi la paralysie de la face, et c'est cette paralysie partielle, qui a été prise à tort pour une altération des renflemens nerveux, et que l'on rencontre quelquefois dans les membres. Le fait que M. Montault a observé sur lui-même, et beaucoup d'autres, viennent démontrer la vérité de cette assertion. Voilà pour le mouvement. Il reste maintenant à savoir s'il n'y a rien à ajouter à ce qui a été dit sur les fonctions de ce nerf par les habiles expérimentateurs précédemment cités : cela nous conduira à réduire toutes ces expériences à une valeur aussi mathématique que possible. Aidés de l'expérimentation et de l'anatomie, nous nous efforcerons d'éclaircir une question qui est loin d'être résolue d'une manière précise.

Nous verrons se dérouler une série de questions qui nous conduiront à examiner : 1° si ce nerf n'est pas sensible et s'il est purement moteur ; 2° s'il est au contraire doué de la sensibilité et du mouvement; 3° s'il mérite le nom de *nerf respiratoire*, et s'il est un nerf d'expression ; 4° si la paralysie de ce nerf est croisée ; 5° s'il préside aux sécrétions ; si la sensibilité dont il pourrait être doué est due à l'anastomose de la cinquième paire ou à ce nerf lui-même.

La première de ces questions a été résolue par Bellingeri, qui est arrivé à conclure que ce nerf est destiné au sentiment, fondant son opinion sur le mode de distribution du nerf, qui est non seulement propre aux muscles, mais encore à la peau de la face et du cou. M. Gædeschen a reproduit les mêmes idées dans sa thèse. M. le professeur Bérard réfute l'opinion de ces deux observateurs, et prétend qu'après la section de la cinquième paire on ne détermine aucune douleur en déchirant ou en coupant le nerf facial, concluant de là que celui-ci est destiné à d'autres fonctions et qu'il n'est pas sensible par lui-même.

L'expérience répond à cette objection que la destruction de la cinquième paire est loin d'éteindre la sensibilité dans le nerf facial, puisqu'il est vrai de dire que si, même dans ce cas, on le met à découvert et qu'on l'irrite, on verra de vives douleurs se manifester sur son trajet. La sensibilité est seulement moins vive dans ce nerf que dans le trifacial, et cette différence résulte des raisons anatomiques que nous avons déjà déduites.

Si nous arrivons à l'opinion de Charles Bell, qui regarde ce nerf comme purement moteur, il nous sera plus facile encore de la réfuter. Si en effet on irrite le nerf facial mis à découvert sur un âne, la sensibilité n'est pas obscure, comme le prétend le physiologiste anglais, mais se manifeste au contraire vive et intolérable. L'animal témoigne dans cette circonstance la souffrance la plus violente, par les efforts qu'il fait pour se soustraire à l'opération. La même expérience, tentée sur le cheval, sur la chèvre, sur le lapin, etc., a déterminé les douleurs les plus aiguës. Ce phénomène, dont rien ne peut détruire la réalité, peut s'expliquer en partie, si l'on considère que la branche de la cinquième paire qui vient s'anastomoser avec le nerf facial offre un volume considérable, et qu'il doit dès lors en résulter pour ce nerf un degré plus intense de sensibilité. Un fait important vient confirmer ce résultat anatomique, et cette observation s'est reproduite dans toutes les expériences que j'ai tentées, c'est que j'ai rencontré une sensibilité d'autant plus exquise que cette branche de la cinquième paire était plus considérable. Comment se fait-il donc que des faits si importans aient pu échapper à Charles Bell? Pourquoi a-t-il voulu frapper le nerf facial d'une insensibilité absolue, quand il pouvait demander à cette branche de la cinquième paire, qui vient s'anastomoser avec lui, la cause de ce grand phénomène, la douleur que produit toujours son irritation ?

Mais non, ce physiologiste voulait tout attribuer dans ce nerf au mouvement, et rien au sentiment. D'abord on peut couper séparément les filets qui composent ce nerf, et toujours inutilement sous le rapport d'une idée exclusive, puisqu'ils affluent tous de la sensibilité annoncée par la douleur. Au reste, pour prouver que le nerf facial est aussi bien destiné au sentiment qu'au mouvement, il suffira de considérer sa double origine non douteuse. En effet, constamment j'ai trouvé plusieurs racines postérieures qui avaient déjà été notées par Gædeschen, qui croit que cette racine forme le petit renflement du nerf facial à l'endroit où le nerf vidien se réunit à lui.

Comme nous l'avons déjà pensé, ce nerf, naissant d'un point sensible et d'un point insensible, a cette double propriété : 1° d'être sensible ; 2° de porter l'influx de la volonté et de rapporter les impressions. Mais je ne pense pas, comme M. Gædeschen, que ce nerf soit sensible par lui-même, je crois au contraire qu'il tire sa sensibilité de la moelle épinière ; et, comme nous l'avons déjà dit, tout nerf sensible est aussi nerf du mouvement, puisque, suivant nous, ces deux propriétés sont une, et qu'elles sont dépendantes l'une de l'autre, comme l'expérimentation nous l'a prouvé.

C'est en vain qu'on invoque les anastomoses pour expliquer la sensibilité, et c'est à tort que Magendie,

Lund, Backer, affirment que ce nerf ne montre aucune espèce de sensibilité après la section de la cinquième paire; j'ai été mieux favorisé que ces observateurs, et, après la destruction de la cinquième
paire, j'ai, en mettant le nerf à découvert, démontré
qu'il était douloureux.

Avant de passer outre, parlons des fonctions de
ce nerf relativement à la transmission des impressions reçues, et de la volonté émanée du cerveau :
il est évident que par son mode d'origine on peut
expliquer la transmission non directe des impressions reçues et leur transport au lobe du côté opposé; comme, par exemple, l'influence de la volonté
s'exerce d'un lobe du cerveau, au côté opposé de la
moelle épinière. Je ne répéterai pas ce que j'ai dit
du croisement de ses racines postérieures et de l'origine profonde antérieure de ce nerf. Il me reste seulement à démontrer son entrecroisement à l'aide de
la pathologie. Le fait que je vais rapporter est un
exemple de paralysie croisée de la face, il servira à
établir d'une manière plus précise ce que je viens d'a-
vancer. Il est bien entendu qu'il s'agit ici de l'action
d'un lobe du cerveau, qui s'exerce par transmission à la moelle épinière, sur le nerf facial qui y
prend naissance; si en effet ce nerf se trouvait détruit sous l'influence d'une cause directe, la paralysie devrait nécessairement exister du côté du nerf lésé.

Ham..., âgé de 30 ans, maçon, d'une taille
moyenne, entra à l'hôpital Saint-Louis le 13 mai 1835.
Il venait de faire une chute de la hauteur d'un 2ᵉ étage
environ; il avait perdu connaissance sur le champ ,

l'avait recouvrée bientôt, et n'avait pas rendu de sang par les oreilles. A son arrivée à l'hôpital il offrit quelques contusions à la face, à l'œil et sur le côté gauche du corps. Sur le côté correspondant de la tête existe une plaie longue de 3 à 4 pouces, placée entre les sutures écailleuse et sagittale, s'étendant depuis le niveau de la suture fronto-pariétale jusque vers l'occipital. Dans sa moitié antérieure, cette plaie a des bords réguliers non déchirés, séparés l'un de l'autre par un écartement d'un travers de doigt. Dans le reste de son étendue les bords sont irréguliers, inégaux, contus et largement écartés; nulle part on ne voit les os à nu, et partout l'aponévrose occipito-frontale a été respectée; on ne sent pas de saillie ni d'enfoncement qui puisse faire croire à l'existence d'une fracture du crâne. Les sens sont intacts, la sensibilité et la motilité générales sont bien conservées; le malade a perdu une quantité médiocre de sang, il souffre peu.

Deux points de suture réunissent et maintiennent en contact les bords de la moitié antérieure de la plaie; quelques bandelettes agglutinatives sont placées sur la moitié postérieure; un morceau d'agaric enduit de cérat, quelques compresses et une bande, servent à achever le pansement. (*Saignée du bras de trois palettes; petit-lait émétisé.*)

Le lendemain matin, le malade souffrait peu; il avait dormi, il ne ressentait pas de céphalalgie; il n'existait aucun phénomène morbide apparent du côté de l'encéphale. Les bords de la plaie ne sont ni gonflés, ni douloureux. J'enlève les points de suture, et je fais appliquer sur la partie malade de la charpie qu'on trempe de temps en temps dans l'eau froide.

Quelques jours après le péricrâne était décollé et détruit ; on voyait les os à nu dans une grande étendue ; la suppuration était peu abondante, de bonne nature : on continua le pansement avec de la charpie imbibée d'eau froide.

Vers le quinzième jour je remarquai que quelques portions osseuses offraient plus de vascularité dans certains points que dans d'autres : il suffit de les frapper légèrement pour en faire suinter quelques gouttelettes de sang ; cependant il n'existe encore aucun bourgeon charnu, aucune exfoliation sensible. Le malade va bien ; la suppuration est très peu abondante ; les os et la plaie paraissent secs ; mais cette sécheresse pouvait être due au renouvellement fréquent de la charpie.

Cet homme était dans cet état, lorsque, sans cause connue, il commença le 30 mai à avoir un peu de délire : il perdit presque complètement la connaissance des objets qui l'entouraient ; il ne répondait plus aux questions qu'on lui adressait ; il se levait sur son séant et agitait alors fortement ses quatre membres ; il les remuait volontairement.

Le lendemain il y eut encore du délire, mais plus tranquille ; l'agitation dura tout le jour sans aucune trace de paralysie : pas de selles, pas d'urines involontaires.

Le 1er juin, au milieu de la nuit, il survint un très grand calme, le malade avait perdu l'usage de tout le côté droit du corps.

Examiné le matin, il offrait une hémiplégie complète à droite, s'étendant sur tout le côté correspondant de la face. L'intelligence est très obtuse; le malade exécute des mouvemens volontaires du côté gauche, il a l'air hébété, semble ne rien comprendre de ce qu'on lui dit. Il n'y a pas de tendance à l'assoupissement.

L'ouïe semble être nulle. La vue est intacte, car le malade fuit la présence d'objets placés trop près de la conjonctive. On n'a pas cherché à savoir si le goût et l'odorat étaient conservés. Le malade ne pouvait tirer la langue hors de la bouche; il ne prononçait aucun mot. Le toucher était entièrement éteint à droite. La sensibilité de la peau était généralement nulle dans le côté droit. Néanmoins, si l'on enfonçait une épingle à quelques lignes dans la profondeur de la peau, et à la plante des pieds, la figure indiquait un sentiment de souffrance et il se manifestait dans la jambe des agitations musculaires qui témoignaient de la sensibilité du malade. Enfin, lorsqu'on venait à chatouiller l'intérieur du nez surtout, il y portait la main, quelle que fût la narine qu'on excitât.

Tous les muscles qui servent à donner de l'expression à la face étaient sans action du côté droit. La contraction de l'orbiculaire et de l'élévateur de la paupière supérieure était seule conservée; mais en comparant entre elles les forces avec lesquelles le malade fermait chaque œil, il était facile d'apercevoir que celle du côté droit était beaucoup moindre. Du reste, la joue de ce côté était affaissée, la com-

missure des lèvres inclinée en bas et sans aucun mouvement dans les diverses agitations que le malade
imprimait à la bouche qui était tirée à gauche. L'aile
droite du nez était affaissée et sans mouvement pendant la respiration ; les muscles inspirateurs et ex-
pirateurs semblaient se contracter aussi facilement
d'un côté que de l'autre. Quant aux membres droits,
thoracique et abdominal, ils étaient complètement
dans la résolution, sans aucun mouvement volontaire ; il n'existait pas non plus de contracture.

Les pupilles étaient complètement dilatées ; elles
étaient peu sensibles à l'action de la lumière.

Le cœur donnait 120 pulsations par minute ; il y
avait 40 inspirations dans le même espace de temps.

Il n'y avait pas de différence appréciable dans la
température des deux côtés du corps.

Pensant que les symptômes signalés ci-dessus
étaient produits par la compression du cerveau,
j'appliquai une couronne de trépan vers la partie
moyenne du pariétal gauche, dans un endroit où cet
os était dénudé. La rondelle osseuse enlevée, il s'é-
chappa de suite un peu de pus placé dans le tissu
extérieur à la dure-mère. Celle-ci offrit ensuite
de la résistance : j'y sentis de la fluctuation ; j'y fis
une ponction qui donna issue à une cuillerée de pus
environ. Le malade put alors, à force d'excitation,
tirer un peu la langue, la respiration sembla s'animer ; mais les autres symptômes ne parurent pas
modifiés. Cependant le malade, qui n'avait pu boire
depuis plusieurs heures, porta lui-même son verre à
la bouche avec la main gauche, et la déglutition s'o-

péra librement. (Lavemens purgatifs , selle abondante et urines involontaires dans la journée.)

Le lendemain 2 juin, le malade présente le même état qu'avant l'application de la première couronne du trépan ; il semble ne pas y voir de l'œil droit, car on peut menacer cet organe de très près sans exciter de contraction dans le muscle orbiculaire. Deux autres couronnes de trépan sont appliquées, l'une en avant, l'autre en arrière de la première; les ponts osseux qui les séparent sont enlevés; la dure-mère est incisée dans toute cette longueur : alors on voit s'écouler une petite quantité de pus qui ne sort qu'en comprimant légèrement le cerveau; les mouvemens d'élévation et d'abaissement de cet organe sont très marqués, ils sont isochrones aux battemens du pouls. Avant d'appliquer la troisième couronne de trépan j'aperçus une fracture simple du crâne, sans enfoncement, et je trépanai sur ce point. Quelques branches secondaires de l'artère méningée moyenne ayant été coupées fournirent une assez grande quantité de sang ; les symptômes persistèrent sans aucun changement appréciable.

Le 3 juin, même état, nouvelle application de deux couronnes de trépan. Les paupières du côté droit, qui étaient privées de tout mouvement, purent s'élever et s'abaisser immédiatement après cette dernière opération. Du reste, les symptômes dont nous avons parlé persistèrent : l'état général s'aggrava ; il y eut des sueurs abondantes ; le pouls, qui dans le principe s'était un peu relevé, devint très petit, presque insensible, sa fréquence ne diminua pas ; le malade succomba à sept heures du soir, après une assez longue agonie.

A l'autopsie, faite 56 heures après la mort, je trouvai un commencement de putréfaction ; une raideur cadavérique à peine sensible dans les membres, et nulle pour la mâchoire inférieure.

A un demi-pouce au dessus de la suture écailleuse, il y avait cinq ouvertures arrondies, communiquant les unes avec les autres, et décrivant une courbure à peu près parallèle à cette suture. En enlevant le péricrâne, je remarquai une infiltration sanguine occupant tout le tissu cellulaire sous - jacent au muscle frontal du côté droit : le sang avait une couleur rouge très vive. Le périoste se détacha facilement au pourtour des couronnes de trépan : le crâne étant mis entièrement à découvert, on vit une fracture linéaire qui s'étendait depuis le voisinage de l'angle antéro-supérieur du pariétal gauche jusqu'à un demi-pouce au dessus de l'orbite droite ; là elle se bifurquait, et une de ses branches allait gagner l'apophyse orbitaire externe du coronal, et l'autre occupait le milieu de la paroi supérieure de l'orbite.

La voûte du crâne fut sciée et enlevée avec soin : la dure-mère était jaunâtre, épaissie, recouverte d'une pseudo-membrane peu épaisse, plastique et se détachant par lambeaux. Ces altérations étaient remarquables sur toute la partie moyenne du côté gauche de la dure-mère et se prolongeaient sur le même côté de la faux du cerveau et sur le trajet de la fracture. Le sinus longitudinal supérieur contenait quelques caillots sanguins, il renfermait un peu de pus semi-liquide, et présentait quelques petites ulcérations à sa face interne; l'arachnoïde et la pie-mère étaient considérablement épaissies, d'un aspect jaunâtre, infiltrées de pus, molles, peu adhérentes à la surface du cerveau dont on les détachait avec assez de facilité. Ces altérations avaient la même étendue que celles qui ont été signalées pour la dure-mère; elles existaient à un moindre degré dans les anfractuosités du cerveau.

Les parties supérieure et externe des lobes moyen et postérieur du côté gauche avaient une couleur gris-ardoise très manifeste; cette couleur n'existait que dans le fond des anfractuosités : à la surface de ces mêmes portions du cerveau, je remarquai une foule de petits abcès superficiels, peu étendus, à contour inégal et irrégulier, déchiquetés sur leurs bords, entourés d'une petite auréole rosée, et dont le fond était plus blanc que les parties environnantes; tous ces petits abcès étaient creusés dans la substance corticale. Sur les points du cerveau qui correspondaient aux couronnes de trépan, on voyait une foule de petits mamelons grisâtres, de petits bourgeons mollasses qui lui donnaient un aspect granuleux. A la partie inférieure du lobe moyen gauche il y avait du pus réuni en foyer et en quantité assez notable (une cuillerée à café environ), et quelques petits abcès tout à fait semblables à ceux déjà indiqués.

Le cerveau examiné dans les autres parties n'a pas présenté d'altération appréciable; il avait sa consi-

stance et sa couleur habituelles ; il était très peu injecté.

Le poumon gauche était sain , libre d'adhérences.
Le droit au contraire adhérait fortement à la paroi
externe de la poitrine par le moyen de brides cellu-
leuses, fortes et anciennes : son aspect se rapprochait
de celui de la rate ; il renfermait, à sa partie postérieure et moyenne, trois petits abcès métastatiques.
Le cœur et les vaisseaux qui en partent, les veines
principales, ont été examinés, ils nous ont paru
sains, et nous n'avons rencontré dans leur cavité
aucune trace de pus.

Le lobe gauche du foie avait une couleur grisâtre,
plus foncée que le reste de cet organe ; de plus, il
était ramolli, se déchirait sous le doigt, et offrait
quelques crevasses à sa face supérieure.

Les autres organes nous ont paru sains.

Il est inutile de faire remarquer que, dans cette
observation, la paralysie locale du côté opposé à
l'épanchement, dépendait de ce même épanchement
bien franchement circonscrit ; que la paralysie de la
face existait du même côté que celle des membres
thoracique et abdominal correspondans ; que l'œil
du même côté ne possédait pas la même facilité dans
les mouvemens que l'œil opposé.

Jusqu'ici je crois avoir démontré que les nerfs
sensibles jouissent de la faculté de produire le mouvement. Je vais maintenant exposer quelques expériences tentées sur le nerf facial, dans le but de
faire comprendre pourquoi ce nerf est surtout destiné à la motilité.

Le 30 juin 1834 j'ai fait sur un lapin la section des deux nerfs faciaux ; cette opération a été très douloureuse, et en pinçant ces nerfs, j'ai déterminé une souffrance non moins vive. A l'instant même de l'opération, tout mouvement a cessé dans le lobule du nez et dans les narines ; ces dernières se sont tellement aplaties, que l'ouverture des fosses nasales paraissait fermée. Pour expliquer la douleur qui s'était manifestée chez cet animal, je ferai remarquer que la disposition peu serrée des filets des nerfs faciaux leur donne quelque analogie avec l'arrangement du trifacial, et qu'on peut dès lors trouver dans cette circonstance la raison de cette sensibilité vive que la section avait excitée. J'ai, sur le même lapin, coupé les nerfs sous-orbitaires, à l'endroit où ils sortent du canal du même nom, et la lèvre supérieure est devenue très pendante. L'animal a succombé dans l'espace de 24 heures. A l'autopsie j'ai pu me convaincre que des nerfs maxillaires avaient été coupés à la sortie de leur tronc, ainsi que les nerfs faciaux. Les parties molles environnantes étaient infiltrées, et les bouts des nerfs étaient rouges. La mort avait été évidemment le résultat de l'excès de la douleur et de l'écoulement du sang.

On ne s'étonne pas de cette absence de mouvement que l'on remarque dans le lobule du nez, dans les narines et dans la lèvre supérieure, et du relâchement de celles-ci, si l'on fait attention à la section des nerfs et à leur mode de distribution. Si je ne parle pas de la mobilité qu'avaient conservée les paupières, c'est que la conservation du mouvement y était due au ménagement des filets qui viennent s'y distribuer. On peut conclure de là que la section du nerf facial entraîne des changemens plus ou moins variés, et cette différence dépend de l'endroit où la division a été opérée. Ainsi la section de ce nerf à la sortie du crâne amène de grandes altérations dans les mouvemens de la face, et abolit le mouvement, complètement dans quelques parties, d'une manière plus ou moins étendue dans les autres.

Le 12 juin 1834, j'ai sur un lapin coupé le nerf facial du côté gauche, en le suivant dans l'épaisseur de la parotide. L'animal, qui avait souffert patiemment l'opération jusqu'à ce que j'aie rencontré le nerf facial, s'est agité violemment et a poussé des cris au moment de la section. L'aile du nez et une partie du lobule du même côté ont cessé de posséder le mouvement, tandis que du côté opposé les fonctions du nerf n'avaient subi aucune altération.

Le 15 juin, j'ai sur le même animal fait la section du nerf facial du côté droit. A l'instant même, la narine et le lobule du nez ont perdu toute faculté de se mouvoir, ce qui a entraîné l'affaissement des narines et la gêne dans la respiration. Les lèvres n'ont pas paru frappées de paralysie; les joues, sans avoir cessé de se mouvoir, avaient cependant perdu un peu de leur mobilité.

Le 15 juin 1834, j'ai, sur un jeune chevreau, coupé les deux nerfs faciaux dans l'épaisseur de la parotide. Après cette opération qui a été douloureuse, les ailes du nez se sont affaissées, la respiration est devenue un peu difficile; le lobule a perdu le mouvement. L'air ne paraissait pas entrer par les narines, mais l'effort qu'il faisait pour sortir des fosses nasales lui suffisait nécessairement pour vaincre toute résistance. Une bougie allumée et approchée des narines n'a pas présenté de changement dans la direction de sa flamme. Les lèvres n'avaient pas changé de position, et elles avaient cessé de se mouvoir.

J'ai, sur beaucoup d'autres lapins, coupé ce nerf, et j'ai produit la paralysie de la paupière et de la partie antérieure de l'oreille, puisque celle-ci tombait sur le dos de l'animal, entraînée qu'elle était par les muscles qui, s'insérant sur le pavillon de l'oreille, reçoivent des branches nerveuses des nerfs cervicaux.

Il est évident que sur aucun de ces animaux l'influence nerveuse ne s'est rétablie du côté où elle avait été complètement abolie, et que les anastomoses nerveuses, établies entre le nerf sous-orbitaire et le facial, n'ont pu remédier à l'interruption du dernier. Je suis encore très convaincu que l'afflux nerveux ne se rétablit jamais dans le nerf facial, toutes les fois que les branches de celui-ci ont été complètement coupées. Il n'en est pas des nerfs comme des os, qui, à l'aide de leur périoste, forment de toute pièce un nouvel os, et le névrilème, au contraire, espèce d'enveloppe cellulaire, ne fait que se cicatriser à la manière du tissu cellulaire divisé, ou exhaler une lymphe propre à rétablir la continuité entre les deux bouts du nerf.

Chez les animaux timides, comme les lapins, les lièvres, etc., il existe, comme je l'ai déjà dit, autour de l'oreille, des muscles extrinsèques volumineux qui reçoivent des filets nerveux du facial, et un muscle extrinsèque qui, s'insérant à la partie postérieure du pavillon de l'oreille, se continue avec le trapèze et reçoit des filets des nerfs cervicaux. Aussi, quand le nerf facial a été coupé, l'oreille tombe-t-elle sur le cou de l'animal, entraînée par le muscle que nous venons de nommer. Il est digne de remarque que chez les chèvres, les lièvres, etc., etc., les lèvres peu considérables offrent peu de développement, et que la langue alongée et peu pesante sert d'organe d'appréhension aussi bien que les lèvres. Il résulte de cette disposition anatomique que la section du nerf facial n'entraîne pas de grands changemens dans la position des lèvres ; il leur faut en effet peu de résistance pour être maintenues en place, à cause de leur peu de pesanteur et du peu de tendance qu'elles ont à abandonner les mâchoires, auxquelles d'ailleurs elles tiennent par des replis muqueux qui suppléent heureusement à l'absence de l'influx nerveux du facial.

Nous devons ajouter pourtant que, chez les herbivores, les lèvres ont non seulement perdu une partie de leur mouvement, mais qu'elles sont un peu alongées, d'où il résulte qu'entre elles et le bord alvéolaire il reste toujours du bol alimentaire ; aussi ai-je toujours rencontré des herbes entre l'arcade dentaire et les lèvres.

Ainsi la destruction incomplète du nerf facial laisse persister le mouvement, ou plutôt celui-ci a diminué, et il a disparu dans les points qui correspondent aux filets qui se terminent au point divisé. On peut conclure aussi des expériences précédentes que le mouvement n'a persisté qu'à un très faible degré dans le lobule du nez, qu'il a persisté davantage dans les lèvres, et un peu dans les narines. Ces assertions ont trouvé leurs preuves quand nous avons parlé des expériences sur la cinquième paire.

L'expérience tentée sur un chevreau, le 15 juin 1834, vient confirmer ce que nous venons de dire sur l'impossibilité du rétablissement des fonctions du nerf, quand elles ont été abolies par sa section. Après les changemens que l'expérience a produits et que nous avons décrits plus haut, le chevreau a eu constamment l'œil du même côté injecté, la conjonctive boursouflée, la paupière supérieure tirée en haut par son élévateur, et le globe de l'œil constamment à découvert. La sensibilité de la peau de ce même côté n'était pas aussi parfaite qu'avant l'expérience. La commissure des lèvres est restée toujours tirée un peu à droite; l'aile du nez était affaissée, et enfin des abcès se sont développés sur le trajet du nerf divisé, à la parotide, au cou; ce dernier phénomène entraîna pendant quelque temps l'amaigrissement de l'animal.

Le 29 janvier 1835, j'ai coupé le nerf facial du côté droit, ma première expérience ayant eu pour but la division du gauche, pratiquée avec le plus grand soin. Dans cette circonstance, l'aile du nez s'est affaissée; le mouvement a cessé en partie dans le lobule; l'air n'entrait plus qu'en petite quanlité dans les narines, et il en sortait avec difficulté et bruit.

Le 6 mars 1835, j'ai sacrifié l'animal, et l'autopsie m'a révélé les altérations suivantes : en devant de la parotide et au milieu d'un tissu cellulaire dense et serré, on distinguait aux deux bouts du nerf facial une teinte d'un blanc grisâtre, et la substance intermédiaire ne présentait aucune trace de structure nerveuse. L'extrémité qui correspond à la partie faciale du nerf était atrophiée, et cette atrophie s'étendait à tous les rameaux amaigris, qui sont ses branches de terminaison. Cette extrémité était confondue avec le tissu cellulaire, devenu dense par l'effet même de l'inflammation. L'extrémité dite *cérébrale* était *gangliforme*, épaisse, arrondie, augmentée de volume, présentait une couleur grisâtre, et elle était dense, remarquable par son épaisseur, qui était d'une ou deux lignes.

Ayant suivi sur cette chèvre les anastomoses établies entre le *sous-orbitaire* et le *mentonnier*, j'ai pu m'assurer aussi que la muqueuse et la peau recevaient de nombreux filets de ces nerfs.

Les filets du nerf facial se distribuaient dans les muscles peaucier, alvéolo-labial, buccaux, nasaux et élévateurs. De ce nerf partaient des rameaux qui allaient pénétrer au niveau du point fixe de chaque muscle, au milieu et à son point mobile.

Ayant disséqué avec soin le nerf mentonnier du maxillaire inférieur, je l'ai d'abord trouvé caché sous l'alvéole labiale; puis, le suivant dans les parties molles du menton à la commissure des lèvres, je l'ai vu fournir des rameaux qui se perdaient, dans la peau et les fibres musculaires, à la muqueuse buccale, puis étendre ses filets nombreux jusque dans les papilles rangées sur le bord libre des lèvres inférieure et supérieure. Ainsi du nerf mentonnier partent des rameaux qui vont aux muscles, à la peau, à la muqueuse surtout, et aux papilles qui s'élèvent de cette membrane.

Le sous-orbitaire, qui est d'un volume considérable, fournit des filets à l'alvéolo-labial, aux muscles de l'aile du nez, à la peau, aux papilles et à la muqueuse du nez; or, tous ces filets viennent s'anastomoser ensemble, après avoir décrit des espèces de demi-cercles de chaque côté de la lèvre supérieure.

Il résulte de ce mode de distribution du nerf facial et des branches des trijumeaux que, pour le premier, les filets vont surtout se rendre dans le trajet des muscles servant à l'élévation des lèvres, à la contraction des paupières, à la dilatation des narines, disposition que d'ailleurs on retrouve chez l'homme; tandis que, pour le second, ils vont se perdre à la peau, dans les membranes cutanées, les muqueuses, les fibres musculaires *terminales* de plusieurs muscles, aboutissant en grand nombre dans quelques uns, les buccinateurs par exemple. Il résulte encore de là que le nerf facial envoie des rameaux dans le muscle abaisseur des lèvres.

Chez cette chèvre, la blancheur et le volume des nerfs mentonnier et sous-orbitaire contrastaient singulièrement avec le volume et la couleur du nerf facial, qui était gris, maigre et atrophié.

L'œil gauche présentait à la cornée une tache qui occupait en partie l'épaisseur de cette membrane, après avoir commencé par un point opaque sans profondeur. A la longue, les couches superficielles s'étaient ramollies; la rétine du côté gauche, rouge et injectée, avait perdu de sa consistance, ainsi que la choroïde. Ainsi la lumière avait évidemment une action morbide sur le globe oculaire, constamment à découvert par l'écartement des paupières.

Le nerf facial du côté droit présentait un petit renflement à l'extrémité de la division qui correspond au cerveau. Le tissu cellulaire était dense, mais l'œil du même côté ne présentait presque aucune trace d'inflammation; ce qui s'explique par la conservation des filets du nerf facial qui vont se rendre aux paupières du même côté. Enfin, et malgré le long espace de temps écoulé depuis la première expérience, les fonctions des narines et des paupières gauches ne s'étaient pas rétablies après leur abolissement : pourtant, si des anastomoses avaient pu se former, si la substance nerveuse avait pu se reproduire entre les deux bouts du nerf, certes il s'était écoulé assez de temps pour que le mouvement, qui avait cessé d'exister par l'effet même de la section, pût se rétablir.

Il est donc vrai que la substance nerveuse ne se reforme pas, et que les anastomoses ne peuvent servir au rétablissement du mouvement, quand celui-ci a été détruit par la section du nerf qui se perd dans les muscles.

Action du nerf facial sur les parties constituantes de la face dans l'état de repos.

Dans l'état habituel, le nerf facial agit-il sur l'ensemble des parties molles de la face, des vaisseaux, des tissus, des conduits et des muscles? La solution de cette question aussi grave qu'intéressante ne saurait présenter de difficultés.

L'absence de l'influx nerveux fait perdre aux parties organiques l'état qu'il leur donne par la circulation. Le nerf facial, ne communiquant plus avec les renflemens nerveux, enlève à la peau sa *forme vitale*, sa fermeté, sa résistance, son élasticité ; enfin, elle a pour ainsi dire moins de vie, parce que le cours du fluide nerveux est interrompu : elle n'est plus que comme un corps brillant dont l'éclat a disparu avec celui de la lumière. Ce qui arrive pour la peau arrive aussi pour les muscles, les conduits et les vaisseaux sanguins.

Il y a dans les parties organiques au repos un certain ressort qui cesse après la section du nerf. Les muscles, dans le moment où la contraction n'est ni active ni volontaire, ont encore un certain degré de tonicité fort remarquable, entretenu par l'afflux continuel du fluide nerveux. Ainsi, pendant le sommeil, alors que les rides du front ont disparu, que toute contraction a cessé, il est évident que si, dans ces momens de repos extrême, le nerf n'agissait

plus, il y aurait dans tous les organes un relâchement plus marqué encore. Le fluide nerveux semble
circuler comme le sang dans ses canaux.

Les expériences auront surtout pour but de démontrer l'indispensable action de ce nerf sur la physionomie, et vont tout à l'heure confirmer ce que
nous venons de dire.

La physionomie, qui représente l'ensemble des
traits, tire son expression du nerf facial en grande
partie, et un peu des trijumeaux. La coupe de la tête,
la régularité des traits et le volume du nerf facial
dans l'homme lui donnent cette supériorité si remarquable qu'il a sur tous les autres animaux : sa
physionomie est animée de ce jeu harmonique des
traits qui s'identifie si bien avec les sensations intimes
et les impressions reçues. C'est donc au nerf facial que
sont dus ces changemens incroyables qui se passent
sur notre visage, et qui viennent révéler des mystères qu'une volonté ferme veut en vain dissimuler.
Faut-il s'étonner maintenant qu'un grand homme,
Lavater, ait voulu se servir de l'ensemble de la physionomie pour lire dans les replis cachés de l'ame,
et qu'il ait donné à ce système le nom de physiognomonie? Cette manière d'étudier le cœur est sans doute
sujette à erreur, puisque la dissimulation est quelquefois plus forte que l'impression physionomique.
Elle peut pourtant trouver souvent une juste application : en effet, un homme affecté tristement pendant
de longues années voudrait en vain donner à sa
physionomie l'empreinte de la gaîté ; ses efforts
seraient vains. Quelques expériences vont démontrer

combien le nerf facial peut être nommé avec raison *le nerf de l'expression.*

Ch. Bell, dans l'intention d'examiner l'influence qu'avait la septième paire sur la physionomie, la coupa sur un âne. Cette expérience n'ayant pas été complètement satisfaisante, Schaw la renouvela sur un animal plus expressif, un singe. A l'instant même la physionomie éprouva un changement si brusque et si étrange, qu'il fit rire ceux qui le regardaient, par cela seul qu'il avait quelque ressemblance avec un acteur anglais qui avait depuis long-temps le privilège d'égayer les spectateurs par la singulière faculté qu'il possédait de laisser en repos un des côtés de la face, tandis que l'autre était très mobile.

Chez les animaux qui ont proportionnellement le nerf facial moins volumineux que l'homme et le singe, les changemens qui surviennent dans la prosopose ou le jeu du visage ne sont pas moins remarquables.

Le 31 janvier 1835, sur un cheval noir, vif, bien portant, j'ai mis le nerf facial à découvert. Sa physionomie prenait un air remarquable quand on lui présentait de l'avoine : elle était alors expressive, élevée, et aucun trait n'était dans l'abattement. Le nerf facial, mis à découvert des deux côtés par une petite incision transversale, s'est présenté alors sous la forme rubanée; il était gros, gris, blanchâtre.

La section du nerf, faite au devant de l'oreille, a excité de vives douleurs, et les filets facilement isolables qui le composent se sont légèrement écartés les uns des autres. La piqûre de la face, faite à l'aide d'un scalpel, causait des souffrances vives, mais surtout très aiguës dans la portion de peau qui suit le trajet du nerf, avant l'expérience. Les deux lèvres sont devenues flasques, pendantes, et ne présentaient plus de résistance. La lèvre inférieure était lourde, tombante, plissée et renversée légèrement en dehors, ce qui permettait d'apercevoir les dents, mises à découvert. La lèvre supérieure recouvrait bien encore les dents de la mâchoire à laquelle elle correspond, mais elle était sans mouvement et prolongée au devant de cette dernière ; frappée enfin d'une immobilité effrayante, elle s'abandonnait à son propre poids. L'animal se trouva hors d'état de saisir le bol alimentaire, et la présence de l'avoine n'a plus animé sa physionomie, qui a conservé son calme repoussant. La peau avait perdu ce brillant, naturel dans l'état de santé. La chute de la lèvre supérieure donnait au cheval une apparence de stupidité, produite surtout par l'absence de toute action musculaire. Les yeux seuls avaient conservé leur éclat, mais il n'était plus possible d'y reconnaître les impressions et les sentimens que l'animal pouvait ressentir.

Les narines étaient affaissées ; les lèvres inutiles ne pouvaient plus saisir l'avoine ; le cheval tendait vainement la langue pour s'en emparer, et cet organe, mal disposé pour servir de moyen de préhension, ne lui était alors d'aucun secours.

Si maintenant l'on se demande pourquoi, dans cet animal, les lèvres étaient ainsi pendantes, il faudra chercher la cause de ce phénomène dans leur volume et leur pesanteur, qui font que la cinquième paire n'est alors que d'une faible ressource dans la contraction musculaire.

Il résulte de cette expérience que le nerf facial est l'organe de l'expression de l'ame ; que, sans lui, plus de physionomie, et dès lors plus de possibilité de reconnaître les impressions intimes par le jeu des traits du visage.

Action du nerf facial sur les sécrétions.

La section du nerf facial n'empêche pas la sécrétion des larmes ; mais l'œil étant continuellement découvert, il en résulte la vaporisation incessante des larmes par l'air ; ce qui entraîne bientôt une sécheresse de la conjonctive, une inflammation qui ne doit plus disparaître : malheur qu'il faut attribuer au défaut de clignement des paupières qui protège la muqueuse dont elles sont tapissées. La congestion inflammatoire qui peut survenir est alors inévitablement le résultat de l'impossibilité du clignement.

Ce fait admis ne prouve cependant pas que le nerf facial ait une action directe sur la sécrétion des larmes : d'ailleurs l'anatomie a jeté assez de lumière sur ce point physiologique, pour nous épargner de plus amples détails.

Je ne pense pas que ce nerf soit de même dépourvu de toute influence sur les autres glandes, et, pour partager cette conviction, il suffit de suivre son trajet dans la glande parotide, d'accompagner les filets qui la traversent et qui s'y perdent : cet examen ne peut manquer d'aider à résoudre les problèmes que peut soulever la question de l'influence des nerfs sur les sécrétions. Il demeure évident que les conduits parotidiens et les vaisseaux sanguins sont aussi sous la domination du nerf facial. En effet, on remarque après la section de ce nerf ce qui arrive après la division du pneumo-gastrique, c'est-à-dire que, dans la glande parotide, comme dans le poumon, du sang est déposé, et sans doute versé par exhalation. Si les fonctions du nerf facial ont été détruites, toute communication cessant entre le cerveau et la parotide, la salive coule involontairement de la bouche, et cet épanchement, toujours égal, ne se montre jamais plus abondant dans un moment que dans un autre. Dans cette circonstance la volonté est impuissante sur les fonctions de cette glande; et si celle-ci continue à élaborer la salive, ce produit ne peut devoir au système nerveux aucun changement dans sa quantité, et sur ce point n'est soumis qu'au jeu des mâchoires, qui, comme l'a démontré Bordeu, excitent la parotide, et en expriment la salive. On demandera peut-être à quelle cause il faut attribuer les abcès qui se développent sur le trajet du nerf coupé et dans la parotide. Ce fait, que j'ai pu observer plusieurs fois, m'a paru tirer sa source de l'abolition des fonctions des nerfs sur les vaisseaux que parcourt le sang. On pourra reprocher à cette théorie de n'être pas l'expression exacte de tous les faits, puisque la paralysie d'un côté de la face ne présente aucun phénomène semblable: mais à cette objection on peut répondre que si le résultat n'est pas le même, c'est que les causes naturelles ne sont pas identiques, puisque, dans le cas dont il s'agit, il n'y a pas d'interruption entre le cerveau et les organes auxquels il vient se distribuer.

Accord entre le nerf facial et les nerfs qui président aux fonctions mécaniques de la respiration.

Tout concourt au même but dans l'accomplissement d'une fonction. Tantôt tous les organes, dans un accord harmonique parfait, accomplissent à la fois leur travail, comme dans le grand phénomène de l'inspiration, où tous les rouages agissent dans un *ensemble* merveilleux; tantôt, au contraire, ils agissent bien dans la même intention, pour le même résultat, mais les uns après les autres, comme dans la *digestion* par exemple. Ainsi les voies aériennes, le larynx, la poitrine, sont dans un équilibre parfait : sans cela, il n'y aurait bientôt plus de résistance possible aux agens de destruction, et la vie ne tarderait pas à s'éteindre. Tout est dans une harmonie parfaite dans l'acte de la respiration : la glotte se dilate en même temps que les narines s'écartent, et elles s'élargissent au moment où la poitrine se soulève. Voilà pourquoi l'air circule d'un trait de l'extérieur dans la profondeur du poumon.

Charles Bell a voulu, d'après cela, donner au nerf facial le nom impropre de *nerf respirateur*.

Charles Bell a étudié avec un soin extrême l'influence qu'exerce ce nerf sur l'expression de la face, non seulement chez l'homme, mais encore dans les diverses classes d'animaux.

Nous devons lui accorder hautement cette justice que cette fois il a réellement, comme il l'a pensé, éclairé la pathologie de ce nerf par ses recherches intéressantes. Il nous a appris en effet que, lorsque l'expression du visage était modifiée, cela indiquait une altération quelconque dans la structure du nerf, et il a nécessairement beaucoup éclairé les médecins sur la paralysie de la face, qui avant lui était généralement regardée comme une conséquence de l'altération du cerveau. C'était assurément faire avancer la science que de montrer au monde médical qu'il ne fallait pas toujours placer dans le cerveau le point de départ de cette paralysie de la face, et qu'il importait dans ce cas de diriger ses regards vers le nerf devenu malade.

Ajoutons qu'il est surprenant qu'aujourd'hui encore quelques médecins recommandables s'obstinent à ne pas admettre cette paralysie locale.

Le physiologiste anglais a aussi éclairé les chirurgiens, en leur signalant les dangers qui pourraient résulter de la blessure de ce nerf dans une opération.

Un parent de Charles Bell, M. Shaw, a voulu retrouver dans l'organe de préhension de l'éléphant, dans sa trompe, le nerf de l'expression. Il remarqua en effet que cet organe, en outre de la cinquième paire décrite par Cuvier, recevait une grosse branche de la portion dure de la septième. Celle-ci, en sortant de la parotide, fournissait des rameaux à

l'oreille, à un petit muscle qui correspond au peaucier, ainsi qu'aux muscles de l'œil.

Bientôt il vit cette branche se joindre à la branche
sous-orbitaire des trijumeaux. Il les suivit toutes deux
dans l'épaisseur de la trompe. Il eut alors la satis-
faction de voir cette branche se distribuer aux muscles, et diminuer promptement de grosseur à mesure
qu'elle fournissait des filets, tandis que le sous-orbitaire conservait son volume presque jusqu'à la terminaison de la trompe.

Shaw a conclu de son mode de distribution qu'il
était le nerf moteur de la trompe.

Il me reste maintenant à examiner si le nerf facial
a de l'influence sur l'audition ; l'expérimentation et
l'anatomie me serviront encore de guides.

Par cela même que le nerf facial communiquait à
son origine avec le nerf auditif et suivait le même trajet que lui, on a cru qu'il devait jouer un rôle dans
l'audition. Bien qu'aujourd'hui l'anastomose, que
n'admettait pas Haller, soit bien démontrée, et que
personne ne doute de la communication de ces deux
nerfs, la part plus ou moins grande que le nerf facial pourrait avoir à l'audition n'en est pas moins
encore une hypothèse. Shaw dit avoir découvert une
autre anastomose entre ces deux nerfs, au fond du
conduit auditif.

C'est à tort, suivant nous, qu'il a avancé bien gratuitement que les ondes sonores étaient transmises
par le nerf facial, lesquelles tombaient sur un des
points du visage ; car alors elles seraient bien plutôt
transmises, comme nous le démontre la physique,

par les parties dures de la face et du crâne. Enfin, s'il croyait au nerf facial la faculté de reçevoir les impressions sonores et de les transmettre au nerf acoustique, il n'appuyait assurément sa théorie sur aucune espèce de preuves.

Enfin il est démontré que ce n'est même pas le nerf facial, comme l'avait pensé Sœmmerring, qui l'a figuré dans un travail remarquable sur l'oreille, qui envoie au seul muscle interne du marteau des filets nerveux, qui lui arrivent au contraire d'une autre source.

Maintenant il reste à savoir si la corde du tympan sert à l'audition. D'abord il y a des doutes sur le mode d'origine de ce cordon nerveux. On a écrit généralement que le nerf vidien lui donne naissance après s'être accolé un instant au nerf facial, et qu'ensuite prenant le nom de corde du tympan, elle vient suivre le nerf lingual, pour se jeter dans le ganglion sous-maxillaire, c'est l'opinion de MM. H. Cloquet et Ribes : Meckel, Arnold et M. Bérard, qui sont d'un avis différent, pensent qu'il est impossible de suivre le nerf vidien jusqu'à la corde du tympan : ce qui ferait croire que celle-ci est fournie par le nerf facial. Je suis de l'avis de ces derniers anatomistes, et la corde du tympan ne me semble pas plus que le nerf facial destinée à l'audition.

Ch. Bell fut bien plus trompé encore, quand il a cru que cette branche nerveuse donnait le mouvement au voile du palais, puisqu'elle ne lui envoie aucun filet nerveux. Bellingeri le regardait comme destiné à transmettre l'impression des saveurs, et par

conséquent comme le nerf spécial du goût. Assurément, suivant son état d'intégrité ou de maladie, elle
doit modifier le goût, puisqu'elle apporte du fluide
nerveux à la muqueuse buccale.

C'est ce que viennent confirmer les observations
curieuses de M. Montault et de M. le professeur
Roux. Le premier a cité trois cas d'hémiplégie
faciale où le goût avait singulièrement perdu de sa
perfection. Le second a observé sur lui-même une
diminution de la sensibilité de la langue du même
côté que l'hémiplégie faciale. Cela prouve, comme
nous l'avons dit dans le commencement de cet article,
que le nerf facial est tout aussi bien *nerf de sensibilité*
que *nerf de mouvement*.

Au nerf *acoustique* appartient donc spécialement
la faculté de transmettre les ondes sonores, comme
nous l'avons vu plus haut.

Conclusions. On peut tirer de ce qui précède les
corollaires suivans :

1° Le nerf facial naît d'un point sensible de la
moelle épinière, et de la colonne qui conduit les
impressions et la volonté ;

2° Il naît par plusieurs racines qui se croisent avec
celles du côté opposé ;

3° Cette origine croisée explique suffisamment la
paralysie du côté gauche, quand l'épanchement est
à droite ;

4° Les expériences que nous avons décrites démontrent suffisamment que le facial est à la fois nerf
du sentiment et du mouvement ;

5° Il est le nerf de l'expression faciale dans

17

l'homme et dans les animaux, parce qu'il se rend dans les muscles qui meuvent la peau, et qu'il se distribue *dans le trajet de chaque muscle, tandis que les branches de la cinquième paire se rendent à leur point mobile* ;

6° Ce nerf n'a sur la vision qu'une influence très indirecte ; en effet, paralysant le clignement des paupières, il expose l'œil à l'action incessante de la lumière, et, par l'action constante des rayons lumineux, peut entraîner l'inflammation des membranes ;

7° Il n'a aussi qu'une action indirecte sur l'audition, puisqu'il paralyse en partie les muscles de l'oreille ;

8° Il semble diminuer la sensibilité de la muqueuse du côté correspondant à la corde du tympan ;

9° Son influence sur la sécrétion de la parotide ne saurait être mise en doute.

Il donne réellement la sensibilité à quelques points de la peau, ainsi qu'il résulte des expériences que nous avons citées ;

11° Une fois coupé, *il ne recouvre jamais ses fonctions par les anastomoses nerveuses* ;

12° Après la section de ce nerf, la substance nerveuse ne se reproduit pas ;

13° Enfin ce nerf est l'agent suprême dont le jeu trahit les secrets de l'ame, la tristesse, la gaîté, les préoccupations, les chagrins, les soucis, etc., etc., par l'afflux du fluide nerveux dont il est le conducteur.

Ce nerf agit en même temps que les nerfs respiratoires ; et, quand ceux-ci sont en désordre, le facial ne tarde pas à participer à cet état, car si la respiration est difficile, les narines se dilatent largement.

CHAPITRE V.

Du nerf auditif.

Le nerf acoustique, portion molle de la septième paire, vient se distribuer aux parties vestibulienne et limacienne, ainsi qu'aux canaux demi-circulaires de l'oreille interne. Remarquable par le court trajet qu'il parcourt, par le peu de consistance dont il est doué, par l'espèce de gouttière qu'il forme au nerf facial, il naît de la bandelette transversale du *calamus scriptorius*, derrière le facial, puis contourne le corps restiforme et l'éminence olivaire qui lui envoient des fibres de renforcement comme il en reçoit du facial, avec lequel il communique par une bandelette transversale. Gagnant bientôt le fond du conduit auditif, il communique encore là avec la portion dure de la septième paire. Ses nombreux filets traversent ensuite des conduits osseux pour arriver, les uns dans le vestibule, les autres dans les canaux demi-circulaires, et la plupart dans le limaçon, en se répandant tous sur les membranes fines, tubulées, qui remplissent incomplètement les cavités de l'oreille interne, et en se ramifiant sur elles à l'infini. Il existe entre les os et ces membranes un espace qui, comme les cavités que ces dernières représentent, est rempli d'un liquide que l'on a appelé lymphe de Cotugno qui produit une humidité continuelle des ramifications du nerf.

La structure de ce cordon nerveux est si molle que les ébranlemens peuvent en détruire la racine et amener la surdité.

Fonctions du nerf auditif. Ce nerf a été considéré comme nerf de sensation, c'est-à-dire qu'on ne lui attribuait qu'une seule qualité, celle de conduire les sons au cerveau. Cette opinion n'est pas la nôtre, et nous en appellerons de cette destination exclusive à l'anatomie et à la physiologie expérimentale.

Ce nerf naît d'une partie des renflemens nerveux, laquelle possède au plus haut degré la sensibilité : de plus, il prend aussi son origine des fibres nerveuses, qui sont destinées à conduire les impressions au cerveau. Il résulte de là que le nerf auditif, ne différant en rien par son origine du facial et de ceux dont nous avons précédemment parlé, doit posséder des propriétés identiques, et qu'il ne peut exister de dissemblance que celle résultant du mode de terminaison. Il se répand, en effet, sur des membranes, dans lesquelles il se ramifie, et se trouve placé entre deux colonnes de liquide, qui sont nécessaires à l'accomplissement des fonctions de l'audition. Il semble évident que ce nerf, qui se ramifie sur la membrane dont nous avons parlé, doit servir à sa nutrition, à son développement, et à la circulation. Nul autre agent ne peut présider à ce dernier phénomène, qui indique un courant nerveux. Il a d'ailleurs été démontré par nous que tout nerf naissant d'un point sensible doit posséder la sensibilité sans exception. Cette déduction peut donc s'appliquer au nerf auditif, sans qu'il soit besoin de la discuter.

Ce nerf peut-il, indépendamment de la faculté de nerf sensible, servir à conduire les sons au cerveau, et avoir ainsi deux fonctions bien distinctes, l'une destinée à la sensibilité proprement dite des membranes de l'oreille interne, l'autre le faisant servir de conducteur aux sons? Cette question peut être résolue par l'analogie, l'anatomie et l'expérimentation directe. Mais c'est spécialement sur les deux premières qu'il faut en appeler, puisqu'il est très difficile de faire des expériences sur le nerf luimême.

Le nerf auditif naît d'un point sensible, et d'un cordon que l'on peut appeler volontaire (conducteur), et cette origine suffit, telle est notre opinion du moins, pour expliquer tout à la fois et sa sensibilité et sa faculté conductrice.

Si l'on consulte l'analogie, on verra que le trifacial, quoique nerf de sensibilité, n'en possède pas moins la faculté de conduire les saveurs.

Qu'il soit démontré maintenant que ce nerf peut servir à la fois d'organe de sensibilité et de transmission, et il ne sera plus difficile de prouver qu'il est seul destiné à l'audition.

Si l'on examine la disposition de l'oreille interne, l'arrangement des conduits, des trous, de la caisse du tympan et du vestibule; si l'on fait attention à sa terminaison curieuse, on restera convaincu comme nous, que tout est là merveilleusement disposé, pour que les sons traversent cette filière de parties qui communiquent les unes avec les autres, afin d'atteindre le nerf qui se termine dans l'une d'elles. Ce nerf se trouve ainsi ébranlé par le mouvement imprimé au liquide qui l'entoure de toutes parts : si l'on demande à l'expérimentation les preuves, on verra qu'elle concourt à prouver qu'il est exclusivement destiné à l'audition. Les expériences de M. Flourens ont singulièrement éclairé cette partie de la physiologie.

M. Flourens a choisi, pour sujet de ses expériences, les oiseaux, sur l'oreille desquels on peut agir sans trop de difficultés, et chez lesquels on peut assez aisément mettre à découvert, les unes après les autres, les diverses parties qui composent cet organe. Il a successivement attaqué: 1° le court conduit qui se rend à la membrane du tympan; 2° cette membrane elle-même à laquelle adhère la chaîne des osselets; 3° le vestibule; 4° les canaux demi-circulaires, et le limaçon, qui n'est qu'à l'état rudimentaire chez ces animaux.

Chez les pigeons, M. Flourens a successivement enlevé la peau et les diverses parties molles pour mettre à découvert la membrane du tympan, puis ensuite cette membrane elle-même : et cependant l'ouïe est restée intacte. Cette expérience confirme ce que l'expérimentation nous a tant de fois mis à même d'observer. Combien de vieux soldats n'avons-nous pas vus, en effet, dont la membrane du tympan avait été rompue par la force d'explosion du canon, qui conservent cependant la faculté d'entendre! L'air paraît alors passer librement de l'oreille dans l'arrière-bouche et *vice versâ*: quand l'explosion avait été plus forte, il est vrai, l'audition avait été complètement détruite, mais c'est qu'alors il y avait paralysie des nerfs.

M. Flourens a poussé plus loin ses recherches. Il a détruit les osselets, il les a enlevés, et l'animal a conservé le pouvoir d'entendre. Il faut remarquer toutefois que l'ouie était plus dure. La perforation des membranes qui bouchent les fenêtres ronde et ovale n'a pas produit l'abolition complète de l'audition. La section des canaux demi-circulaires a été l'occasion d'un phénomène remarquable: l'animal a témoigné une sensibilité générale très vive; le bruit le fatiguait, et le mettait dans une agitation extrême. L'ouie était moins nette, bien que l'animal eût la connaissance du bruit, qui était perçu et était senti d'une manière plus vive, plus douloureuse. Lors de la section de ces canaux, l'animal a témoigné une grande douleur qui ne peut être expliquée, suivant moi, que par la lésion du nerf auditif. Et en effet, si l'impression du bruit est si douloureuse, c'est le résultat du choc du son sur l'extrémité du nerf divisé correspondant au cerveau.

Sur un pigeon, M. Flourens, profitant de l'ouverture dans laquelle s'enchâsse l'étrier, ouvrit le vestibule, et cependant l'audition fut conservée; il porta un stylet plus profondément, et l'ouie diminuait à mesure qu'il détruisait l'expansion nerveuse. Ainsi canaux, membranes, conduits aériens de l'oreille, vestibule, limaçon, ne sont dans l'audition que des parties accessoires; et ce ne sont pas les parties molles ou dures de cet organe qui servent à transmettre le son, c'est le nerf auditif qui est chargé de le conduire au cerveau. Cependant nous devons dire que ces différentes parties ne sont pas tout à fait inertes dans l'accomplissement de l'audition; car leur lésion fait que le son n'est plus transmis qu'incomplètement, et que dès lors l'ouie devient imparfaite. Nous avons dit déjà que l'on trouve la raison de l'exagération de la sensibilité après la section des canaux demi-circulaires dans l'ébranlement produit sur le nerf divisé. Et en effet on sait que, quand les diverses parties qui composent l'oreille sont enflammées, il survient des douleurs atroces par le simple voisinage des nerfs, et sans doute aussi par celui des renflemens nerveux. Il y a ici analogie avec les douleurs affreuses que l'on détermine en promenant un instrument aux environs de la moelle épinière encore enveloppée de ses membranes.

Il résulte de ce qui précède que pour ses usages le nerf auditif ne diffère pas des autres nerfs que nous avons déjà étudiés; que, né de la moelle alongée, il tire son origine d'une colonne *sensitive* et d'une colonne conductrice, et que par cela même il est doué de sensibilité. J'ajouterai que les expériences du physiologiste que je viens de citer fortifient encore le principe que j'ai émis au sujet des fonctions des nerfs.

Il a été mis hors de doute que le nerf auditif est le

conducteur des sons, puisque la destruction des autres parties molles et osseuses n'empêche pas l'audition, tandis que la sienne seule entraîne la perte totale de l'ouie. Enfin il est encore bien démontré que la terminaison du nerf auditif sur la membrane de l'oreille interne entourée d'un liquide est une condition nécessaire à l'ébranlement de la pulpe nerveuse et à la transmission des sons au cerveau, absolument comme la lumière vient, sous forme de cônes lumineux, frapper la rétine, prolongation du nerf optique qui transmet l'impression de ce fluide au *sensorium commune*.

Pour finir ce qui a rapport aux nerfs craniens, il me reste à passer rapidement en revue les nerfs grand hypoglosse, spinal, glosso-pharyngien et pneumogastrique.

Les deux premiers nerfs ont été regardés par Charles Bell comme étant exclusivement destinés au mouvement, l'un appartenant à la langue, l'autre à des muscles de la respiration.

—

CHAPITRE VI.

Nerf spinal.

Le *nerf spinal* serait destiné, suivant Charles Bell, à animer les muscles supérieurs de la poitrine, et c'est pour cela qu'il l'a appelé nerf respirateur supérieur. Suivant ce physiologiste, il naîtrait du même cordon que les autres nerfs respirateurs, et par conséquent sur la même ligne que le glosso-pharyngien et le pneumo-gastrique. Il ajoute qu'il naît de la moelle épinière par des racines qui ne dépassent pas la colonne respiratoire ; mais il est évident qu'il a été induit en erreur par des idées préconçues, puisque, comme je m'en suis assuré un grand nombre de fois, ce nerf naît de la face antérieure et de la face postérieure de la moelle par des filets nombreux qui sillonnent long-temps la surface du prolongement rachidien avant de se réunir pour donner naissance au cordon spinal. Souvent on rencontre dans son trajet un ganglion, et il sort du crâne par le même trou que les nerfs de la huitième paire, ce qui l'a fait regarder comme son accessoire, et se termine ensuite dans les muscles sterno-cléido-mastoïdien et trapèze.

Ce nerf blanc, dur, résistant, est enveloppé dès son origine par le névrilème.

Il sera facile de démontrer que, si le nerf spinal anime les muscles auxquels il va se distribuer, il leur donne aussi une sensibilité semblable à celle des autres nerfs et des tissus qui les reçoivent.

Etablissons que ce nerf est *moteur* et sensitif.

Le nerf spinal est douloureux dans les affections rhumatismales des muscles dans lesquels il se perd. Si sur un animal, après l'avoir mis à découvert, on l'irrite par des sections incomplètes, des piqûres, des contusions, celui-ci témoigne les plus vives douleurs.

D'un autre côté, lorsque l'on pince le nerf spinal, lorsqu'on l'irrite, les muscles trapèze et sterno-cléido-mastoïdien entrent en convulsions, et on détermine au contraire leur paralysie par la section.

Le nerf spinal est donc, sans aucun doute, nerf de *sensibilité* et nerf de *mouvement*.

Ce résultat de l'expérimentation est d'ailleurs tout à fait en rapport avec l'opinion que l'on doit avoir sur la nature de ses fonctions, en considérant son origine. Il naît, en effet, de la partie postérieure de la moelle, aussi bien que de l'antérieure, et par conséquent il doit participer des propriétés de l'une et de l'autre de ces régions. Comme le nerf spinal envoie une longue branche anastomotique au pneumo-gastrique, et comme cette branche entre le plus ordinairement dans la formation du nerf pharyngien, on conçoit qu'elle concourt à animer les fibres musculaires du pharynx.

Quoi qu'en ait dit Scarpa, cependant il arrive quelquefois que cette branche anastomotique n'entre pour rien dans la formation du nerf pharyngien, et alors son action sur le pharynx n'est pas constante. Il est du reste difficile de la suivre dans les nerfs laryngé et récurrent, et partant de déterminer si elle a une influence réelle sur l'organe de la voix. Que penser de l'opinion de Bischoff qui veut que cette branche fasse partie intégrante du pneumo – gastrique, qu'il regarde comme nerf doué de la sensibilité, tandis que, suivant lui, le spinal serait destiné au mouvement?

Il est certain que d'après les théories actuellement admises sur le système nerveux, ce serait plutôt le nerf spinal qui serait le nerf sensitif, puisque ses

principaux rameaux naissent de la colonne principale de la moelle. Il est inutile d'ajouter que pour
nous il est tout à la fois un organe de sensibilité et
un organe de mouvement.

Le nerf spinal, absolument comme le nerf diaphragmatique, n'est pas constant dans tous les animaux; son existence est subordonnée à celle des
muscles auxquels il se distribue.

Il manque, ainsi que le nerf diaphragmatique,
chez les oiseaux, qui sont dépourvus des muscles
sterno-cléido-mastoïdien et diaphragme.

—

CHAPITRE VII.

NERF GRAND HYPOGLOSSE.

*Le nerf grand hypoglosse fait partie des nombreuses
distributions nerveuses que l'on rencontre dans la langue.*
Je ne parlerai pas de son volume qui est considérable, de son trajet, de ses rapports. Je me bornerai à
dire qu'il naît, par deux ordres de filets, du sillon
qui sépare les éminences olivaires des pyramides
antérieures; que ces deux ordres de filets traversent
isolément la dure-mère, avant de se confondre dans
le trou condylien antérieur.

Il est curieux de suivre ce nerf dans sa terminaison
à la langue, et de rechercher quelle est sa destination. Jusqu'à ce jour tous les physiologistes ont

pensé que ses filets se terminaient dans l'épaisseur des muscles de la langue, et non dans la membrane muqueuse de cet organe. On le voit successivement envoyer des rameaux dans les muscles *génio-hyoï-dien*, *génio-glosse*, *lingual*, et dans les fibres musculaires intrinsèques si bien décrites par M. Blandin. Si l'on cherche ses anastomoses, on voit qu'il communique par de nombreux filets avec le spinal, le pneumo-gastrique et les paires cervicales. Enfin, outre les rameaux qu'il envoie à la langue, il en fournit encore aux muscles *sterno-thyroïdien* et *sterno-hyoïdien*.

Ainsi le nerf grand hypoglosse s'anastomose souvent avec ceux qui l'entourent, et vient enfin se perdre exclusivement dans des muscles, et principalement dans ceux de la langue.

Suivant Ch. Bell, il naît d'une colonne qui lui est commune avec les racines antérieures des nerfs vertébraux ; ce qui lui a fait penser qu'il devait être regardé comme un nerf purement moteur. Je ne pense pas que, si on le regarde comme étant destiné seulement au mouvement, ce soit à cause de son origine, car on sait que l'extrémité céphalique de la moelle épinière est bien sensible dans toute sa circonférence. Mais je suis conduit à penser que c'est un nerf *moteur*, par la raison toute simple qu'il se rend exclusivement dans les muscles et non dans les membranes.

Si, après l'avoir mis à découvert, on l'irrite, l'animal manifeste la plus vive douleur ; d'une autre part, son excitation fait entrer les muscles en contraction.

Il est donc doué des deux grandes propriétés, *sensibilité* et *mouvement*.

Les usages du nerf grand hypoglosse ne sont pas seulement éclairés par l'expérimentation. La pathologie est venue encore fortifier les résultats fournis par les expériences physiologiques.

Dans le service de Dupuytren on observa un malade qui avait de la difficulté à parler, difficulté qui existait concurremment avec une atrophie d'un côté de la langue. On reconnut à l'autopsie que le nerf *grand hypoglosse* avait été comprimé par une tumeur développée dans le trou condylien antérieur.

J'ai eu moi-même l'occasion d'observer une femme chez laquelle les deux nerfs grands hypoglosses avaient été comprimés de manière à produire seulement et graduellement l'abolition de la parole.

L'ouverture du cadavre me permit de reconnaître que les nerfs avaient été réellement pressés, au point d'interrompre toute communication avec les renflemens nerveux, et d'anéantir ainsi dans la langue toute faculté de contraction, par défaut d'influence des agens qui y président.

Ce court exposé nous prouve donc que le nerf grand hypoglosse est sensible, puisqu'il est douloureux; qu'il ne lui manque pour être nerf de sensation, que de se terminer dans une membrane; que sa faculté motrice n'est qu'une dépendance de la sensibilité, et qu'enfin il préside aux mouvemens des muscles de la langue.

CHAPITRE VIII.

Nerf glosso-pharyngien.

Ce nerf est, comme son nom l'indique, destiné à la langue et au pharynx.

Nous entrerons dans quelques considérations anatomiques sur les distributions de ce nerf, sur son origine, son trajet et son mode de terminaison.

Ch. Bell, dans son ouvrage sur les fonctions du système nerveux, l'a rangé parmi les nerfs respiratoires, parce que, suivant lui, il naît d'une colonne spéciale de la moelle épinière, creusée d'un sillon qui lui est commun avec le pneumo-gastrique.

Les rapports qui existent entre ces deux nerfs ont donné à Willis et aux anatomistes qui l'ont suivi l'idée de n'en faire qu'une seule et même paire. Quoi qu'il en soit, le glosso-pharyngien est évidemment bien distinct du nerf pneumo-gastrique et par sa distribution anatomique et par ses fonctions.

Ce nerf prend naissance, par des filets assez nombreux, sur le sillon déjà indiqué, entre les éminences olivaires et les corps restiformes, et par conséquent sur des prolongemens nerveux, sensitifs et moteurs.

Sorti du crâne, il forme dans le trou déchiré postérieur un renflement que l'on nomme ganglion pétreux, d'où vient un rameau remarquable connu sous le nom de *Jacobson*.

Ce rameau pénètre dans un conduit particulier,

qui, unique d'abord, se divise ensuite en trois parties servant à livrer passage à un pareil nombre de filets, qui, égaux à ceux du conduit, viennent se rendre, les premiers dans le plexus carotidien, en traversant les parois du conduit du même nom; le second, au nerf vidien, avec lequel il s'anastomose; le troisième, au ganglion otique, sorte de tissu rougeâtre, situé au dessous du trou ovale, à l'endroit où naissent les nerfs temporaux profonds, auriculaire, buccal, etc., etc., et formé par la cinquième paire.

Arnold admet, pour le rameau de Jacobson, six filets ou six divisions, et par conséquent six portions de canaux pour les protéger. Suivant lui, un de ces trois filets viendrait se rendre à la fenêtre ovale, un autre à la fenêtre ronde, un troisième à la trompe d'Eustache; il y ajoute les trois rameaux que j'ai déjà indiqués.

Les recherches minutieuses faites dans ces derniers temps ont rendu évidente l'existence du rameau de la fenêtre ovale et celui de la trompe d'Eustache. En conséquence, le nerf glosso-pharyngien, au moyen des divisions du rameau de Jacobson, communique avec le plexus carotidien, le ganglion otique, le nerf vidien, établit des rapports sensitifs avec la caisse du tympan et l'arrière-gorge : c'est dire que le nerf dont nous nous occupons communique avec le grand sympathique, le maxillaire inférieur et le supérieur.

Ce nerf s'anastomose, chemin faisant, avec les nerfs spinal et pneumo-gastrique, et fournit des filets qui, accompagnant les vaisseaux, se perdent dans les muscles ou se terminent dans des membranes.

Le ganglion d'Andersh fournit un rameau qui s'anastomose avec le nerf facial au moment où celui-ci sort du trou stylo-mastoïdien. Ce filet est quelquefois tellement volumineux, qu'un savant anatomiste moderne l'a regardé comme pouvant remplacer en partie le nerf glosso-pharyngien.

Un rameau fourni par ce nerf se perd par une double division dans les muscles digastrique et stylo-hyoïdien. Accompagnant par de nombreux filets l'artère carotide interne, il porte le nom de cette artère et s'anastomose avec des rameaux du ganglion cervical supérieur.

Il envoie des filets dans l'épaisseur des muscles du pharynx, où il s'anastomose avec les filets pharyngiens du pneumo-gastrique, et entoure les amygdales des filets nombreux qui naissent de lui.

Enfin le nerf glosso-pharyngien vient se terminer dans la muqueuse buccale, sans qu'aucun de ses filets se perde dans les muscles de la langue.

En conséquence, la muqueuse de la langue reçoit ses filets du glosso-pharyngien et du nerf lingual, qui tous deux viennent se terminer dans les papilles de la langue. On a pu, en poussant du mercure métallique dans le nerf lingual, le faire parvenir jusque dans les papilles.

Cela posé, il nous reste à voir si l'anatomie peut éclairer les fonctions de ce nerf, et, pour arriver à ce but, il faut l'étudier sous le rapport : 1° de la sensibilité ; 2° de la motilité.

18

Nous examinerons ensuite s'il possède ces deux facultés ou s'il ne jouit que d'une seule; et, après avoir fait servir à compléter ces recherches les résultats de l'expérimentation, nous étudierons les usages de ce nerf relativement à l'oreille.

Examinées sous ce double rapport, les fonctions de ce nerf ne peuvent manquer de nous intéresser vivement, si surtout nous arrivons à démontrer qu'il est à la fois nerf de sensibilité, nerf de mouvement et nerf de sensation.

C'est en s'appuyant plutôt sur une théorie spécieuse et hypothétique que sur des preuves positives et irréfragables, que Ch. Bell s'est plu à ranger le glosso-pharyngien parmi les nerfs respiratoires, et à le regarder comme nerf *moteur*.

Ce physiologiste l'a comparé ensuite aux nerfs spinal et pneumo-gastrique, parce qu'il est placé sur la voie de l'air, parce qu'il naît du même point qu'eux, et à cause de son trajet et de son mode de terminaison dans les muscles du pharynx. En avançant cette opinion, Ch. Bell est tombé dans une grave erreur qui ne sera pas difficile à détruire.

L'expérimentation et le mode d'origine de ce nerf prouvent assez qu'il possède la sensibilité au plus haut degré. Il naît en effet d'une partie des renflemens nerveux, sensible et motrice; et cette seule circonstance démontrerait déjà, d'après le principe que nous avons posé ailleurs, qu'il est sensible. Cette vérité, résultat de l'anatomie, devient bien plus évidente encore si nous la fortifions des preuves que nous donnent les vivisections. Si, en effet, on le met à découvert, il devient, soit qu'on le touche, soit qu'on le tiraille ou qu'on le déchire, douloureux au point d'arracher des cris à l'animal qui est le sujet de l'expérience.

La sensibilité de ce nerf étant mise hors de doute, suivant nous du moins, voyons si on peut lui attribuer un autre usage, celui de la sensation. De graves débats ont été soulevés, parmi les physiologistes, sur la question de savoir quel nerf sert à conduire au cerveau les impressions des saveurs. Les uns ont pensé que le nerf lingual leur sert exclusivement de conducteur, les autres ont cru que cette fonction était remplie par la corde du tympan, quelques uns enfin l'ont attribuée au glosso-pharyngien exclusivement.

Nous avons discuté ailleurs l'opinion qui donnait cette faculté à la corde du tympan ; nous n'y reviendrons plus.

D'un autre côté, les détails que nous avons donnés sur le nerf lingual nous dispensent de répétitions inutiles ; quant à ce que nous avons dit sur le nerf lingual, nous pouvons ajouter qu'il se termine évidemment dans les papilles de la langue, et cette opinion est rendue évidente par la colonne de mercure que l'on peut injecter et faire parvenir jusque dans ses dernières terminaisons.

Quant au glosso-pharyngien, c'est à tort que dans ces derniers temps on a prétendu en faire exclusivement le nerf du goût. Cette opinion nous semble basée plutôt sur une idée incertaine que sur des données positives et convaincantes.

Le glosso-pharyngien possède aussi cette faculté, puisqu'il se termine dans la membrane muqueuse de la langue, mais non d'une manière exclusive; c'est, en effet, vers la partie moyenne de la langue, et à la base, endroit où reposent pendant quelque temps les alimens, que s'opère principalement la fonction du goût.

Ce nerf doit posséder aussi la faculté de faire contracter les fibres musculaires, puisque nous avons démontré que tout nerf sensible pouvait être nerf moteur; il sert donc à animer les muscles du pharynx auquel il envoie des filets.

De ce que nous avons démontré ailleurs que les nerfs ont une influence directe sur les artères, il faudra conclure que le glosso-pharyngien agit sur l'artère carotide interne par les nombreux rameaux qu'il lui envoie.

Enfin les communications qui existent entre lui et le trijumeau expliquent le retentissement des douleurs dans divers points, quand le pharynx est malade: ainsi celles de l'oreille par le rameau de Jacobson.

CHAPITRE IX.

Nerf pneumo-gastrique.

Le nerf qui mérite le plus notre attention est sans contredit le nerf pneumo-gastrique, si remarquable par l'étendue de son trajet, par ses distributions dans les nombreux organes sur lesquels il agit.

Regardé par les uns comme faisant une dixième paire de nerfs, distincte, et par les autres comme une partie seulement de la huitième, il intéresse peu sous ce rapport la physiologie et la pathologie.

Nous nous bornerons à donner un aperçu de son origine, de son trajet, de ses distributions, de ses anastomoses, de son organisation et de ses usages.

Ce nerf, désigné sous le nom de moyen sympathique, de nerf vague, prend son origine du même sillon que le glosso - pharyngien, c'est-à-dire entre les éminences olivaires et les corps restiformes, ou mieux sur une des divisions des pyramides et des cordons supérieurs de la moelle.

Dans le crâne, il est d'abord accolé au glosso-pharyngien, puis pénétrant dans le trou déchiré postérieur il en est séparé par une bandelette fibreuse ou osseuse, ayant à son côté le nerf spinal qui l'accompagne, et prend dans le même trou une forme ganglionnaire, où l'on rencontre de la substance grise mêlée à de nombreux filets nerveux. Ce ganglion ressemble à celui de Gasser, et à ceux des nerfs intervertébraux : à sa sortie de ce trou, il a une apparence plexiforme, et il est souvent accompagné par de la substance grise dans l'espace de quelques lignes.

Le long du cou, il s'avance placé entre l'artère carotide et la veine jugulaire interne, renfermé alors dans la même gaîne que la première : cette gaîne n'offre pas la même résistance dans toutes les races d'animaux.

Quand ce nerf pénètre dans la poitrine, on le voit accompagner encore les gros vaisseaux, s'étendre à droite, entre la veine et l'artère sous-clavière, puis derrière les deux veines sous-clavières, réunies en arrière de la veine-cave supérieure. Il arrive ensuite dans le sillon qui sépare l'œsophage de la trachée, et, le contournant bientôt pour arriver à la racine du poumon, il vient gagner la partie postérieure de l'œsophage. Du côté gauche le pneumo – gastrique pénètre entre la carotide et la sous-clavière, contourne la crosse de l'aorte, et vient concourir à former le réseau de l'œsophage, pour pénétrer ensuite dans la cavité abdominale. Ce cordon gauche se distribue au grand cul-de-sac de l'estomac à sa face antérieure, et le cordon postérieur aboutit dans le plexus solaire, à la face postérieure de l'estomac et au duodénum.

Les filets qui composent ce nerf sont en grand nombre, et disposés de telle sorte qu'ils imitent des plexus ; il a été comparé pour sa structure au grand sympathique, mais je crois qu'aucune comparaison ne peut être établie entre eux que sous le rapport du mode de distribution.

Ce nerf offre beaucoup de résistance ; les filets en sont très rapprochés, et le névrilème qui l'entoure est remarquable par sa densité.

Quoi qu'il en soit, il est une chose surtout qu'il ne faut pas perdre de vue, c'est le trajet de ce nerf, qui semble être le compagnon des gros vaisseaux comme des plus petits et des plus délicats.

Si l'on demande enfin quelle est la terminaison définitive de ce nerf ; dans quel tissu il vient finir, si c'est toujours dans le même, ou dans des tissus de nature différente ; ce sera surtout une question délicate, dont la solution offre une grande importance. Ce nerf est destiné à la fois aux muscles, aux membranes et aux vaisseaux.

Il envoie au pharynx des rameaux, qui se terminent dans les fibres musculaires et dans la muqueuse de cet organe, comme cela a lieu pour le glosso-pharyngien.

Il distribue à l'œsophage de nombreux filets, qui se perdent dans les fibres musculaires de cet organe auquel ils doivent l'animation, et d'autres qui parviennent jusqu'à la muqueuse œsophagienne.

Le cœur, mobile dans la poitrine, et agité de mouvemens incessans, reçoit aussi de ce nerf des filets, qui accompagnent les vaisseaux et se perdent dans les fibres musculaires.

L'estomac lui doit aussi des filets en grand nombre, qui viennent pour la plupart aboutir dans les fibres musculaires, et dont quelques uns se rendent à la muqueuse stomacale.

Après avoir formé à la racine du poumon un admirable plexus, il envoie des filets multipliés aux bronches et à la muqueuse qui tapisse les conduits de l'organe. D'autres rameaux suivent dans son épaisseur le trajet des artères, jusque dans leurs plus petites divisions.

Enfin le larynx, si remarquable par le nombre de ses muscles, reçoit de ce nerf quatre gros rameaux, qui viennent se perdre dans les muscles et dans la muqueuse laryngée, pour leur donner la sensibilité et le mouvement.

Il n'est pas de nerf dans l'économie, si ce n'est le grand sympathique, qui offre des anastomoses aussi multipliées et des communications aussi fréquentes, soit avec lui-même, soit avec les autres nerfs.

Ainsi, on voit derrière la racine du poumon les nerfs pneumo-gastriques gauche et droit se diviser, se réunir, se séparer de nouveau, pour se joindre encore et communiquer ensemble par de larges et nombreuses anastomoses, constituant ainsi le plexus bronchique.

Ces mêmes communications se retrouvent autour de l'œsophage qui, enlacé déjà par leurs cordons, se trouve complètement entouré par les anastomoses qu'ils s'envoient entre eux.

Les nerfs laryngés supérieur et inférieur communiquent entre eux par une longue chaîne anastomotique des plus remarquables, qui existe entre ces deux nerfs, derrière le cartilage thyroïde.

Dans le trou déchiré postérieur, le nerf spinal s'anastomose par plusieurs filets très déliés avec le ganglion du pneumo-gastrique, qui à son tour envoie un rameau au ganglion pétreux.

Le nerf facial reçoit du pneumo-gastrique un rameau qui, après avoir fourni un filet anastomotique au filet de Jacobson, vient directement aboutir au premier par un canal court, qui commence dans le temporal, au niveau de l'apophyse styloïde, et se termine au nerf moteur de la face.

Sorti du trou déchiré postérieur, le pneumogastrique communique avec le grand hypoglosse, le spinal et le grand symphatique ; puis, par le rameau pharyngien, il s'anastomose sur les parois du pharynx avec le rameau du glosso-pharyngien, de manière à former, par leur union avec quelques filets du grand sympathique, le plexus de même nom.

Le pneumo-gastrique communique bien souvent par des filets avec le grand sympathique, ce qui a fait penser à des anatomistes que ces deux nerfs avaient la plus grande analogie d'usage et de distribution.

Ainsi, 1° au cou, il s'anastomose avec des filets fournis par le ganglion cervical supérieur ; 2° il communique sur les côtés du pharynx et le long du cou avec les mêmes rameaux de ce nerf, dit de la vie organique ; 3° le grand sympathique vient compliquer par ses filets anastomotiques le plexus pulmonaire ; 4° le cordon droit du pneumo-gastrique, en se jetant dans l'abdomen, vient en partie aboutir au plexus solaire auquel il semble donner naissance.

Le cœur, regardé par quelques uns comme soumis à l'action de la volonté, mais que depuis long-temps on a considéré comme obéissant à l'influence du système nerveux de la vie organique, et comme échappant à la puissance du *sensorium commune*, reçoit évidemment des nerfs excitateurs de deux sources : 1° du grand sympathique; 2° du pneumo-gastrique. Tous ces nerfs se confondent de manière à former le plexus cardiaque.

Le pneumo-gastrique fournit des nerfs cardiaques au cou, et d'autres après la naissance du nerf récurrent. On peut les diviser en rameaux qui vont au péricarde, et en ceux qui vont au cœur.

On peut se faire une idée de l'importance du nerf pneumo-gastrique, si l'on jette un coup d'œil sur les fréquentes anastomoses qui existent entre le droit et le gauche, si l'on examine ses nombreux rapports avec les nerfs voisins, et ses divisions multipliées au sein des organes, où il se perd en s'épuisant dans des membranes et dans des muscles.

Le rôle que ce nerf joue dans l'économie m'a engagé à décrire d'abord ses fonctions en général, puis à parler de son influence en particulier sur chacun des organes auxquels il se distribue.

D'abord disons que le nerf pneumo-gastrique a été regardé par les uns comme étant exclusivement un nerf sensible, et par les autres comme possédant seulement la faculté de donner le mouvement aux organes dans lesquels il se répand.

Ch. Bell l'a rangé parmi les nerfs qui naissent de la colonne qu'il appelle respiratoire : suivant lui, il n'existe que chez les animaux qui ont un appareil de respiration associé à un cœur et à des poumons. Il le regarde comme n'étant pas essentiel à l'estomac; c'est à tort qu'il veut faire penser que le pneumo-gastrique n'a aucune influence sur l'estomac des animaux chez lesquels il existe, par cela seul qu'il manque dans certaines classes de l'échelle animale. Il n'y a rien d'inutile dans l'économie, et l'expérimentation démontre qu'il est nécessaire à la contraction de l'estomac ; que, chez les animaux où il n'existe pas, il est remplacé par d'autres nerfs, et qu'enfin il n'y a pas besoin de la même force de contraction dans tous les animaux.

Ch. Bell ayant établi que tous les nerfs respiratoires étaient des nerfs moteurs et non des nerfs sensitifs, a voulu le prouver encore à l'égard du pneumo-gastrique par les vivisections.

Sur un âne récemment mort, il a excité les nerfs respiratoires, y compris, bien entendu, les pneumo-gastriques ; il a vu se faire des contractions dans les muscles auxquels ces nerfs vont se distribuer : ainsi il a divisé le nerf récurrent et le nerf laryngé, et le mouvement des muscles du larynx a été aboli. Voilà donc, suivant ce physiologiste, ce que c'est qu'un nerf moteur, un nerf respiratoire. Assurément il n'y avait pas besoin de cette autre expérience qui consiste à comprimer le nerf vague, à déterminer de cette manière de la difficulté dans la respiration, à en faire un nerf respiratoire qui préside à des mouvemens qui sont en harmonie avec ceux des autres qu'il a qualifiés du même nom , pour nous annoncer que le pneumo-gastrique était réellement nerf de la respiration.

Bischoff a pensé que le pneumo-gastrique était essentiellement nerf du sentiment, excepté toutefois une portion qui est empruntée au nerf spinal et qui préside au mouvement.

Examinons cette grande question , c'est-à-dire si le nerf pneumo-gastrique est un nerf du sentiment ou du mouvement, ou bien s'il possède exclusivement la faculté d'être nerf sensitif ou nerf moteur.

Le nerf pneumo-gastrique est-il sensible ? Est-il sensible dans tout son trajet, dans toute son étendue? Peut-on le démontrer par des preuves convaincantes? Le lecteur trouvera cette conviction dans le résultat de l'expérimentation , dans la connaissance de l'origine du nerf, et de sa distribution dans les tissus au sein des organes.

L'anatomie démontre que le nerf pneumo-gastrique vient tout à la fois d'une colonne sensible et d'une colonne conductrice; ce qui déjà lui fait préjuger la faculté de sentir que nous lui attribuons. En effet , nous avons vu cette faculté appartenir aux nerfs qui naissent d'un point sensible des renflemens nerveux.

Si maintenant nous examinons son mode de terminaison, nous voyons qu'il fournit des filets qui pénètrent le larynx et se répandent dans la membrane muqueuse où ils se ramifient ; or, la sensibilité est là développée d'une manière évidente. Il en est de même des membranes muqueuses de l'estomac, de l'œsophage, du pharynx, qui reçoivent des filets du pneumo-gastrique, et qui sont sensibles à un degré plus ou moins remarquable.

On ne peut donc attribuer la sensibilité de ces membranes muqueuses qu'au pneumo-gastrique, puisqu'on ne la rencontre que dans les points où ses filets se distribuent et se terminent.

Ainsi l'excessive sensibilité de la muqueuse à l'entrée du larynx contraste de la manière la plus frappante avec l'insensibilité, pour ainsi dire, de celle des bronches. On trouve la raison de cette différence dans les deux nerfs laryngés supérieurs, qui envoient de si volumineux rameaux à la membrane muqueuse du larynx.

Si maintenant nous en appelons aux vivisections, nous verrons que, quel que soit le point du nerf attaqué, l'animal trahit toujours par ses cris l'excessive douleur qu'il ressent. De nombreuses expériences, variées de mille manières, soit en le déchirant, soit en l'incisant complètement ou incomplètement, m'ont constamment donné le même résultat. Que faut-il donc penser de l'opinion du physiologiste anglais, pour qui le pneumo-gastrique est un nerf exclusivement moteur?

Quant à l'opinion de Bischoff, qui le regarde comme étant à la fois sensible et moteur, en faisant dépendre toutefois sa faculté motrice du nerf spinal qui la lui communiquerait, nous verrons que, si elle est vraie, autant qu'il considère le pneumo-gastrique comme nerf sensible, elle n'est plus qu'une erreur quand il attribue sa faculté motrice au nerf spinal, qui lui-même, comme nous le verrons plus tard, est sensitif et moteur.

L'extrémité correspondante au renflement nerveux est toujours très sensible ; ce qui démontre que le courant a lieu de haut en bas et des points encéphaliques vers la circonférence.

Le nerf pneumo-gastrique est-il destiné au mouvement, et a-t-il la faculté de rendre les muscles irritables ? Quand on l'irrite, on voit les fibres musculaires se contracter, et bientôt on rend les contractions répétées, irrégulières, convulsives. L'estomac, l'œsophage, le pharynx, se contractent vivement sous l'influence de son excitation.

D'un autre côté, si l'on coupe le nerf pneumo-gastrique, on abolit pour toujours le mouvement dans les muscles auxquels il se distribue. Bientôt les organes n'ont plus de résistance contre les corps qui veulent les traverser. Devenus tout à fait passifs, ils se laissent distendre par les gaz, les matières alimentaires, etc.

J'ai mis le pneumo-gastrique à découvert sur différens animaux. Je l'ai pincé, et à l'instant même il y a eu douleur et contraction rapide comme l'éclair dans l'œsophage et dans l'estomac. Aussitôt que cessait le pincement, le calme se rétablissait. Cette excitation momentanée représente celle que produit le bol alimentaire lorsqu'il traverse l'œsophage.

Le moment est venu d'étudier l'action spéciale du pneumo-gastrique sur les organes auxquels il se distribue : je vais commencer par le cœur. Rechercher le principe des battemens du cœur et par consé-

quent la cause qui le pousse à se mouvoir et à entretenir ses contractions, était autrefois chose difficile et
délicate, au point que c'est Stahl qui le premier a dit
que cet organe était un muscle, et qu'il se contractait
à la manière des muscles. Stahl, grand partisan d'un
principe animateur de l'ame, éprouva d'abord beaucoup de difficultés à expliquer comment il se faisait
que cet organe important ne fût pas sous l'influence
de ce principe insaisissable, sujet de tant de débats et
d'inépuisables querelles philosophiques. Pour se
rendre compte de ce fait, il a dit que le continuel
mouvement dont est doué cet organe l'avait arraché
à l'empire de l'ame. Pour fortifier l'opinion de Stahl,
ses partisans citèrent les mystérieux et merveilleux
exemples d'hommes qui suspendaient à volonté les
battemens de leur cœur. Tout le monde connaît
l'histoire fameuse de ce capitaine qui, a-t-on dit,
enchainait les battemens de son cœur par la seule
puissance de la volonté.

Les faits de ce genre sont environnés d'un trop
grand doute pour que nous puissions y ajouter foi.
Je dois dire cependant, au grand étonnement sans
doute de nos lecteurs, que je ne vois pas pourquoi le
cœur, qui reçoit des nerfs soumis à l'influence de la
volonté, ne subirait pas cette influence s'il était fixé
sur les parois, de la poitrine sur des surfaces osseuses.
Comme certains intestins, il ne peut être *soumis au sensorium commune*, à cause des dispositions anatomiques.

Bientôt vint le grand Haller qui voulut éclairer la
théorie du mouvement du cœur. Il s'efforça de prouver que chaque fibre musculaire qui compose cet

organe renferme en elle-même une propriété qui lui était inhérente, et qui suffisait pour exciter la contraction sans le secours du système nerveux. Il appela cette propriété irritabilité musculaire : depuis elle a porté son nom. Pour la démontrer, Haller accumula des preuves spécieuses et plus ou moins vraisemblables. Il établit, par exemple, que le galvanisme n'apporte aucun changement dans les battemens du cœur, que les décapités les conservent quelque temps, et enfin que les fœtus privés de la moelle et du cerveau ont une circulation complète.

On combat ces argumens un à un, et on répond : Le galvanisme précipite évidemment les battemens du cœur. Si le cœur des décapités bat quelque temps encore, cela est expliqué par le reste de l'influx nerveux conservé. Enfin les fœtus qui conservent un cœur avec absence de cerveau et de moelle épinière sont bien rares, et la circulation d'ailleurs est entretenue par celle de la mère.

Haller, comme Stahl, a trouvé des partisans. Ils ont voulu trouver un appui de la théorie de ce grand homme dans la structure du cœur, qui, suivant eux, est dépourvu de nerfs. Cette grossière erreur n'est pas demeurée long-temps debout.

Sœmmerring et quelques autres ont pensé que les nerfs n'étaient pas destinés aux fibres du cœur, mais bien aux vaisseaux sur les parois desquels ils venaient se perdre.

Scarpa, par ses belles recherches, a détruit cette opinion, qu'il a reléguée dans l'oubli en démontrant que les filets nerveux venaient se fondre, se perdre dans les fibres charnues du cœur.

Haller, par conséquent, admettait que ses fibres musculaires portaient avec elles la faculté de se contracter, et que la cause qui mettait en jeu cette irritabilité n'était autre que l'abord du sang vers l'organe.

Puisqu'il est démontré actuellement que le cœur reçoit des nerfs, et que ces nerfs se perdent dans les fibres musculaires, il est évident que l'agent de contraction est le système nerveux, source de tout mouvement.

Il ne peut plus actuellement y avoir qu'une opinion sur ce point. Il ne s'agit plus que de démontrer quelle est la partie du système nerveux à laquelle est réservé ce pouvoir.

Examinons successivement si les contractions du cœur tirent leur source : 1° du cerveau; 2° de la moelle épinière; 3° du grand sympathique; 4° du pneumo-gastrique. Cette analyse nous conduira peut-être à la solution de cette importante question.

Legallois, Brodie et Haller ont pensé que le cœur n'était nullement placé sous l'influence du cerveau. Cette opinion est fondée, s'ils veulent parler de l'influence de la volonté. En effet, dans les impressions vives de l'homme, on voit le cœur s'agiter, les battemens se précipiter, et certes on ne peut attribuer ce désordre qu'à la perturbation cérébrale. Mais il faut avouer que l'action du cerveau, dans ce cas, n'est que bien éloignée, et qu'il ne peut agir que par l'intermédiaire du système nerveux, de la moelle épinière et du pneumo-gastrique, qui ont sur lui une influence directe.

Les physiologistes modernes pensent que l'action du pneumo-gastrique sur le cœur est nulle. Nous discuterons plus tard cette opinion, et nous allons nous occuper d'abord de la moelle épinière.

Legallois a placé les mouvemens du cœur sous l'empire de la moelle épinière, et cette assertion, exclusive d'ailleurs, est fondée sur des expériences qu'il a tentées sur des animaux.

Legallois a détruit de bas en haut la moelle épinière, au moyen d'une tige de fer passée par l'extrémité inférieure du canal vertébral, de manière à labourer les cordons nerveux que renferme ce conduit. Il a vu les mouvemens du cœur s'anéantir, à mesure que la destruction de la moelle s'étendait. Il ne restait plus que de légers battemens, semblables à ceux d'un cœur extrait de la poitrine. Cette mort du cœur était d'autant plus prompte et plus appréciable, que l'animal était plus âgé.

Les résultats contraires ont été obtenus par des expériences tentées par messieurs Flourens, Philips et Tréviranus, sur des animaux mammifères, et par Clift sur des carpes. On peut ajouter que M. Brachet a vu, dans le même cas, les battemens du cœur persister après la destruction de la moelle. Les physiologistes ont conclu de là que Legallois s'est trompé dans les conclusions qu'il a tirées de ses expériences, qui, suivant les auteurs cités plus haut, démontreraient que la mort est arrivée par l'absence d'action du système nerveux sur les vaisseaux capillaires.

M. Brachet, convaincu que la destruction de la moelle laissait survivre les battemens du cœur, a cherché ailleurs, c'est-à-dire dans un autre nerf, l'influence du système nerveux sur le cœur.

Dans les classes inférieures, c'est le grand sympathique, ou le pneumo-gastrique, qui apporte au cœur l'influx nerveux. Prenant pour base ces recherches d'anatomie comparée, M. Brachet a cherché l'agent des battemens du cœur dans le grand sympathique, suivant l'exemple de M. Dupuytren, qui, avant lui, avait eu l'idée de lier les nerfs cardiaques.

Déjà Winslow et Bichat, regardant le grand sympathique comme présidant à l'accomplissement des fonctions intérieures des organes de nutrition, avaient conclu que, puisque parmi ces derniers le cœur joue un si grand rôle, il devrait être placé sous l'influence de ce long nerf. Prochaska plaçait le principe des mouvemens de cet organe *dans le grand nerf de la vie organique*.

La science en était là, c'est-à-dire qu'elle ne s'appuyait que sur des conjectures et des hypothèses, lorsque M. Brachet en appela à l'expérimentation, voulant, par cette voie, infirmer ou démontrer ce que le génie de quelques hommes célèbres avait émis sans preuve certaine et sans démonstration mathématique.

Opérant à cet effet sur un chien lévrier, il put, mais non sans de grandes difficultés, mettre à découvert les ganglions cervicaux inférieurs, après avoir toutefois placé des ligatures sur les deux artères sous-clavières. Ayant alors isolé les ganglions cervicaux, il opéra la section des filets nerveux qui en partent. A l'instant, dit-il, les battemens du cœur sont devenus irréguliers, ils ont cessé, et la circulation s'est arrêtée. Les artères carotides n'étaient plus ni distendues ni colorées : l'incision de ces vaisseaux n'a fourni que quelques gouttes de sang. Ayant répété la même expérience sur un autre chien, il parvint à découvrir *les ganglions cervicaux inférieurs* à droite et à gauche, et à diviser les filets nerveux qui en partent : le résultat fut le même. M. Brachet en conclut que puisque la paralysie du cœur arrive après la division de ces rameaux, le grand sympathique préside aux mouvemens du cœur.

M. Brachet continua ses recherches sur plusieurs animaux, et les résultats ne furent pas semblables aux précédens. Les battemens du cœur reparurent après être devenus irréguliers ; en un mot, la circulation se ranima assez pour que la section de la carotide pût donner un jet de sang artériel.

M. Brachet chercha alors la cause de cette réapparition de la circulation, et il crut l'avoir trouvée dans l'existence du ganglion cardiaque, dont il put facilement apprécier l'importance, puisque, l'ayant divisé, il vit l'animal mourir instantanément. La division du plexus cardiaque amena aussitôt la cessation des mouvemens du cœur.

Ayant coupé sur un chien basset le plexus cardiaque, il vit bien la contraction devenir irrégulière, mais la circulation continua même pendant quelques minutes. M. Brachet expliqua ce phénomène par une disposition anatomique anormale de ce plexus.

Ainsi l'action du grand sympathique sur le cœur serait suffisamment démontrée, suivant M. Brachet. Ce physiologiste appelle en outre à l'appui de son expérimentation, et pour la confirmer, une expérience de M. de Humbolt sur les nerfs du cœur.

Ce savant, pour prouver l'influence des nerfs sur le cœur, a mis en usage le galvanisme : il a soumis un des nerfs cardiaques à des rapports successifs avec les plaques métalliques, et aussitôt les mouvemens du cœur ont augmenté. Hom a signalé le même phénomène après l'excitation galvanique du grand sympathique.

Voulant rendre ses expériences plus convaincantes encore, M. Brachet en a appelé au développement embryonnaire et aux recherches anatomiques d'Akermann et de Malpighi, qui ont observé que le ganglion cardiaque commence avant le système nerveux, ce qui lui a valu de la part du premier le nom de *quille*.

Si l'on considère enfin, suivant M. Brachet, que le cœur, premier organe qui entre en action, est toujours accompagné de son ganglion, qu'enfin le grand sympathique est développé avant la moelle épinière, et qu'il ne prend pas son origine dans le cordon nerveux, comme le prétendait Legallois, il demeure suffisamment démontré que l'opinion de M. Brachet est, selon lui, loin d'être hypothétique, puisqu'elle est basée sur un travail matériel et sur l'expérimentation.

L'opinion exclusive de M. Brachet ne peut pas être adoptée par nous; car, loin de croire, comme lui, que le cœur soit soumis seulement à l'influence du grand sympathique, nous pensons que cet organe reçoit, ainsi que nous l'avons déjà dit, des courans nerveux de plusieurs sources.

Je suis d'accord avec M. Brachet sur les difficultés que l'on rencontre à mettre à découvert les ganglions cervicaux inférieurs. Cependant, en suivant le filet de communication du ganglion cervical supérieur, on peut, aidé d'une grande patience, l'isoler et en faire l'extraction. C'est en vain que, répétant les expériences de M. Brachet, j'en ai attendu les mêmes résultats; je n'ai observé dans la région du cœur qu'un trouble ordinaire après ces expériences longues et douloureuses. Les chiens ont survécu toutes les fois qu'un gros vaisseau n'avait pas été mis à découvert, ou qu'une inflammation diffuse ne s'était pas emparée du tissu cellulaire environnant.

Je me propose d'examiner dans de plus grands détails ces expériences contradictoires à celles de M. Brachet, quand je parlerai du grand sympathique.

Si l'on se reporte à l'opinion de M. Brachet, ne serait-il pas étrange qu'un nerf comme le grand sympathique, n'étant ni sensible ni douloureux, fût seul destiné à animer le cœur, tandis que d'autres nerfs, entièrement semblables à ceux qui président à la locomotion et qui viennent se rendre dans le cœur, n'auraient aucune influence sur cet organe, si ce n'est pour établir, suivant M. Brachet, une chaîne de communication entre le cerveau et le cœur, et pour servir aux sympathies? Si je combats cette prétention exclusive, on doit comprendre d'avance que je veux parler du pneumo-gastrique.

Willis pensait que ce nerf était destiné aux fonctions intérieures ; qu'il présidait aux mouvemens du cœur et aux actes organiques des viscères centraux.

Lower et Wieussens ont attribué à la paralysie du cœur la mort des animaux chez lesquels on avait fait la section des nerfs pneumo-gastriques. Mais M. Brachet, qui avait adopté le nerf grand sympathique, a refusé au pneumo-gastrique la faculté excitative, que lui avaient accordée les auteurs célèbres que je viens de citer ; et, conséquent avec lui-même, il n'a pas, même après avoir expérimenté sur lui, accordé qu'il eût de l'influence sur la contraction du cœur ; il ne consent qu'à en faire un conducteur de sympathies.

M. Brachet ajoute que si, dans le cas de divisions ou de déchirures du pneumo-gastrique, les battemens du cœur sont troublés, il faut en rechercher la cause dans la douleur que l'animal a éprouvée ; qu'enfin, lorsque la mort arrive après la division des deux nerfs pneumo-gastriques, il ne faut pas l'attribuer à la paralysie du cœur, mais bien à la cessation des autres fonctions sur lesquelles ces nerfs ont de l'empire. M. Brachet pense ainsi que leur action est nulle sur les contractions du cœur, puisque après leur division la circulation continue, et que ses battemens persistent encore.

M. Brachet fit, sur un jeune dogue de six mois, la section des deux nerfs pneumo-gastriques, après avoir pris toutefois des précautions pour que l'animal ne suffoquât pas ; l'ayant examiné une heure après, il trouva les battemens du cœur réguliers : il déchira sur le même animal les lobes cérébraux, et le cœur demeura calme malgré la stupeur dans laquelle le chien était tombé ; il poussa ensuite un stylet dans la moelle alongée, et il observa la même impassibilité du cœur ; il enfonça enfin le stylet dans la moelle épinière par le trou occipital : la respiration s'arrêta alors, quelques mouvemens irréguliers survinrent dans le cœur, et l'animal périt.

M. Brachet rapporte une autre expérience dans son ouvrage *sur le système nerveux*, page 118. Ayant fait une incision comme pour mettre à découvert les deux nerfs pneumo-gastriques, mais sans les intéresser, il irrita une heure après les plaies du cou, et il sentit le cœur précipiter ses contractions. Une demi-heure après, les battemens de ce viscère étaient rentrés dans l'ordre. Il ouvrit ensuite le crâne, enleva de la substance cérébrale, et porta même un stylet jusque dans la moelle alongée, et aussitôt, dit-il, le cœur s'agita très irrégulièrement. Ayant coupé ensuite les deux nerfs pneumo-gastriques, il fait observer que le trouble du cœur *continua*. M. Brachet rétablit alors la circulation d'une manière artificielle et les battemens du cœur se firent avec plus de régularité.

Un stylet porté de nouveau dans toutes les directions de la moelle alongée n'obtint de la part du cœur aucun signe d'impression, et cet organe ne cessa ses contractions que quand l'expérimentateur eut enfoncé le stylet dans le canal rachidien.

C'est sur ces expériences que M. Brachet se fonde pour refuser au pneumo-gastrique toute action sur les fibres musculaires du cœur, et pour assurer que ce nerf n'est formé par la nature que pour établir une corrélation entre le cerveau et le cœur, et pour servir d'intermédiaire chargé de transmettre les sympathies, la douleur, etc., ou pour exciter le cœur quand le cerveau est lui-même sous l'influence de quelque excitation.

Les expériences de M. Brachet nous semblent conduire à des conclusions toutes contraires, puisque l'excitation de la moelle alongée précipite et multiplie les battemens du cœur ; puisque la section des nerfs pneumo-gastriques laisse continuer ce trouble; puisqu'enfin après cette dernière opération l'excitation de la moelle alongée n'a produit aucun changement dans le cœur, sans doute à cause de la cessation de l'influx nerveux. M. Brachet paraît avoir oublié qu'après la section d'un nerf quelconque, le muscle auquel il se distribue ne donne aucun signe d'excitation.

Il est difficile d'ailleurs de ne pas trouver la première expérience de M. Brachet empreinte d'un caractère très remarquable, par cette persévérance des battemens du cœur qui, une heure après la section du pneumo-gastrique, étaient encore réguliers, et par l'impassibilité du même organe, qui est resté calme après les lacérations du cerveau.

Nous allons maintenant envisager la question sous un point de vue qui nous est propre, et, comparant

nos expériences avec celles de M. Brachet, nous verrons si elles ont donné les mêmes résultats.

Avant d'expérimenter sur un lapin, j'ai examiné les battemens du cœur, et je les ai trouvés réguliers, forts et rapides. Ce point préliminaire déterminé, j'ai procédé à la section du nerf pneumo-gastrique dans la région cervicale, au dessous du larynx. Après l'avoir découvert entre l'artère carotide et la veine jugulaire, j'opérai la section qui provoqua une douleur vive. Bientôt l'animal éprouva de la difficulté à avaler le mucus ainsi que les liquides versés dans la bouche. La section du second nerf détermina une difficulté dans la déglutition plus grande encore, et dès lors les gaz et les liquides ne trouvèrent plus d'obstacle à leur expulsion de l'estomac.

Quand j'eus coupé le premier nerf, les battemens du cœur avaient déjà perdu de leur force et étaient devenus très irréguliers. La section du second ne fut pas plutôt opérée, qu'on ne sentit plus dans la région du cœur que des *oscillations* répétées et irrégulières, ou mieux, de faibles battemens sans caractère arrêté.

Voulant renouveler cette expérience, je l'ai tentée sur un autre lapin avec les mêmes conditions, c'est-à-dire dans le même lieu et de la même manière. Les résultats ont été les mêmes. Ainsi même difficulté dans la déglutition, mêmes changemens dans les mouvemens après la double section des nerfs, qui avait entraîné une altération semblable dans la force d'impulsion et dans la régularité des batte-mens.

Après avoir mis à découvert, sur un mouton, les

nerfs pneumo-gastriques gauche et droit, je les ai coupés au dessous du larynx. Cette double section a entraîné une douleur vive et le gonflement de la veine jugulaire, au point de lui faire prendre le volume d'un petit intestin grêle.

L'artère carotide s'est contournée, de manière à imiter une véritable courbure à convexité; elle semblait, en un mot, ployée en deux.

Au moment de la section, l'animal a poussé des cris qui témoignaient de la souffrance; il s'est agité et cherchait évidemment à se soustraire à la douleur que déterminait l'attouchement des filets nerveux. Les mouvemens de la poitrine sont restés réguliers, mais le cœur a cessé d'offrir la même force et la même régularité dans ses battemens.

J'ai coupé les deux nerfs pneumo - gastriques sur une chèvre forte et âgée de deux ans. Les artères carotides se sont courbées, et les battemens du cœur ont perdu de leur régularité et de leur force. J'ai ensuite arraché les deux nerfs; mais cette opération a déterminé à peine quelques douleurs qu'il n'était pas possible de comparer avec celles qu'avait entraînées la section. J'ai enfin ouvert les artères crurales; le sang est parti par jets, mais les saccades étaient faibles, et ce liquide avait perdu de sa couleur rouge.

Nulle expérience ne peut, à notre avis, faire mieux ressortir le phénomène de la diminution des battemens du cœur et de la force de contraction, après la section des deux nerfs pneumo-gastriques. Si dans ce cas le sang n'avait perdu qu'un peu de sa rougeur, cela s'expliquerait par la persistance de la respiration.

Le 30 mars 1834, j'ai, sur un agneau, mis à découvert et coupé les deux nerfs pneumo-gastriques. La section a donné lieu à de vives douleurs et à une altération sensible dans la régularité des battemens du cœur. Elle a aussi déterminé d'autres phénomènes dont je m'occuperai plus tard en parlant de l'action du pneumo-gastrique sur l'œsophage.

Ces diverses expériences, si nous les comparons maintenant à celles de M. Brachet, démontrent, contrairement à ses assertions, que le nerf pneumo-gastrique n'est pas aussi étranger qu'il l'a prétendu aux mouvemens du cœur; que, si de la section de ce nerf ne résulte pas sa paralysie complète, du moins elle apporte dans les fonctions de cet organe des changemens assez considérables pour qu'il soit permis de dire que le pneumo-gastrique contribue à lui fournir les moyens de renouveler sans cesse ses contractions.

Le moment est venu d'examiner l'influence de la moelle épinière sur le cœur.

Legallois n'ayant pas trouvé dans le cerveau le principe animateur du cœur et des organes qui concourent à l'entretien de la vie, il le chercha ailleurs, et pensa l'avoir rencontré dans la moelle épinière. Il plaça donc dans cet organe la source de ses battemens.

M. Brachet fut séduit d'abord par ses expériences, qui conduisaient à ce système; mais, renonçant bientôt à cette impulsion première, il douta d'abord, et finit par croire que la moelle épinière n'avait pas sur le cœur l'influence que Legallois avait cru devoir lui attribuer.

Expérimentant sur des lapins, sur des cabiais, sur des chats, en un mot sur des mammifères d'un certain âge, M. Brachet a sans cesse obtenu les mêmes résultats que Legallois, soit qu'il détruisit complètement la moelle épinière, soit qu'il la désorganisât seulement en partie à la région cervicale ou à la région dorsale ; il a constamment vu le cœur perdre de la régularité de ses battemens et de sa faculté de continuer la circulation. Après ces expériences, les contractions du cœur sont semblables à celles de cet organe quand il a été extrait de la poitrine.

La désorganisation instantanée de la région lombaire jette aussi un grand trouble dans la circulation ; mais il est souvent permis de la rétablir, quand le premier trouble est passé.

M. Brachet dit, à propos de ces expériences, que pour obtenir les phénomènes qu'entraîne la destruction partielle de la moelle épinière aux régions cervicale ou dorsale, il faut porter une désorganisation prompte sur la partie qui doit être intéressée.

Les résultats obtenus par M. Brachet ne l'ayant pas satisfait complètement, il demanda d'autres faits à de nouvelles expériences.

Sur un lapin de 16 jours, il passa un stylet dans toute la longueur du canal vertébral depuis l'occiput jusqu'au sacrum. La mort survint immédiatement. La respiration fut entretenue ; l'amputation des jambes ne fut suivie d'aucun jet de sang ; la poitrine ouverte permit de reconnaître que les battemens du cœur étaient très irréguliers. Ils cessèrent bientôt complètement.

Sur des cabiais et des chats nouvellement nés, M. Brachet opéra la destruction graduelle et lente de la moelle épinière; en poussant un stylet dans le canal vertébral au dessous de l'occiput jusqu'à la région dorsale, et ayant entretenu artificiellement la respiration, il vit la circulation continuer, comme le prouva le jet de sang sorti d'une artère d'un membre thoracique amputé.

M. Brachet continua ses expériences sur des reptiles.

Ainsi, sur une salamandre, il poussa avec lenteur un stylet dans l'intérieur du canal vertébral, et détruisit la moelle épinière dans toute sa longueur. Les pattes de l'animal devinrent immobiles. Malgré cette désorganisation profonde, M. Brachet put sentir les battemens du cœur en pressant la poitrine de l'animal. Il obtint un faible jet de sang par la section de la queue.

Sur une autre salamandre chez laquelle la décapitation avait entrainé une paralysie générale, M. Brachet put sentir encore les faibles battemens du cœur; il put même, en découvrant l'aorte, reconnaître les saccades qui agitaient ce vaisseau.

Dans un autre cas, la désorganisation de la moelle épinière chez une grenouille avait été suivie d'une paralysie générale; les mâchoires seules avaient conservé la faculté de s'écarter et de se rapprocher. M. Brachet mit le cœur à découvert, et le vit se contracter.

De ces expériences, M. Brachet conclut que la destruction de la moelle épinière n'empêche pas la circulation; à l'appui de cette opinion, il appelle comme preuve le jet de sang fourni par une artère, et coïncidant avec la persistance des battemens du cœur.

Il ne me semble pas que l'examen des expériences de M. Brachet puisse supporter de longs débats; et, contrairement à ce qu'il avance, je pense que la moelle épinière a un empire, sinon absolu, au moins très puissant sur l'organe central de la circulation. Alors même que M. Brachet invoque l'absence de la moelle épinière, du cervelet et du cerveau, pour rendre ses conclusions convaincantes; qu'il en appelle aux longues séries des monstruosités du système nerveux; qu'il dirige notre attention sur l'existence constante du grand sympathique, il ne saurait me faire partager son opinion, car pour nous il est démontré que le grand sympathique reçoit son influence de la moelle épinière, source commune à laquelle puisent tous les nerfs. Il y a assurément une différence essentielle entre la vie fœtale et la vie extra-utérine. Par le placenta, en effet, la circulation maternelle entretient celle du fœtus : ce n'est qu'une vie organique ou, si l'on aime mieux, une vie de nutrition. Or l'expérimentation de M. Brachet nous démontre seulement que le sang a bien jailli par une artère, que le cœur battait encore; mais il est loin d'avoir fait voir dans ces phénomènes la preuve de la non-influence de la moelle épinière sur le cœur. M. Brachet a le plus ordinairement, en effet, dans ses expépériences, détruit la moelle épinière sans toucher au nerf pneumo-gastrique qui, suivant nous, a continué le reste des battemens du cœur. Cela ressort d'ailleurs de l'expérience de M. Brachet lui-même, expérience dans laquelle il a arrêté complètement les battemens du cœur en introduisant un stylet par le trou occipital ; c'est ce que M. Flourens, du reste, a très bien expérimenté et très ingénieusement exprimé en disant que la moelle alongée était le nœud de la vie. Quoi qu'il en soit, le cœur, comme les autres muscles, palpite encore quelques minutes après la destruction des renflemens nerveux et des nerfs, à cause du fluide nerveux conservé et non encore entièrement épuisé dans l'organe.

Nous ne pouvons donc penser avec M. Brachet qu'il existe deux vies bien distinctes, l'une appelée organique, sous la dépendance du nerf ganglionnaire, l'autre extérieure ou de relation, comme le disait Bichat, puisque enfin dans la matière vivante tout se tient, s'enchaîne et concourt au même but. Ainsi la circulation est sous la dépendance du fluide nerveux, et celui-ci est sous l'empire de la première. M. Brachet invoque encore les expériences de M. Flourens en disant que cet ingénieux physiologiste n'a pas anéanti la circulation en détruisant la moelle épinière sur des carpes et des barbeaux ; ceci démontre seulement qu'elle n'agit pas seule sur le cœur, mais non pas qu'elle ne contribue point à l'animer et à entretenir la circulation.

Sur un animal sur lequel j'avais fait la section du nerf pneumo-gastrique et qui avait encore conservé des battemens du cœur, j'ai coupé la moelle épinière à la région cervicale, et à l'instant même les contractions ont disparu dans l'organe. Il ne restait plus que quelques oscillations dues à la liquidité du sang, ou à un reste de chaleur et de fluide nerveux.

Sur un autre animal (un lapin), au moment où les deux nerfs pneumo-gastriques ont été coupés, j'ai porté la main sur la région du cœur, et j'ai pu reconnaître les curieux changemens qui avaient lieu dans cet organe. Les battemens, devenus plus faibles et irréguliers, ont fini, comme chez l'animal précédent, par être anéantis aux oscillations près.

Sur des hommes atteints d'une lésion de la région cervicale de la moelle épinière, outre les symptômes de paralysie des membres supérieurs et inférieurs, de la poitrine, de l'abdomen et du diaphragme, j'ai observé des difficultés dans la déglutition et des battemens fréquens dans la région du cœur, jusqu'au moment de la mort.

J'ai coupé les nerfs pneumo-gastriques sur un autre animal, après avoir ouvert la poitrine, et j'ai vu, au moment même de la section, le cœur présenter de l'irrégularité dans les battemens et perdre la plus grande partie de sa force d'impulsion. J'ai immédiament coupé la moelle épinière dans la région cervicale, les battemens ont cessé à l'instant même, et il n'est plus resté alors que des oscillations dans les fibres de l'organe.

Dans une autre expérience, j'ai coupé la moelle épinière dans la région cervicale, et instantanément les battemens du cœur sont devenus fréquens et irréguliers. **Le cœur** a été arraché de la poitrine de l'agneau sur lequel j'expérimentais ; les contractions ont continué d'elles-mêmes pendant quelque temps, sans doute sous l'influence du milieu excitant (l'air) dans lequel l'organe était exposé, et enfin elles ont été réveillées par des piqûres ou par l'impression de l'eau à 28° du thermomètre de Réaumur.

Assurément, si l'on avait fait à la fois la section de la moelle et celle du nerf pneumo-gastrique, les battemens n'auraient pas persisté si long-temps. La portion du cœur qui était restée attachée à l'aorte était encore agitée de contractions, bien que depuis plusieurs minutes, l'autre partie extraite de la poitrine présentât la rigidité cadavérique.

Sur un mouton que j'ai fait périr d'hémorrhagie, j'ai mis le cœur à découvert presque au moment de la mort, et j'ai vu que les battemens étaient bien précipités, rapides, mais qu'ils n'étaient pas désordonnés comme lorsque le système nerveux était détruit.

Il résulte de ces diverses expériences que le cœur, ainsi que l'avaient démontré Legallois et plusieurs autres, reçoit une partie de son irritabilité de la moelle épinière par l'intermède du grand sympathique. Je vais maintenant tâcher de prouver que la moelle épinière, le pneumo-gastrique et le grand sympathique fomentent les contractions du cœur, et sont la source, le principe de ses battemens.

Sur un cheval fort, court, irritable, dont les forces musculaires étaient très puissantes, j'ai mis à découvert les nerfs pneumo-gastriques, et je les ai coupés au même niveau à la région cervicale. L'animal a eu de la difficulté à respirer ; il a témoigné par ses cris la douleur occasionnée par cette division ; cependant les mouvemens du diaphragme se faisaient librement et d'une manière régulière.

Immédiatement après la section de ces nerfs, les artères carotides se sont tordues, et sont devenues courbées et flexueuses. On ne peut, il me semble, trouver l'explication de ce phénomène remarquable que dans les trois causes suivantes : dans l'absence d'agent d'impulsion pour opérer le passage du sang des artères dans les veines ; dans l'impossibilité où se trouve le sang de passer des cavités du cœur dans le poumon, celles-ci se laissant distendre et ne pouvant par conséquent admettre de nouvelles quantités de ce liquide, qui nécessairement reflue dans les veines qu'il a déjà traversées ; dans l'absence d'influx nerveux.

J'ai divisé l'artère carotide qui a donné un sang rouge, qui avait été élaboré dans les poumons. Le jet, quoique continu, était faible et non saccadé. La poitrine ouverte, on a vu que le cœur était le siége de battemens irréguliers et peu énergiques. Les nombreux rameaux du grand sympathique et du pneumogastrique ont été divisés de l'un et de l'autre côté ; et toute communication étant ainsi interrompue avec la moelle épinière, le cœur a cessé de battre instantanément, et l'on n'a plus aperçu la plus légère oscillation.

Sur un autre cheval, j'ai mis l'artère carotide à découvert et je l'ai coupée. Le sang est sorti avec force et impétuosité. Le jet rouge, rutilant, était lancé à une grande distance ; il est survenu des convulsions. Dans ce moment la poitrine a été ouverte, et le cœur volumineux de cet animal a présenté une grande régularité dans ses battemens et une grande force d'impulsion. Ayant alors saisi les nerfs pneumo-gastriques, je les ai coupés dans la poitrine, puis j'ai détruit *toutes les anastomoses* qui établissent une communication avec la moelle épinière ; à l'instant même le cœur a cessé de battre ; plus de mouvemens, plus d'oscillations. *Cette cessation de mouvemens de l'organe fut aussi prompte que le passage d'une étincelle électrique.*

Cette expérience nous montre un cheval que l'on fait périr d'hémorrhagie, et dont le cœur, demeurant sous l'influence du système nerveux, conserve, quoique presque vide, de la force dans l'impulsion et de la régularité dans les mouvemens ; mais aussitôt qu'il ne communique plus avec les centres nerveux, cet organe est tout à coup et complètement anéanti. Les fibres du cœur ne possèdent donc pas en elles-mêmes, comme l'avait pensé Haller, une faculté spéciale, l'irritabilité ; elles la reçoivent du système nerveux, source de vie et de tout mouvement.

La nature, dans sa sage prévoyance, a établi de chaque côté, pour le cœur, trois larges sources : le pneumo-gastrique, le grand sympathique et la moelle épinière, si bien que lorsque l'une d'elles vient à lui manquer, il y en a plusieurs autres pour lui suppléer.

Une autre expérience non moins curieuse que la précédente a été tentée sur un troisième cheval. Une lame de couteau a été enfoncée dans la région cervicale, entre l'occipital et l'atlas. Elle a divisé dans cet endroit la moelle épinière, et l'animal est tombé comme si, pour me servir d'une comparaison vulgaire, il avait été frappé de la foudre. Tous les muscles se sont relâchés, et leur brusque détente dans tout le corps, au dessous du point divisé de la moelle, a suivi sa chute. En un mot il est tombé lourdement, sans convulsions.

Tout était donc sans mouvement au dessous de la section de la moelle. C'était une chose vraiment remarquable que le contraste de la physionomie de cet animal, qui avait conservé son expression, avec le reste de ce grand corps qui était dans la plus parfaite inertie, dans le relâchement le plus complet. Ainsi les mouvemens de la face étaient conservés ; les paupières étaient agitées, et la supérieure s'élevait et s'abaissait sans cesse. Il y avait un clignement qui augmentait par l'irritation de la conjonctive, l'attouchement des cils, et la ventilation. Les larmes coulaient et les narines se dilataient régulièrement, mais beaucoup plus largement que dans l'état ordinaire, comme si elles avaient voulu remplacer par là les forces respiratoires anéanties. La peau de la face avait conservé sa sensibilité, tandis que celle des membres l'avait perdue. Enfin l'œil se mouvait dans l'orbite, mais d'une manière irrégulière, et les paupières se fermaient à l'approche de la lumière.

Ce cheval était donc, si je puis dire ainsi, un cadavre dans les trois quarts de son corps. La tête seule semblait vivre, et cette vie elle la devait, sans aucun doute, aux nerfs qui prennent leur origine au dessus du point divisé de la moelle, et qui nécessairement étaient placés alors sous l'influence de la volonté.

La poitrine fut ouverte, les gros vaisseaux incisés ; le sang qui les gorgeait en sortit à flots, il avait perdu sa couleur vermeille et brillante.

Le cœur était énormément distendu par le sang, de telle manière qu'il était difficile de saisir le péricarde. Cependant il était encore agité avec une certaine force, non pas par des mouvemens partiels, mais par des mouvemens de totalité. Le cœur était évidemment paralysé en grande partie, puisqu'il se laissait distendre par le sang qu'il ne pouvait pas expulser.

Je coupai alors le nerf pneumo - gastrique sur les côtés des bronches. Le cœur cessa instantanément de se mouvoir. Ce n'était donc pas la qualité, la nature du sang qui anéantissait entièrement cet organe en partie paralysé, puisque la section du nerf pneumo - gastrique anéantit complètement les battemens. Ainsi l'influx nerveux qu'il recevait encore du pneumo-gastrique suffisait pour l'animer et même pour l'agiter.

On fit l'autopsie du cheval et l'on put voir que la moelle épinière avait été coupée un peu au dessus de son renflement supérieur. La surface coupée était légèrement rougeâtre et ecchymosée.

En conséquence, les nerfs pneumo - gastrique, glosso - pharyngien, facial, optique, trifacial, moteur oculaire commun, moteur oculaire externe, pathétique, et olfactif, avaient été conservés intacts ; ce qui explique les mouvemens volontaires de la face, la sensibilité de l'œil et des narines. Le cœur a résisté pendant quelque temps, parce que les nerfs pneumo - gastriques lui portaient l'influx nerveux.

L'animal a succombé à la paralysie du cœur et à l'asphyxie, deux causes tendant, dans ces circonsiances, à anéantir les sources de la vie.

Il est évident, d'après ces expériences, que les auteurs ont été trop exclusifs en plaçant le cœur sous l'influence de tel ou tel point du système nerveux. Je crois avoir démontré que les expériences de M. Brachet sur le grand sympathique sont loin d'avoir toute l'importance qu'il leur a donnée. Enfin je pense que le nerf grand-sympathique a une action réelle sur le cœur, mais par l'intermède de la moelle épinière, et que le nerf pneumo-gastrique, contrairement à l'opinion de M. Brachet, a une grande influence sur cet organe, comme le prouvent les expériences que j'ai rapportées en détail.

Action du nerf pneumo-gastrique sur le larynx et le poumon.

Le nerf pneumo-gastrique envoie au larynx quatre nerfs volumineux qui portent le nom de l'organe auquel ils se terminent.

Parmi ces nerfs, les uns sont plus particulièrement destinés à la sensibilité de la muqueuse du larynx : ce sont les laryngés supérieurs qui viennent se perdre dans cette membrane ; les autres, laryngés inférieurs, venant se distribuer aux muscles, servent aux mouvemens partiels, et à rétrécir ou à agrandir la glotte.

Le nerf laryngé est, dit-on, destiné aux muscles constricteurs aryténoïdien et circo-thyroïdien, et le nerf récurrent aux dilatateurs thyro-aryténoïdien et crico-aryténoïdien postérieur. **M.** Magendie a insisté sur cette disposition anatomique qu'il a regardée comme réelle et constante. Mais **M.** Blandin a prouvé, par des recherches récentes, que le muscle aryténoïdien reçoit un gros rameau du nerf récurrent. J'ai aussi, dans des dissections particulières, démontré l'exactitude des recherches de **M.** Blandin, et j'ai déposé, dans les cabinets de la Faculté, des larynx dont les nerfs avaient été disséqués, et qui confirment ce que nous venons d'avancer.

Ces dispositions anatomiques rendent difficile l'explication des expériences que **M.** Magendie a faites dans l'intention de démontrer que le nerf récurrent sert à dilater la glotte, et que le laryngé sert à animer les muscles constricteurs du larynx. La difficulté n'est pas moindre pour se rendre compte, d'après l'expérience de **M.** Magendie, de son explication des sons aigus par la section du nerf récurrent, et des sons graves par la division du nerf laryngé supérieur.

Il est constant d'ailleurs que la section des nerfs laryngés apporte de grands changemens dans les fonctions du larynx.

Si l'on examine avec attention ce qui se passe au moment de la section d'un nerf récurrent, on voit la corde vocale, qui se tendait et se levait alternativement pendant l'inspiration et l'expiration, devenir tout à coup immobile, et perdre toute participation à l'harmonie des phénomènes mécaniques de la respiration. Si l'on coupe les deux nerfs récurrens, le mouvement cesse des deux côtés. Il faut avouer pourtant que l'on voit survivre chez des animaux un léger mouvement que l'on peut attribuer à la colonne d'air ou à l'action musculaire. La première de ces hypothèses nous a semblé être confirmée par l'expérience.

Après avoir, le 1er avril 1834, mis à découvert la trachée, je l'ai incisée dans une étendue suffisante pour examiner les cordes vocales, et pour apprécier les changemens que leur ferait subir la section des nerfs aboutissant aux muscles qui les font mouvoir. Les cordes vocales se rapprochaient et s'éloignaient l'une de l'autre pendant l'inspiration et l'expiration ; ces mouvemens de la glotte étaient si réguliers et tellement en harmonie avec ceux de la poitrine, qu'il y avait un isochronisme parfait entre la dilatation de la glotte et celle de la poitrine.

J'ai, sur le même animal, coupé les nerfs laryngés supérieurs gauche et droit, et, malgré cette section, les cordes vocales ont continué de fonctionner. Elles sont devenues pourtant un peu plus saillantes dans le larynx. Si après cette opération les changemens ont été peu remarquables, il n'en a pas été de même de ceux que j'ai observés après la division des nerfs récurrens. Les cordes ont cessé de se mouvoir, et la glotte n'a plus éprouvé de mouvemens de dilatation et de resserrement. J'ai pu, en coupant le nerf récurrent gauche, abolir les mouvemens de la corde vocale gauche, et opérer ensuite le même phénomène partiel pour le côté droit, ce qui démontre l'indépendance réciproque des cordes vocales et de l'action nerveuse qui les anime. J'ai remarqué pendant une minute que les cordes vocales étaient agitées de petites convulsions irrégulières et précipitées, qui ont bientôt cessé pour ne plus reparaître. Je les ai expliquées par les dernières palpitations d'un muscle qui, bien que n'ayant plus de régulateur, contient cependant une certaine quantité de fluide nerveux qui s'épuise ainsi.

Quand on expérimente sur de jeunes animaux qui ont le larynx plus étroit, les cordes vocales se touchent immédiatement après la section des nerfs récurrens, ce qui amène une très grande difficulté dans la respiration; tandis que, chez les animaux qui ont un larynx plus large et qui ont de l'élasticité dans les cordes vocales, surtout chez ceux qui sont plus âgés, il existe toujours un intervalle entre les ligamens qui les constituent; ce qui permet à l'air d'entrer et de sortir, et s'oppose à l'asphyxie.

J'ai coupé sur un chevreau les deux nerfs récurrens, et à l'instant la voix a été perdue; les cordes vocales avaient cessé de se mouvoir.

Cette expérience, renouvelée sur un second chevreau, a amené le même résultat: l'aphonie était complète; il n'existait plus qu'un son particulier qui se passait dans les fosses nasales, et qui n'était que le résultat des vibrations de l'air.

Bien que ces deux opérations aient été faites, l'une le 27, et l'autre le 30 avril 1835, ces deux chevreaux avaient au 1er mai conservé leur gaîté, leur force et leur agilité.

Sur une chèvre noire, forte et âgée, j'ai coupé les deux nerfs récurrens : la voix a été perdue, et il n'existait qu'un son désagréable, qui se formait dans le nez et dans la bouche. J'ai incisé la trachée, et j'ai vu que les cordes vocales laissaient entre elles un espace qui permettait l'entrée et la sortie de l'air ; il n'existait du reste qu'un léger mouvement dû à la colonne d'air qui traversait l'ouverture faite à la trachée, et qui rencontrait sans doute celle qui pénétrait par la bouche. Dans aucun cas, cependant, je n'ai vu ce que les auteurs ont avancé sur la fermeture de la glotte. On sait que, pour expliquer ce phénomène, les physiologistes ont dit que, dans ce cas, les cordes vocales étaient poussées par une colonne d'air venant du poumon et une autre venant de la bouche. Cela pourrait être vrai, si les cordes vocales avaient un excès de longueur ; mais il n'en est rien, puisqu'elles ne se touchent qu'avec une très grande difficulté par la contraction violente du muscle aryténoïdien.

Sur une chèvre blanche, très forte, j'ai coupé les nerfs récurrens ; à l'instant, les cordes vocales ont été frappées d'immobilité, et cependant il existait entre elles un espace qui permettait à l'air d'entrer et de sortir librement.

J'ai renouvelé la même expérience sur une autre chèvre le 13 mai, et elle a entraîné la perte de la voix. Le 15 suivant, l'animal fit entendre un son, qui, se formant dans les fosses nasales, alla en augmentant jusqu'au 19 mai.

Trois jours après, j'ai coupé le nerf pneumo-gastrique gauche ; cette section a été horriblement douloureuse, aussi l'animal a-t-il poussé des cris épouvantables, et le son qui se formait dans les fosses nasales a été en grande partie anéanti. Le 28, l'animal a été pris de toux. Le 7 juin, il avait repris de l'appétit, et donnait beaucoup de lait, produit qui avait été supprimé pendant les premiers jours de la section du nerf. Le 21 juin, le son que nous avons déjà signalé s'est fait entendre avec la même intensité. Ce même jour, je coupai le pneumogastrique droit. La toux se montra plus fréquente et plus violente : la suppression du lait fut totale le 22 ; les mamelles étaient flasques et vides ; la respiration se faisait avec peine, et le ventre, très volumineux, résonnait par la percussion ; les yeux avaient perdu de leur éclat ; enfin, la mort arriva le 24, après de violens frissons et des frémissemens.

Le cadavre est remarquable par la rigidité de tous les muscles, par le volume du ventre et du cou, dont la peau, ainsi que celle de tout le corps, est injectée de sang veineux ; les veines sont gorgées de sang. Le nerf récurrent gauche avait été coupé vers la partie moyenne du cou, et les deux bouts cicatrisés étaient réunis par une substance grise membraneuse. Cette cicatrice est formée par du tissu cellulaire, et non par de la substance nerveuse. Le nerf récurrent droit avait été aussi divisé, et les deux bouts se continuaient par une substance membraneuse.

Les nerfs pneumo-gastriques avaient été coupés dans toute leur épaisseur : l'un d'eux était encore infiltré de sang ; l'autre, plus anciennement divisé, présentait un renflement à son extrémité supérieure, qui se continue avec l'inférieure au moyen d'un tissu cellulaire un peu résistant. Les veines jugulaires contiennent beaucoup de caillots, et l'œsophage est rempli de gaz et de matières herbacées. La trachée contient des herbes qui avaient traversé l'ouverture du larynx.

Le poumon gauche, rose dans une partie de son étendue, présente çà et là des taches noirâtres. Si on le presse, il crépite dans certains endroits ; dans d'autres, au contraire, il reste mat. Le poumon droit est noir dans presque toute sa longueur, et très lourd ; coupé par tranches, il laisse suinter une grande quantité de sang. Le déchirement du lobe droit ne produit aucune crépitation et nul suintement de sang. Le cœur reste rempli de ce liquide coagulé, qui a la forme des cavités qui le contiennent.

Le nerf pneumo-gastrique gauche a perdu de son volume. Si on le coupe dans son épaisseur, on voit que les filets en sont atrophiés et grisâtres. Le pneumo-gastrique droit est plus gros que le gauche. Chacun de ses filets est distinct, et contraste par sa blancheur avec le gauche. Cette différence s'explique, si l'on considère que le premier avait depuis long-temps cessé ses fonctions, tandis que le second les avait au contraire perdues depuis peu de jours seulement.

L'extrémité renflée d'un des nerfs pneumo-gas-triques est recouverte d'une membrane dense et blanche, sur laquelle tous les filets nerveux vien-nent se rendre ; du reste, leur insertion est parfai-tement isolée et distincte. Le renflement de ce nerf était évidemment dû à l'épaisseur de la cicatrice. Une coupe longitudinale a prouvé que cette cica-trice était formée par du tissu cellulaire, et non par une substance nerveuse. Ainsi, de la lymphe déposée à l'extrémité du nerf divisé, peut-être la partie coagulable du sang organisé, et des lamelles de tissu cellulaire confondues avec ce liquide exhalé, formaient la cicatrice.

Sur les extrémités du nerf le plus récemment coupé, j'ai trouvé une couche épaisse de fibrine qui les protégeait.

On peut conclure de ce qui précède :

1° Que les nerfs récurrens animent les muscles des cordes vocales;

2° Que leur section entraîne l'abolition du mouvement de ces cordes;

3° Que l'immobilité de ces ligamens thyro-arythénoïdiens produit l'aphonie;

4° Que cependant il existe après la paralysie des cordes vocales, chez les grands animaux, ou chez ceux dont les cordes vocales sont très élastiques et longues, un espace qui permet à l'air d'entrer et de sortir, ce qui explique la persistance de la vie;

4° Que, pour les jeunes animaux, la mort arrive plus promptement que chez ceux qui sont plus âgés, parce que les cordes vocales se touchent.

Action du nerf pneumo-gastrique sur le poumon.

Beaucoup de physiologistes ont pensé que le nerf pneumo-gastrique était sans influence sur le poumon, et que sa section n'apportait aucun changement aux fonctions de cet organe ni à l'hématose. C'était l'opinion de Bichat, qui, se fondant sur ce que la mort n'était pas instantanée après la section du nerf pneumo-gastrique, disait que ce nerf devait être dépourvu d'influence sur la formation du sang artériel. Dupuytren a émis une opinion différente, et accordait à ces nerfs une action directe sur le sang ; il a appuyé sa manière de voir sur une expérience qu'il a regardée comme concluante, et qui consiste à ouvrir l'artère faciale après la section du nerf pneumo-gastrique. Le sang est bientôt sorti noir, et ayant perdu sa propriété la plus vitale, pour ainsi dire, sa coloration rutilante.

Quelques physiologistes ont même pensé que l'air chassé par l'expiration présentait la même composition chimique que celui qui était inspiré.

Il faut dire cependant que, depuis, plusieurs expérimentateurs sont revenus à l'idée de Bichat. MM. Dumas, Brodie, de Blainville, ont annoncé que la destruction du nerf pneumo-gastrique ne modifiait point les fonctions du poumon, et même que par elle la sanguification n'éprouvait pas l'altération la plus légère. M. Sédillot dit qu'il a vu des animaux vivre plusieurs mois après cette expérience. D'un autre côté, Magendie et Mayer ont toujours vu la section des nerfs pneumo-gastriques suivie d'une mort par asphyxie plus ou moins prompte.

Assurément, voilà des expériences bien contradictoires, puisque les faits avancés par les uns sont repoussés par les autres. Les explications pourraient être différentes, mais les faits devraient être les mêmes. A quoi attribuer une pareille divergence d'opinions et des résultats si opposés? Tous les physiologistes que je viens de citer sont des hommes de bonne foi, des hommes d'un mérite reconnu et également dévoués à la science. Or, on ne peut expliquer leur dissidence qu'en remarquant que les changemens dans la nature du sang n'ont pas toujours eu lieu avec la même promptitude.

Toutes les fois, en effet, qu'on examine le sang qui sort d'une artère, il est évident qu'après la section de ces nerfs il a perdu, sinon tout à fait sa couleur vermeille, au moins en grande partie. Mais la coloration veineuse est d'autant plus prompte, d'autant plus complète, que l'animal est plus jeune, que le larynx est plus étroit, et que les cordes vocales sont plus rapprochées. L'influx nerveux ayant cessé, et les cordes vocales étant dès lors paralysées, l'air circule avec une extrême difficulté.

Je ne pense pas que l'on puisse attribuer la coloration anormale du sang au changement survenu dans les fonctions du poumon. C'est le cœur qui a éprouvé une atteinte profonde dans les mouvemens, et qui, comme je l'ai déjà dit, s'oppose au retour du sang vers l'organe pulmonaire. Je ne veux cependant pas dire par là que le pneumo-gastrique soit sans influence sur les fonctions du poumon, car son influence directe m'est au contraire bien démontrée par l'expérimentation.

Toutes les fois qu'un nerf pneumo-gastrique a été coupé dans la région cervicale, on est sûr, si l'animal est tué, de trouver le poumon correspondant plus lourd que celui du côté opposé. On rencontre des plaques noirâtres disséminées dans son épaisseur, et toutes sont dues à l'infiltration du sang au sein des tissus qui le composent.

Ces ecchymoses sont accompagnées d'une sérosité sanguinolente que l'on retrouve dans les bronches. Enfin, coupé par tranches, le poumon laisse sortir par les incisions une quantité variable de sérosité. Si l'animal n'est pas sacrifié, le sang est résorbé dans l'épaisseur du poumon. Les vésicules pulmonaires diminuent de calibre et même s'oblitèrent, et lorsqu'on vient à faire mourir l'animal, on trouve le poumon atrophié, et beaucoup moins crépitant.

Le nerf a-t-il de l'influence sur tous les tissus de cet organe, ou agit-il plus particulièrement sur les vaisseaux qui le parcourent? Il me semble, comme le démontre l'anatomie pathologique, que son influence est continuelle sur les vésicules pulmonaires, comme le prouve l'imperméabilité du poumon dans certains endroits. Il agit aussi sur la membrane muqueuse bronchique, et sur la musculeuse trachéale; mais il a surtout une influence bien marquée sur la circulation du poumon, sur les veines et sur les artères.

En effet, l'exhalation sanguine qui se fait dans les bronches, l'infiltration du sang qui a lieu dans l'épaisseur de l'organe pulmonaire ne permettent pas de douter de l'action de ce nerf sur les vaisseaux sanguins.

Action du nerf pneumo-gastrique sur l'œsophage et sur l'estomac. — Le nerf pneumo-gastrique donne à l'œsophage la faculté contractile : les nombreux filets qui entourent ce conduit sont destinés à en animer les fibres musculaires. C'est donc à ce nerf qu'est due la faculté de resserrement et de raccourcissement de l'œsophage pendant la déglutition.

Si on irrite le pneumo-gastrique, on fait entrer ses fibres musculaires en contraction ; si l'on établit un courant entre ce nerf et la moelle, au moyen de la pile, l'œsophage est saisi de convulsions et de contractions désordonnées.

En conséquence, puisque l'œsophage tire son irritabilité du nerf pneumo-gastrique, il doit être frappé de paralysie après la section de ce cordon nerveux. Ce résultat a été prouvé jusqu'à l'évidence par les expériences tentées sur les animaux.

Ainsi j'ai toujours remarqué, en coupant un nerf pneumo-gastrique, que la déglutition devenait difficile, et que la portion d'œsophage correspondante était dilatée. La section des deux nerfs entraîne la paralysie complète de l'œsophage ; aussi cet organe se dilate-t-il sur chaque côté du cou et admet-il les gaz et la masse alimentaire, qui est repoussée de l'estomac dans son intérieur par la seule action des muscles du diaphragme et de l'abdomen. La constance de ces phénomènes ne permet pas de compter sur une seule exception.

Si les liquides et les gaz qui parcourent l'œsophage de bas en haut parviennent jusqu'au larynx, ils relèvent l'épiglotte, et tombant dans la trachée, amènent une prompte asphyxie et une mort inévitable.

S'il est démontré que le pneumo-gastrique a une action aussi puissante sur l'œsophage, son influence sur l'estomac n'est pas moins évidente, puisque le mouvement vermiculaire cesse dans ce viscère après la section du nerf qui nous occupe. Les fibres musculaires de l'estomac reçoivent donc leur animation des mêmes sources que l'œsophage.

A l'action directe que le pneumo-gastrique exerce sur la musculeuse, on ajoute une influence sur la muqueuse stomacale, et la masse alimentaire contenue dans son intérieur.

Pour prouver que les nerfs pneumo-gastriques agissent directement sur l'estomac et la muqueuse stomacale, on a tenté diverses expériences qui n'ont pas toujours été identiques, qui même ont produit quelquefois des résultats contradictoires. Pourtant cette influence sur l'organe de la digestion existe réellement, et le doute n'est pas permis après les faits que nous allons rapporter.

Haller a vu, au moment où il faisait la ligature du nerf pneumo-gastrique, l'estomac agité de convulsions perdre bientôt toute puissance contractile.

M. de Blainville rapporte, dans sa thèse inaugurale, qu'il a fait avaler de la vesce à des pigeons, et qu'il n'a remarqué aucun changement dans cette graine, lorsque immédiatement après son ingestion il avait coupé le nerf pneumo-gastrique.

Legallois cite, dans son ouvrage sur le principe de la vie, des expériences qui, faites sur des cochons d'Inde, confirment celles de M. de Blainville, puisque cet auteur a paralysé la chymification par la section des nerfs pneumo-gastriques.

M. Dupuy, après la même opération, tentée sur

des chevaux, des brebis et des chiens, n'a pu découvrir aucune altération dans la masse alimentaire.

Wilson Philipps proclamait en Angleterre des résultats pareils ; mais la société de Londres à laquelle
il fit connaître son travail ayant nommé un de ses
membres pour en examiner les conséquences , il fut
reconnu que l'endroit où la section était faite pouvait amener de grandes différences dans les résultats;
qu'ainsi la section du pneumo-gastrique, faite au
dessus du plexus pulmonaire , était suivie de l'altération de l'hématose , mais que, pratiquée au contraire au dessous du même plexus , elle n'empêchait
pas la digestion de continuer.

M. Magendie pense aussi que la cessation des fonctions de l'estomac dépendait du trouble de la respiration , quand le nerf avait été divisé au cou. Ayant
opéré cette division au dessous du plexus pulmonaire,
il trouva que la chymification avait continué, et qu'il
en était résulté un chyle abondant et pur.

Plusieurs physiologistes refusèrent d'admettre la
cessation complète des fonctions digestives après la
division de la huitième paire; et Wilson Philipps ,
cherchant l'explication de ces faits contradictoires,
crut l'avoir trouvée dans la manière dont l'expérience est faite. Ainsi, suivant lui, la simple division du nerf pneumo-gastrique n'abolit pas complètement la chymification, mais pour produire complètement ce phénomène, il faut faire subir au nerf
une perte de substance. Il ajoute qu'on a pu rétablir
la digestion, en établissant un courant galvanique.

Ce fait a été signalé depuis par MM. Girard, Breschet, Vavasseur et Milne Edwards, qui ont vu l'avoine réduite en chyme dans l'estomac du cheval, sous l'influence de l'électricité.

MM. Edwards et Breschet publièrent en 1825, dans les *Archives de Médecine*, des expériences qui tendaient à démontrer que la division des nerfs pneumo - gastriques ralentit seulement la digestion, et n'entraîne pas l'anéantissement de la chymification. Suivant eux, le ralentissement de la digestion est dû à la paralysie des fibres musculaires.

MM. Leuret et Lassaigne enlevèrent quatre à cinq pouces des nerfs pneumo-gastriques, sur un jeune cheval à jeun depuis quatre jours. L'animal mangea huit litres d'avoine, qui furent chymifiés huit heures après : les vaisseaux lactés étaient remplis de chyle.

M. Sédillot a, dans sa dissertation, dit que la section du pneumo-gastrique entraîne d'autant moins de trouble dans la digestion, que l'animal a un estomac moins musculeux et se nourrit de substances facilement assimilables. Un chien qui avait subi cette expérience, succomba deux mois et demi après la section, quoiqu'il mangeât de la viande avec avidité. Il mourut dans le marasme.

Les expériences que j'ai rapportées doivent avoir pour résultat certain de jeter le trouble dans l'esprit du lecteur, à cause de la contradiction qui les divise. Cependant, puisque la section des nerfs pneumo-gastriques produit des changemens notables dans les contractions de l'estomac, il peut en conclure qu'une paralysie incomplète des fibres musculaires de cet organe est le résultat de leur division, et produit le ralentissement de la digestion.

Après cette section, l'irritabilité de l'estomac n'est pas complètement anéantie, à cause des filets nerveux qu'il reçoit du plexus solaire : aussi conserve-t-il les faibles contractions vermiculaires entretenues par l'influx nerveux du grand sympathique. On ne doit donc pas s'étonner si après la division des nerfs pneumo-gastriques la digestion stomacale s'opère encore, l'action du diaphragme et des muscles du ventre contribuant à expulser le chyme et à le pousser dans la première portion de l'intestin grêle.

Pourquoi le nerf pneumo-gastrique aurait-il un pouvoir tellement étendu sur les fonctions de l'estomac, qu'on ne pourrait le diviser sans interrompre la chymification ? Il ne peut pas plus l'abolir qu'il ne peut empêcher l'hématose par une action *directe sur le sang*. Cependant les physiologistes ont voulu prouver que le nerf pneumo-gastrique agit sur la masse alimentaire, et ils ont fait diverses expériences pour le démontrer. Persuadés que le fluide nerveux est indispensable au bol alimentaire pour que celui-ci se transforme en chyme, ils ont cru qu'il suffisait, pour rendre leur opinion évidente, de faire subir une perte de substance au nerf pneumo-gastrique ; d'établir ensuite une communication entre les deux bouts du nerf, au moyen de conducteurs qui communiquaient avec la pile. Pour résultat de cette expérience, ils ont vu l'avoine chymifiée, tandis que cette graine est demeurée intacte chez un autre animal sur lequel on avait seulement coupé le nerf. Ces faits ne peuvent être réfutés, mais impliquent-ils l'évidence? C'est ce que nous ne pouvons penser.

Nous croyons que l'action de la pile a pour effet d'exciter les contractions musculaires, d'agiter ainsi la masse alimentaire, et de la mettre en contact, dans un temps donné, avec une plus grande quantité de suc gastrique.

Ainsi, nous ne pouvons d'une part croire avec certains physiologistes, que le pneumo-gastrique est inutile aux fonctions de l'estomac, puisqu'il anime les fibres musculaires, comme le prouvent la désorganisation de ce viscère et l'influence de la pile; nous ne pouvons pas non plus penser, avec d'autres auteurs, que ce nerf soit seul agent dans la chymification, puisqu'il est vrai qu'en le coupant on n'empêche pas cette transformation.

Si ces deux opinions différentes ne conduisent pas à la vérité, c'est qu'il ne fallait pas chercher dans le pneumo-gastrique seul la source de la chymification, mais la demander à plusieurs nerfs, chercher sur quelles parties de l'estomac ils agissent, s'assurer si leur influence porte sur la fibre contractile, et si le bol alimentaire n'éprouve pas de changemens par le fait des liquides versés dans l'intérieur de l'estomac. La question ainsi posée, il devenait facile d'en finir avec la chymification qui s'opère par l'action des sucs gastriques et par les liquides exhalés, et il ne restait plus alors qu'à chercher la cause du ralentissement du chyme dans l'estomac. En suivant cette route on en serait venu à reconnaître que le nerf

pneumo-gastrique agit comme excitant des fibres
musculaires, que de plus le grand sympathique leur
porte aussi l'animation, puisque la pile électrique
excite des contractions dans l'estomac, quand on a
établi une communication *entre ces nerfs et le ventri-*
cule ; phénomène qui se reproduit si l'on place une
aiguille dans la moelle épinière, et une autre dans
l'estomac. On trouvera enfin que ces deux nerfs animent les vaisseaux de ces derniers organes.

Maladies du nerf pneumo-gastrique.

Le fonctions compliquées de ce nerf ont dû favoriser le développement de ses maladies, à cause de
son mode de terminaison et des usages plus ou moins
variés des organes auxquels il se distribue.

Les fonctions de ce nerf peuvent être interrompues
par des causes qui nous sont inconnues ; si cette interruption est momentanée, le trouble fonctionnel
cesse aussitôt que la circulation nerveuse est rétablie.

Ce trouble fonctionnel, qui résulte de son altération, réagit sur le système nerveux, sur les muscles du larynx et sur ceux de l'œsophage.

Ce nerf peut apporter à un organe une quantité
de fluide plus grande que d'habitude, et, par cet afflux
anormal, donner lieu à des contractions que l'on
a nommées palpitations du cœur. Quelquefois au
contraire la circulation paraît gênée dans ce cordon
nerveux, et alors l'équilibre étant rompu dans l'organe, il en résulte des mouvemens désordonnés et

irréguliers. La névralgie de ce nerf a reçu le nom d'angine de poitrine lorsque le plexus pulmonaire est le siège des accidens, ou de gastralgie, lorsqu'elle occupe l'estomac. Quelquefois la névralgie affecte à la fois les rameaux de l'œsophage, ceux du poumon et de l'estomac ; alors les alimens ne peuvent être portés dans ce viscère sans de vives douleurs ; il peut arriver même que la déglutition devienne impossible, comme j'en ai vu un exemple sur un employé du Cirque-Olympique.

Le nerf pneumo-gastrique, étant destiné à apporter des renflemens nerveux le fluide nécessaire à l'animation des organes auxquels il se distribue, sert à porter au cerveau les impressions internes de toutes espèces. C'est lui qui apporte au cœur et à l'estomac l'influence de la douleur ressentie par le cerveau, ce qui, dans cette circonstance, jette le trouble dans les fonctions de l'un et de l'autre organe. C'est lui qui dans les affections morales altère l'organe de la voix, bouleverse les mouvemens du cœur et dérange la digestion.

Enfin c'est le pneumo-gastrique qui, lorsque ces derniers organes sont malades, fait connaître au cerveau les altérations qu'ils ont subies.

CHAPITRE IX.

Grand sympathique.

Pour terminer ce qui a rapport aux nerfs, il me reste maintenant à parler de cette série de ganglions dont le rôle est tantôt si manifeste, tantôt si caché, que l'on a confondus dans le terme général de grand sympathique ou de nerf de la vie végétative ou organique.

Les anatomistes, ne pouvant découvrir les mystérieuses fonctions qui lui appartiennent, en ont fait un nerf à part, exerçant une action complètement indépendante du reste du système nerveux. Entraînés dans cette voie, ils n'ont pu reconnaître en lui la même structure nerveuse qui caractérise les autres nerfs, et ainsi ils ont été conduits presque naturellement à faire jouer à chacun de ces ganglions le rôle de petit cerveau.

Quelques anatomistes, embarrassés d'expliquer son action sur les viscères des cavités, l'ont rejeté de la classe des nerfs, tandis que d'autres, apportant dans l'examen de cette importante question une étude plus approfondie des grands phénomènes du système nerveux, des connaissances plus positives et des recherches plus sérieuses, ont non seulement regardé le grand sympathique comme un nerf, mais lui en ont encore attribué et la structure et les usages.

Je ne parlerai pas ici de son origine, bien que

les opinions des auteurs diffèrent sur ce point, puisqu'il a été regardé par les uns comme venant de la moelle épinière, et conséquemment comme une dépendance de ce cordon nerveux ; et par d'autres comme un centre nerveux à part, une série de ganglions vivant d'une manière distincte en dehors du reste du système nerveux, comme ayant une influence spéciale exclusive sur les organes des cavités, ou une destination particulière qui le fait tendre à l'accomplissement des fonctions internes, ou plutôt organiques.

Pour pénétrer les mystères qui entourent ce point de la science, nous pensons que la seule marche à suivre est de poser et de résoudre les questions suivantes :

1° Ce nerf a-t-il, par rapport à celle des autres nerfs, une structure identique ou différente ? 2° Agit-il isolément ou concourt-il au grand système de l'innervation ? 3° Est-il sensible, sensitif ou moteur ? 4° Est-il destiné aux artères, comme l'ont prétendu quelques anatomistes ? 5° A-t-il enfin une action sur le cœur, le poumon, l'estomac, l'intestin, la vessie, etc.?

1° Le nerf sympathique a-t-il, par rapport à celle des autres nerfs, une structure identique ou différente ?

La plupart des anatomistes sont convenus qu'il diffère du reste du système nerveux par sa structure, par son développement et par ses fonctions.

Cependant, un examen attentif du grand sympathique permet de reconnaître en lui la même disposition fibreuse que l'on remarque dans les autres nerfs, et aussi la même apparence de filets, qui sont seulement plus rapprochés. Il faut constater aussi que le long du trajet de ce long cordon nerveux, il existe des renflemens gangliformes, qui n'ont pas tout à fait la même apparence que les rachidiens et que la plupart des ganglions crâniens. Mais, d'un autre côté, la structure chimique du grand sympathique ne diffère que bien peu de celle des autres nerfs. Il est inutile d'insister plus long-temps sur ce point, car il nous semble clairement démontré que la structure de ce nerf est à peu près semblable à celle de tout autre, et que l'identité est assez grande pour permettre de croire que ses fonctions doivent être semblables presque sous plusieurs rapports à celles des autres nerfs.

Existe-t-il, pour le développement, des différences entre le grand sympathique et les autres nerfs? On dit qu'il est le premier développé, alors même qu'il n'y a pas encore de trace de moelle épinière et de renflemens nerveux; on a appelé des faits à l'appui de cette théorie. Ainsi, **M. Lallemand**, de Montpellier, examinant un monstre chez lequel il n'y avait ni moelle épinière ni renflemens nerveux, a pu signaler pourtant l'existence du grand sympathique, qui, suivant lui, avait présidé à l'accomplissement des fonctions des viscères existans. On ne peut certainement pas se refuser à l'évidence de tels faits; mais n'est-ce pas trop prétendre que de vouloir en déduire des preuves à l'appui de ce qu'on a voulu démontrer? En effet, les autres nerfs se développent aussi avant la moelle épinière, et cependant

ils ne sont pas indépendans de ce cordon nerveux.

Le grand sympathique ne diffère donc pas des
autres nerfs par son développement.

2° Si nous examinons maintenant les fonctions,
nous voyons qu'il agit aussi bien sur les viscères eux-
mêmes que sur les vaisseaux qui s'y rendent, et notre
opinion est basée sur l'anatomie. Mais quel est son
mode d'action? Agit-il de lui-même dans le grand
phénomène de l'innervation, ou bien tire-t-il son
influence des parties nerveuses avec lesquelles il est
en rapport? Nous ne croyons pas nécessaire de résoudre, quant à présent, ces questions; mais résu-
mant notre pensée en un mot, nous nous bornerons
à dire que nous le regardons comme un cordon
de transmission, comme une grande chaîne anastomotique destinée à établir un courant électrique,
nous réservant d'ailleurs de prouver plus tard que
nous sommes peut-être dans le vrai.

3° Le nerf grand sympathique est-il un organe de
sensibilité et de mouvement? Tire-t-il son influence
de la moelle épinière, ou bien la possède-t-il par
lui-même?

Si, comme l'ont fait M. Magendie et Bichat, on tente
la section de ce nerf, ou si on le déchire, l'animal
ne manifeste aucun symptôme de douleur. Il semble
donc évident qu'il n'est pas sensible; et cependant
est-ce là une raison pour nier son influence sur les
viscères des cavités? Je ne le crois pas, et je puis
appeler à l'appui de mon opinion l'expérience elle-
même. Si, en effet, on excite certains ganglions du

grand sympathique, les ganglions centraux par exemple, on voit des oscillations s'établir dans les organes musculeux auxquels viennent se distribuer les rameaux qui partent des nerfs. Ce phénomène devient plus évident encore si l'on établit un courant entre la moelle épinière et le grand sympathique, au moyen de la pile galvanique.

Ce nerf ne naissant pas de la moelle, et n'ayant avec elle que des communications anastomotiques au moyen des nerfs qu'il envoie, on peut penser qu'un courant nerveux s'établit entre la moelle épinière, le grand sympathique, et les viscères auxquels celui-ci se distribue ; et alors, puisqu'il n'existe que des anastomoses, ce grand cordon nerveux doit être regardé comme un conducteur, semblable sous ce rapport aux cordons antérieurs de la moelle épinière. Ne sait-on pas, en effet, qu'après la section de l'une des branches de la cinquième paire, les anastomoses qui existent alors avec les autres nerfs ne suffisent pas pour rétablir la sensibilité éteinte et le mouvement aboli? Nous pensons maintenant, sans établir d'ailleurs de comparaison forcée, rapprocher cette expérience du fait naturel de la communication du grand sympathique avec les nerfs qui, nés de la moelle épinière, sont envoyés par elle.

Les différences qui signalent les fonctions de ce nerf sont donc en partie dues à la dissemblance d'origine.

Nous ne pensons donc pas, comme l'a fait M. Brachet, accorder au grand sympathique un rôle si exclusif dans les grands phénomènes organiques des viscères. Il n'est pas possible non plus de retrouver dans ce nerf la structure de la moelle épinière ; et bien qu'on ait voulu faire de chaque ganglion une espèce de petit cerveau, il n'est donné à personne d'y reconnaître un organe de sensibilité et de mouvement.

4° Avant d'appeler sur ce point les lumières de l'expérimentation, nous pouvons en passant nous demander si le grand sympathique est le nerf de la circulation. Malgré les recherches déjà combattues par celles de Scarpa, il est démontré aujourd'hui que les vaisseaux sont accompagnés par des filets du grand sympathique ; mais il est évident encore que dans l'épaisseur des organes, dans les muscles par exemple, viennent se rendre aussi de nombreux filets que le nerf envoie. Il n'est pas douteux après cela qu'on ne doive le regarder comme possédant une influence égale sur les vaisseaux et sur les muscles. Nous ne pouvons insister davantage sur ce point sans rejeter ce que nous avons dit plus haut, en parlant de l'action du système nerveux sur les vaisseaux.

5° Nous allons étudier maintenant l'influence que le grand sympathique peut exercer sur le cœur, sur le poumon, sur les intestins, sur la vessie, etc.

Examinant ailleurs l'influence du système nerveux sur le cœur, nous avons eu occasion de discuter la théorie de Haller et de son école, et nous croyons avoir démontré combien cet illustre savant s'était trompé en faisant dépendre d'une autre source la contraction qui anime les fibres qui composent cet organe, et en

les considérant comme dépourvues de tout influx nerveux. Si l'on fait attention maintenant aux recherches
de Sœmmerring, qui tendent à prouver que la partie
charnue du cœur ne recevait pas de nerfs, on ne s'é-
tonnera pas que l'autorité de ce savant ait pu entraîner
quelques physiologistes dans l'erreur qu'il appuyait
de son expérience; mais Scarpa, suivant une voie
meilleure, a par de nouvelles recherches prouvé le
contraire de ce qu'avançait Sœmmerring, et aujour-
d'hui on doit regarder les filets nerveux comme source
de l'animation des fibres musculaires du cœur; on
doit surtout rejeter l'opinion de Fontana, qui pensait
que les nerfs du cœur ne servent à aucun usage,
comme si un anatomiste, accusant ainsi la nature,
avait le droit de dire qu'il existe des organes inutiles
dans l'économie animale.

Cette question a d'ailleurs été épuisée par nous
quand nous avons traité de l'influence du système
nerveux sur l'organe central de la circulation; alors
nous avons formulé notre opinion en déclarant qu'il
n'était pas dans notre opinion d'admettre une idée
exclusive sur l'influence de telle ou telle partie du
système nerveux, et alors aussi nous avons appuyé
notre opinion d'expériences multipliées qu'il n'est
pas plus utile de répéter ici qu'il ne le serait de rentrer
dans la discussion de ce point scientifique. Nous quit-
terons donc cette question suffisamment éclairée,
pour nous occuper de l'action du grand sympathique
sur le poumon.

Pour définir tout ce que le grand sympathique peut
exercer d'influence dans le phénomène de la respira-

tion, il est nécessaire de savoir si le reste du système nerveux n'a pas sur le poumon une influence qui lui soit propre.

En examinant sous ce rapport le nerf pneumo-gastrique, nous avons spécifié sans réserve de quelle action il pouvait être doué; et, pour fixer ici nos souvenirs, il nous suffira de rappeler qu'après la section de ce nerf, nous avons signalé des altérations profondes dans le poumon; que, si un long espace de temps s'était écoulé depuis la section, nous avons pu nous convaincre que cet organe avait subi des changemens aussi variés que nombreux, tels que perte de substance, affaiblissement des cellules, disparition complète ou incomplète de la crépitation aérienne: suivent enfin des engorgemens inflammatoires à divers états, en présence de matière tuberculeuse dans beaucoup de circonstances.

On distingue dans la respiration un besoin de respirer, nécessité inconnue de l'être qui vit dans le sein de sa mère, et propre aux animaux qui respirent; et enfin des phénomènes organiques qui appartiennent à l'exhalation, à la sécrétion et à des vésicules bronchiques. Le nerf pneumo – gastrique et le nerf ganglionnaire président-ils à tous ces phénomènes? Dans le but d'éclairer cette question, des expériences ont été tentées par plusieurs physiologistes, et notamment par M. Brachet de Lyon, qui accorde au nerf pneumo – gastrique la faculté de transmettre les impressions du poumon et le besoin de respirer; et au nerf grand sympathique l'influence sur les vaisseaux, les cryptes.

22

Il n'est pas douteux pour nous que le pneumo-gastrique ne soit le nerf de sensation du poumon, qu'il ne serve d'organe de transmission, qu'il ne soit destiné à rendre compte à l'agent de la volonté, de la présence des corps qui menacent la vie, en s'oppo-sant au passage de l'air, pour effectuer l'hématose, comme le mucus, les fausses membranes, etc.

M. Brachet a démontré, par des expériences cu-rieuses, qu'après la section des nerfs pneumo-gas-triques, l'animal n'éprouvait plus le besoin d'expul-ser le mucus contenu dans l'intérieur de ses bron-ches, et que si la toux survient par l'introduction dans leur intérieur de quelques corps étrangers, cela tient à ce que les nerfs laryngés ont été res-pectés.

Il est bien évident pour nous que le pneumo-gastrique n'est pas seulement un nerf de sensibilité du poumon, mais qu'il a encore pour fonction de maintenir les bronches dans leur élasticité, et que, aussitôt qu'il a été coupé, les muscles qui entourent la muqueuse cessant toute action, il y a affaisse-ment, et par suite perte de l'élasticité du viscère.

Notre opinion ne diffère pas moins de celle de M. Brachet, en ce sens qu'il regarde à tort le grand sympathique comme exerçant sur le poumon une influence différente de celle du pneumo-gastrique, par cette seule raison, que du mucus se dépose dans les bronches, et qu'une exhalation de sérosité s'effec-tue dans ces conduits. Je reconnais volontiers que le premier de ces nerfs n'est pas un organe de sensi-bilité ; mais on ne peut nier qu'il ne soit un organe

de transmission du fluide nerveux ; or, cette propriété appartient aussi au pneumo-gastrique. Il n'y a
donc de distinction à faire entre eux que pour la faculté sensitive qui existe dans le premier.

Au demeurant, il n'est pas nécessaire qu'un
appareil nerveux préside à la circulation du sang
dans les vaisseaux. S'il en était ainsi, en effet, toute
circulation devrait cesser dans ces greffes animales,
dont le pédicule a été coupé, qui ne communiquent
plus avec le système nerveux général, et qui ont
perdu la sensibilité dont ils étaient doués auparavant
à un si haut degré. Ainsi dans une paupière que j'ai
faite de toutes pièces, aux dépens des parties molles
de la joue, il existait bien un mouvement communiqué, une circulation, une sécrétion, mais il n'y avait
aucune trace de sensibilité ; le résultat a été le
même pour ces lambeaux avec lesquels j'ai réparé
une perte de substance de deux paupières renver-
sées (blépharoplastie). Ce phénomène, déjà mis hors
de doute, a été vérifié par moi d'une manière concluante, dans l'obturation des fistules vésico-vagi-
nales, par le lambeau de chair pris aux dépens de la
fesse. Dans ce cas la circulation a continué, car
autrement la vie se serait éteinte ; et cependant des
poils se sont développés, et les fonctions de la peau
ont été conservées. Ces expériences prouvent assez
que le système nerveux ganglionnaire, comme
tout le système nerveux général, ne tient pas sous
sa dépendance absolue les plus petites parties
de l'appareil circulatoire, et que l'exhalation pourrait bien se faire dans les bronches, sans que

pour cela le nerf ganglionnaire y présidât d'une manière rigoureuse. Je me sers à dessein de ce mot, parce que je pense qu'il apporte au viscère dont nous parlons sa quote - part d'influx nerveux, par le moyen de ses communications avec la moelle épinière.

Je me résume en disant que M. Brachet a trop accordé au nerf ganglionnaire, quand il s'est occupé de son influence sur le cœur, et qu'il a été trop avare avec lui, quand il a parlé de son action sur le poumon.

Etudions maintenant l'action du nerf ganglionnaire sur l'estomac, les intestins et les autres organes contenus dans la cavité abdominale, et commençons par la sensation qui nous annonce le besoin d'alimens, et aussi par les mouvemens de l'estomac.

Le sentiment de la faim est une sensation intime qui s'annonce par un malaise dans la région épigastrique, suivi d'un bien-être remarquable après l'introduction du bol alimentaire. Les divers états de peine ou de plaisir sont dus, comme on peut déjà le prévoir, d'après ce que nous avons dit en parlant du besoin de respirer, au nerf pneumo-gastrique et non au grand sympathique.

Dans une série d'expériences faites par M. Brachet de Lyon, et exposées dans son ouvrage sur les fonctions du système nerveux ganglionnaire, on voit que la sensation de la faim, qu'il avait rendue violente et impérieuse, cessa tout à coup par la section du nerf pneumo-gastrique. M. Brachet ajoute que l'animal

a pu manger, mais sans rechercher les alimens , et
qu'il a dépassé le degré de satiété, puisqu'il ne s'est
arrêté que lorsque les alimens remplissaient l'œsophage. Telle est l'expérience qu'il a tentée sur un
chien barbet qu'il a affamé. Il est arrivé aux mêmes
résultats dans les expériences qu'il a tentées encore
sur des cabiais, chez lesquels la faim avait été excitée
au point de les faire courir à la recherche d'alimens
en poussant des cris : on fit la section du nerf pneumo-
gastrique, alors ils ne cherchèrent plus de nourriture;
et même, quand on la leur présentait, ils la prenaient
avec indifférence.

Déjà M. le professeur Adelon avait admis un nerf
intermédiaire et conducteur entre l'estomac et le
cerveau ; il appuie ce qu'il avance sur la stupéfaction
du système nerveux par les opiacés, et secondaire-
ment l'inertie de l'estomac et l'abolition de la faim ,
et enfin sur l'influence de la volonté et des actes de
l'intelligence sur l'estomac qui arrêtent la sensation
de la faim. C'est donc à tort que M. le professeur
Broussais regarde le grand sympathique comme le
nerf qui prodigue à l'estomac cette faculté sans cesse
renaissante qui fait désirer des alimens. M. Brachet
fait remarquer de même avec raison que le sentiment
de lassitude, celui de brisement , de découragement
extrême, sont des impressions perçues par le cerveau
et qui appartiennent au système cérébro-spinal, et
non, comme le prétend M. Desruelles, au grand sympathique.

Comme déjà nous avons parlé de l'influence du
pneumo-gastrique sur l'action de l'estomac ; je me

bornerai à dire que M. Brachet a fait la section du nerf pneumo-gastrique sur des chevaux, des lapins, des cabiais et des chiens après l'ingestion des alimens, et qu'il a eu occasion d'observer que dans les uns l'avoine n'avait point été altérée, que dans les autres la masse alimentaire était aussi restée intacte; que seulement il existait du suc gastrique dans l'intérieur de l'estomac, mais qu'il n'y avait pas de couche chymeuse à l'extérieur de la masse alimentaire; résultat qu'il explique par la cessation d'action des fibres musculaires de l'estomac. Voilà donc un nerf qui préside à la contraction de l'estomac, suivant M. Brachet, et non à la déposition du suc gastrique dans l'intérieur de ce viscère. M. Brachet, conséquent avec lui-même, regarde le nerf ganglionnaire comme présidant à l'exhalation, à la sécrétion folliculaire de l'estomac, et comme ayant aussi sous son empire l'absorption qui s'y rattache.

Les raisons que M. Brachet apporte à l'appui de son opinion nous semblent loin d'être convaincantes pour expliquer la chymification, ou les phénomènes chimiques et vitaux qui y concourent.

Après la section du nerf pneumo-gastrique, dit-il, l'exhalation, la sécrétion et l'absorption continuent dans l'estomac; et comme, suivant lui, à tout acte de l'économie préside une influence nerveuse, il trouve tout naturel d'expliquer ces phénomènes par l'action du nerf ganglionnaire qui envoie de nombreux filets à l'estomac : mais autant vaudrait dire, suivant nous, que la circulation ne doit pas se continuer dans les membres inférieurs, lorsque les nerfs qui s'y rendent ont cessé toute action motrice et sensitive : il n'en est cependant rien, puisque là il y a une exhalation et une absorption continuelles. J'ai donc pensé que le nerf pneumo-gastrique et le grand sympathique concourent en commun, mais pour une part différente, à l'accomplissement de la chymification. Au reste, M. Brachet avoue que l'expérimentation n'a pu rien lui apprendre sur cette question qu'il a voulu résoudre.

Enfin, les expériences de M. Brachet sur le pneumo-gastrique me semblent démontrer tout le contraire de ce qu'il a avancé, puisque, sur les animaux soumis à ces expériences, il n'a pas trouvé de suc gastrique dans l'estomac ; il est vrai qu'il explique ce phénomène par la *révulsion* occasionnée par la plaie grave, dit-il, qui résulte de la section du nerf pneumo-gastrique.

Examinons maintenant quelle est l'action du nerf ganglionnaire sur l'intestin grêle. M. Brachet a cherché encore à résoudre cette question par l'expérimentation. Il est certain que le nerf pneumo-gastrique envoie des filets au duodénum, et que nécessairement les contractions de cet organe doivent être sous sa dépendance ; mais je ne crois pas avec lui que le nerf ganglionnaire, pas plus pour l'intestin grêle que pour l'estomac, soit seulement chargé de présider à l'exhalation, la sécrétion et l'absorption. Il dit avoir démontré par ses expériences que la section du nerf pneumo-gastrique entraînait la paralysie de la première portion de l'intestin grêle, et que le bol alimentaire ne cheminait pas au delà du duodénum après cette paralysie. Il a fait prendre des feuilles de chou à un cabiai, et deux heures après il a fait la section des nerfs pneumo-gastriques. Six heures après cette section il a ouvert l'animal. L'estomac contenait une certaine quantité de chou divisé, d'une odeur particulière, d'un gris verdâtre, liquide ou presque liquide. L'intestin grêle contenait une grande quantité du même liquide d'une couleur jaunâtre; on ne reconnaissait plus la structure du chou. Les vaisseaux chylifères étaient remplis de chyle.

Un autre cabiai qui avait pris le même aliment fut sacrifié sans lésion du pneumo-gastrique. On trouva exactement après l'avoir ouvert ce que l'on avait observé chez l'autre. La chymification seulement était un peu moins avancée. M. Brachet conclut de ces faits et de plusieurs autres que la section du nerf pneumo-gastrique paralyse l'action musculaire du duodénum, au point d'empêcher le cours du bol alimentaire, puisque, six heures après la section de ce nerf chez le premier cabiai, la masse alimentaire occupait la même place que chez le second, tué deux heures après l'ingestion des choux.

Bien que l'absorption ait eu lieu, cela ne prouve pas que le nerf grand sympathique ait présidé à ce grand phénomène, commun à tous les corps vivans. Mais il est facile de démontrer, contrairement à l'opinion de M. Brachet, que le nerf ganglionnaire a aussi sa part d'influence sur l'intestin grêle, puisqu'il est vrai que le mouvement d'ondulation du reste de cet organe continue; et cependant il est sous la seule dépendance du grand sympathique, et le mouvement péristaltique est involontaire, à cause des communications indirectes du grand sympathique avec la moelle épinière.

La fin de l'intestin grêle et les gros intestins sont sous l'influence du grand sympathique, et des nerfs spinaux qui s'y rendent. Après la section de la moelle épinière dans la région lombaire, il survient une paralysie du train postérieur, des gros intestins et de la vessie. Ainsi, quoique l'animal mange, il n'y a aucune évacuation ni par la vessie ni par le rectum, excepté lorsqu'il y a un trop plein.

Il n'existe nulle sensation, nul besoin d'évacuer les matières fécales ou les urines : aussi ce conduit et cette poche menacent-ils de se gangrener dans un point, et sont-ils exposés à une rupture. Il est donc vrai que le besoin d'excrétion urinaire, de défécation, comme toute action d'expulsion des organes qui président à ces fonctions, sont sous l'influence de l'axe cérébro-spinal. Nous avons pu nous convaincre souvent de cette vérité en observant des cas de fractures de la colonne vertébrale compliquées de lésions de la moelle : et d'ailleurs elle a été démontrée, suivant nous, d'une manière victorieuse par des expériences que M. Brachet a faites sur des chiens et des chats. Mais, pour que de semblables phénomènes se manifestent, il faut que la moelle soit détruite en totalité; car si la destruction n'a été que partielle, il peut arriver, comme l'a vu M. Royer, que les fonctions de l'intestin et de la vessie se continuent incomplètement.

Il faut déclarer ici que la sensation qui nous invite à satisfaire un besoin, et la contraction des intestins et de la vessie viennent de la moelle épinière, d'une part, par les nerfs rachidiens, qui produisent exclusivement la sensation, et, d'autre part, par le nerf ganglionnaire, qui n'est qu'un moyen de transport du fluide nerveux.

Enfin, suivant M. Brachet, l'influence du nerf ganglionnaire agit bien sur la vessie, mais en s'étendant seulement à l'absorption, à l'exhalation et à la sécrétion, et elle n'aura aucune puissance sur les contractions qui seraient produites par l'axe cérébro-spinal. Emettre notre opinion sur ce point serait nous exposer à redire ce que nous avons énoncé en parlant de l'intestin; nous éviterons cette redite, croyant inutile de revenir sur des explications déjà données.

Après la destruction de la moelle épinière, la vessie se laisse distendre par le liquide urinaire, au point de ne le laisser sortir que par engorgement.

M. Brachet examine ensuite l'action du nerf ganglionnaire sur les organes génitaux de l'homme et de la femme. Il admet que dans l'homme le nerf ganglionnaire préside à la sécrétion du sperme, se fondant sur ce que ce liquide continue à être sécrété après la section de la moelle épinière. L'opinion de M. Brachet peut être contestée, puisque la sécrétion du sperme peut s'effectuer après la destruction du nerf ganglionnaire comme après celle de la moelle épinière, le sang artériel étant apporté sans cesse aux organes qui président à ce phénomène.

M. Brachet pense encore que chez la femme ce

nerf agit sur la trompe utérine, puisque après la destruction de la moelle épinière, la fécondation peut
encore avoir lieu par l'application de la trompe sur
l'ovaire. M. Brachet fait continuer cette influence du
nerf ganglionnaire sur l'utérus pendant la gestation,
puisque, bien que l'action de la moelle épinière ait
été abolie, le produit de la conception continue à se
développer dans l'utérus jusqu'au moment de l'accouchement. Mais, par une contradiction singulière,
M. Brachet veut que l'accouchement soit sous l'influence de la moelle épinière ; et, suivant lui, la section de cet organe, au moment de l'accouchement,
peut arrêter cette fonction. Il nous semble que
M. Brachet n'a pas interprété d'une manière rigoureuse les phénomènes qu'il a observés et les
résultats de ses expériences. En effet, il n'y a rien
d'étonnant que la matrice se développe par le fait
même de la présence du fruit de la conception,
puisque le tissu de cet organe, complètement inactif
pendant la gestation, ne se dilate et ne s'hypertro-
phie que d'une manière passive, puisque enfin on n'y
remarque aucune contraction jusqu'au moment de
l'accouchement. Ainsi la première expérience de
M. Brachet ne prouve rien, suivant nous, car la
suivante détruit ce qu'il avait avancé. Comment
pourrait-il se faire que la moelle épinière pût agir
dans un certain moment sur l'utérus, et être, dans un
autre, dépourvue entièrement de cette action, si ce
n'était pas un résultat de la différence des tissus
propres de l'utérus ?

Enfin, M. Brachet étudie le rôle que joue le nerf

ganglionnaire dans les sympathies et l'influence qu'il peut avoir sur la vision.

Maintenant que j'ai résumé, par une appréciation aussi exacte qu'il m'a été possible de la faire, les recherches de M. Brachet, qu'il me soit permis de tracer un tableau fidèle des vivisections qui me sont propres, et des résultats que j'en ai obtenus.

Il ressort évidemment de tout ce qui précède, que le nerf ganglionnaire n'est point un nerf de sentiment et de mouvement, puisqu'il n'a aucune influence volontaire sur les organes dans lesquels il se distribue, et puisque, soit qu'on le divise, soit qu'on le pique, soit qu'on le déchire, il n'indique aucune sensibilité ; mais qu'il est l'agent du mouvement involontaire, et le conducteur de l'influx nerveux venant de la moelle épinière ; que ce nerf n'a pas d'influence distincte et spéciale sur tel ou tel point des organes, puisqu'il n'est pas plus destiné aux artères qu'aux autres tissus, et puisqu'il est vrai que ses filets, après avoir accompagné les artères, se perdent aussi bien dans le tissu muqueux que dans le musculaire ; que ce nerf, comme tous les autres, tire bien son influx nerveux de la moelle épinière elle-même, mais par anastomose, circonstance qui entraîne l'insensibilité et ne donne lieu qu'à l'établissement d'un courant nerveux entre elle et les viscères ; que le nerf ganglionnaire n'a pas sur le cœur, comme l'a dit M. Brachet, une influence différente de celle qu'il exerce sur l'estomac et les intestins : car son organisation est partout identique, et sa distribution semblable ; qu'enfin nous sommes conduit par cette suite de déductions irrécusables à ne pas partager l'opinion de M. Brachet, qui pense que ce nerf a une action exclusive sur la sécrétion, l'exhalation et l'ab- sorption de l'estomac et de l'intestin. Nous avons donné plus haut les motifs qui nous ont amené à cette conviction contraire. Quelques expériences prouve- ront, j'espère, que la plupart des opinions des au- teurs ont été basées sur des expériences qui ne me paraissent pas être d'une exactitude mathématique, et être à l'abri de tout reproche.

J'ai, sur un chien, pincé, irrité le grand sympa- thique, sans déterminer de contractions dans aucun muscle, dans aucun viscère. L'animal n'a manifesté aucune douleur. J'ai répété sur plusieurs lapins la même expérience, qui m'a toujours donné les mêmes résultats.

Sur un lapin, j'ai enlevé les deux ganglions cervi- caux supérieurs du nerf grand sympathique ; pen- dant l'opération, l'animal n'a pas manifesté la plus légère douleur, et je n'ai pas pu observer le moindre trouble dans les fonctions générales. Trois jours après, il a succombé : déjà la veille il avait les yeux chassieux, bien qu'il fût encore vif et qu'il eût conservé la vitesse de sa marche.

A l'autopsie, je n'ai trouvé de sérosité ni dans la poitrine ni dans le péricarde. Le larynx était rempli d'une sérosité sanguinolente. Le cœur qui, quelques minutes après la mort, avait conservé sa flaccidité, et le sang qui était resté liquide, avaient subi quelques heures après les changemens suivans. Le sang était coagulé et le cœur avait pris de la résistance; il participait à la rigidité cadavérique générale.

Il y avait du pus dans le tissu cellulaire, au devant et sur les côtés de la trachée, et à la base du crâne.

Sur un autre lapin, j'ai opéré la section des filets de communication du nerf grand sympathique; les ganglions cervicaux inférieurs furent enlevés en suivant le filet de communication qui va s'y rendre.

L'animal devint abattu et succomba le lendemain, après avoir montré une grande gêne dans la respiration, après avoir éprouvé des convulsions caractérisées par l'inclinaison de la tête sur le dos, par l'alongement et le redressement subits de tous les muscles.

A l'autopsie, je trouvai de la sérosité dans le péricarde, et une infiltration purulente dans le tissu cellulaire extérieur, dans celui qui entoure les vaisseaux et les nerfs carotidiens.

Comme chez l'autre animal, le cœur, d'abord mou dans les premiers instants qui suivirent la mort, fut bientôt envahi par la rigidité cadavérique, et le sang perdit sa liquidité. La coagulation commença par les veines éloignées du cœur, elle finit par les veines caves, les veines pulmonaires et les cavités du cœur.

Il est donc vrai que, tant que le système nerveux conserve de l'influence, et qu'une douce chaleur existe au sein des organes, le sang demeure liquide, et qu'il se coagule aussitôt que tout cela a complètement disparu.

J'ai coupé les filets de communication du nerf grand sympathique entre les deux ganglions cervicaux, il n'est survenu aucun changement dans l'état de l'animal, sur lequel j'ai pu, après neuf jours, recommencer une expérience nouvelle.

Tout ce qui précède démontre que le nerf grand sympathique n'est point un organe sensible et moteur, mais qu'il est seulement un nerf conducteur ; que les animaux sur lesquels j'ai expérimenté n'ont présenté aucun trouble qui pût démontrer l'importance de son influence sur les autres organes, puisqu'il existait chez tous une inflammation purulente grave, qui m'a semblé suffisante pour entraîner la mort.

Jusqu'à présent je n'ai que signalé légèrement les opinions des auteurs ; il importe cependant que je fasse connaître des théories qui sont plus que douteuses.

J'ai jusqu'ici regardé le nerf trisplanchnique comme insensible, et cependant le grand Haller (*Opera med.*, tome 1er, page 357) dit avoir vu manifestement un chien, chez lequel il irritait le plexus hépatique, témoigner de la douleur.

Pour rendre claire l'idée de Haller on ajoute que le galvanisme, qui ne produit de mouvement que dans les fibres qui reçoivent des nerfs, a prouvé l'existence du système nerveux dans les animaux inférieurs, en y excitant des mouvemens. Or, dans ces animaux, dit-on, il n'y a que le nerf grand sympathique, et pourtant le mouvement est produit ; c'est ce que l'on observe dans les sangsues, dans l'huître, dans le colimaçon de vignes, dans les vers, sur la seiche commune ; tout cela démontre bien l'irritabilité, la présence d'un fluide, mais non l'existence du sentiment et du mouvement.

Que prouvent les expériences de M. de Humboldt, bien qu'elles tendent à établir une communication entre la bouche et le rectum d'une grenouille dont les cuisses avaient été liées, et chez laquelle le rectum, dans lequel était introduit un morceau de zinc sur lequel elle était assise, éprouva des contractions quand on approcha d'elle le second métal? Il ne me semble pas en résulter que le courant électrique ait traversé les filets du grand sympathique, comme l'a prétendu M. Lobstein.

Cette autre expérience d'Achard, par laquelle on établit une communication entre le rectum et la bouche, au moyen du galvanisme, ne précise pas davantage la transmission du fluide à travers les filets du grand sympathique, bien que l'homme sur lequel était faite cette expérience éprouvât des douleurs dans le ventre ; car, entre les deux ouvertures mises en communication, il existe des nerfs du mouvement. Enfin, avec le secours du galvanisme, M. de Humboldt a effectué des contractions sur les organes involontaires de l'homme affecté d'un anus contre nature avec renversement de l'intestin. Mais Haller, qui avait produit de la douleur par l'excitation du plexus hépathique, n'a pu faire apparaître aucun mouvement dans le cœur, en excitant soit la moelle, soit les nerfs cardiaques. L'expérimentation n'a pu rendre Bichat témoin de ce phénomène. Cependant de Humboldt a, sur deux lapins et sur un renard, démontré que le cœur est sous l'influence des nerfs cardiaques, et pour arriver à ce résultat, il se servait du galvanisme en agissant seulement sur les nerfs, et en isolant le cœur de manière à ce que l'expérience ne pût être contestée.

Pour arriver aux résultats cherchés, j'ai moi-même mis en usage le galvanisme ; et si une aiguille était plongée soit dans la moelle épinière, soit dans le grand sympathique, et l'autre dans le cœur, on augmentait ou on anéantissait les contractions de cet organe, suivant que le courant galvanique était prolongé ou instantané ; comme si une certaine dose de fluide apporté au cœur devait rompre l'équilibre de cet organe, et anéantir les contractions de ses fibres.

Il est donc vrai que les nerfs conduisent le fluide, dont l'afflux peut anéantir les contractions ; mais ces phénomènes sont loin de démontrer que ce nerf soit sensible, puisqu'il est seulement organe de transmission du fluide.

Il ressemble aux nerfs de la vie animale pour la structure, mais il en diffère par son origine, comme nous l'avons déjà dit. On n'a pas besoin, pour démontrer son analogie avec les nerfs de la vie animale, d'avoir recours aux résultats de l'expérimentation. Ainsi on a dit : Enlevez une portion du nerf pneumo-gastrique, et il se régénérera ; faites subir la même opération au grand sympathique, et il se reproduira. Fontana, dit-on encore, possédait des pièces où le *nerf intercostal* avait été régénéré, et où la structure de la partie nouvelle était semblable à la partie détruite. Telle était l'opinion de Cruikshank, de Fontana.

22 *

Il faut répondre par des faits à des faits avancés, et c'est ainsi que je veux combattre cette assertion quand je parlerai des cicatrices des nerfs (car, suivant moi, les nerfs ne se reproduisent pas, et il y a absence totale de leurs fonctions).

Pour nous, le nerf grand sympathique ne diffère des autres que parce qu'il n'est pas soumis à l'influence de la volonté, et que la moelle épinière ne lui distribue qu'indirectement le fluide qu'il doit répandre dans les viscères thoraciques et abdominaux, par les cordons innombrables de communication avec les racines des nerfs rachidiens.

Johnson, il est vrai, a donné l'explication de cette absence d'action de la volonté, en assurant que les ganglions existans sur le trajet du nerf étaient là pour enlever à l'empire de la volonté les filets qui lui obéissaient avant de traverser ces ganglions. Que répondre à cette assertion si contraire à la vérité, qu'elle la réfute, pour ainsi dire, d'elle-même? Bichat lui-même a regardé chacun de ces ganglions comme un système particulier d'action; et pour combattre ce système, nous ne pourrions que répéter ce que nous avons dit plus haut, puisque nous les regardons comme recevant le fluide de la source commune, de la moelle épinière, mais sans l'émettre, puisque enfin il est prouvé que, dans les animaux à système nerveux compliqué, l'action cesse dans un nerf aussitôt qu'il a été coupé, ce qui indique que le fluide ne se forme pas dans le nerf lui-même.

Faut-il attribuer à ce nerf, comme le pense Lobstein, ces commotions que l'on ressent dans la région épigastrique après de vives impressions, ou faut-il en placer la source dans le plexus solaire, qui serait alors regardé comme un point central ? Quoi qu'il en soit, il faut dans ces commotions épigastriques regarder le nerf pneumo-gastrique comme le nerf de transmission de l'influence cérébrale, opérant ainsi, comme le pensait Chaussier, une décharge électrique.

FIN DU PREMIER VOLUME.